道法自然。

——老子

现代动物分类学导论

Introduction to Modern Zootaxonomy

谢 强 卜文俊 于 昕 郑乐怡 编著

科 学 出 版 社

北 京

内 容 简 介

正如人类社会在各方面的进步一样，科学技术各领域在近 20 年来所呈现出的面貌是加速发展而不只是发展，动物分类学也是如此。虽然动物分类工作者并未普遍认为这个领域近年来发生了革命性的变化，但是各个方向上不同程度进展的总和却是惊人的。如何使初学者能够更快地了解动物分类学的全貌与现状，并有效率地开展工作，这是一个挑战。本书以“新技术为分类学所用”为原则，整理了动物分类学的传统内容，系统性地介绍了分子系统学等新技术方面的基本内容，同时非常重视这两部分内容之间的联系，并对一些重点内容展开论述。

本书可作为动物学相关专业的研究生和生物科学高年级本科生以及相关领域工作者的参考书。

图书在版编目（CIP）数据

现代动物分类学导论 / 谢强等编著. —北京 ：科学出版社，2012

ISBN 978-7-03-033806-8

Ⅰ.①现… Ⅱ.①谢… Ⅲ.①动物分类学 Ⅳ. ①Q959

中国版本图书馆 CIP 数据核字(2012)第 040834 号

责任编辑：刘 丹 孙 青/责任校对：张怡君
责任印制：张 伟/封面设计：陈 敬

科 学 出 版 社 出版
北京东黄城根北街 16 号
邮政编码：100717
http://www.sciencep.com
北京九州迅驰传媒文化有限公司印刷
科学出版社发行 各地新华书店经销
*
2012 年 3 月第 一 版 开本：787×1092 1/16
2025 年12月第十一次印刷 印张：14 1/2
字数：310 000

定价：69.80 元

（如有印装质量问题，我社负责调换）

本书出版得到以下项目资助

国家自然科学基金委员会昆虫分类学特殊学科点项目（No. J0930005）

国家自然科学基金委员会杰出青年科学基金项目（No. 30725005）

国家自然科学基金委员会面上项目（No. 30970350）

序　一

从1758年林奈的《自然系统》第十版出版算起，动物分类学已经走过了两个半世纪多的历史。在这两百余年的过程中，分类学研究的工作方式因新思想和新方法的不断引入而日益多样化和完善。尤其是最近半个多世纪以来，系统发育系统学的思想和分支分析的方法，在根本上改变了分类学的面貌；分子生物学的技术方法，则极大地解放了分类学家在不同阶元水平寻找足够多变异和进行定量分析的需求。

进入21世纪以来，分类学在生命科学整体和生产生活实践中所发挥的作用越来越重要。这首先体现在分类学或者说系统学自身的重大进展上。近年来，对诸多动物高级阶元系统发育问题的认识都有重要改变。例如，动物在真核生物中的系统发育地位，后生动物系统发育，以及鱼类、两栖类、爬行类和鸟类、哺乳类、灵长类和人类、以昆虫为主的节肢动物等各类群的系统发育研究等。其次，分类学对于生命科学其他学科的基础参考性作用日益显著，一方面分子系统学分析正在成为生命科学各学科的研究组成部分，另一方面分类学家所得到的生物有机体系统发育结果正在越来越多地被相关学科作为基于亲缘关系进行讨论的参考。基于高级阶元中的分类单元的多样性所揭示的分子层面多样性的研究成果，还揭示出基于少量模式生物所得到的认识远非真实生命世界的全貌。在生产生活实践方面，生物多样性与保护生物学研究，环境监测的生物学指标，农、林、牧、渔害虫防治，疾病媒介生物的治理以及海关动植物检疫，更是完全离不开准确的物种鉴定。

该书对大量新的实验方法和分析方法的原理及应用进行了介绍。尤为可贵的是，这些介绍并不局限于方法本身，并非罗列新的方法，而是更重视新方法与分类学的思想、传统和所关注问题之间的联系。国际上的生物多样性研究正在经历一场新的变革，最大的特点就是研究对象的全球化趋向，大量的欧美学者长年在非洲、南美洲、东南亚，以及太平洋、大西洋和印度洋进行标本采集。如何在这一背景下，使得中国的动物分类学得到应有的、更好的发展，是国家和每一位分类学工作者需要面对的问题。希望该书的出版能够为更多的人更好地认识今天的动物分类学作出贡献。

中国科学院院士

2011年12月

序　二

生物分类学是一个重要的学科，有害生物的防控和有益生物的利用都需要首先明确其物种信息。在今天，虽然大量新被发现的物种（尤其是昆虫）仍然仅靠区分其生殖节构造或其他某些表型特征与已知物种区别，但是对物种真正全面的认识却远不止于此。

一方面，分类系统、检索表、鉴定和形态学研究都将永远是分类学的必要组成部分；另一方面，将分类学仅仅理解成标本馆、显微镜和发表新物种是极其狭隘的。近年来，对于物种的研究表现出依托分子生物学技术揭示种群内的遗传多态性，同时结合生物地理学、行为学、生态学、比较形态学等多方面的信息进行多角度综合性认知的特点。

郑乐怡先生编著的《动物分类原理与方法》（高等教育出版社，1986）在国内较早地、系统地介绍了现代动物分类学的基本知识体系。20 多年来，分类学又有了突飞猛进的发展，在这样的背景下，编写出版《现代动物分类学导论》就显得十分必要、颇有意义。该书不但对实验和分析技术方面的新内容进行了大量增补，还非常重视新方法与分类学传统内容的有机结合，较好地表达了新方法如何为分类学所用，因而具有实用性强的特点。

分类学虽然重要，并且在若干方面对国家具有战略意义，但是并没有受到应有的重视，这使得分类学工作者的队伍建设和分类学家的工作热情都受到了不小的影响。在这样的背景下，南开大学的四位作者依然能够以饱满的热情，去编写一部旨在希望更多的人能够了解真实的动物分类学的教科书，令人鼓舞，故欣然为序。

中国科学院动物研究所

黄大卫

2011 年 12 月

前　言

关于分类与分类学的十个为什么

生物分类学是一门历史悠久、基础性强、理论性强、实用性强的学科。然而，分类学在发展的过程中受到过十分严重的、不公正的误解。对于分类学最大的误解恐怕在于，认为对于生物有机体的分类和对于非生物有机体的分类不存在本质区别，原子物理学家卢瑟福（Ernest Rutherford，1871～1937 年）甚至称分类学工作为“集邮”。直至今日，分类学仍然没有受到与生命科学中其他学科同等的重视。有些观点认为分类学缺少技术含量，有些观点认为分类学中的关键工作环节缺少客观判定标准，有些观点认为分类学是宏观的，有些观点认为分类学的价值仅限于基础性（分类系统、检索表和拉丁学名）。

这些观点对于分类学的认识偏于狭隘、有失公允。迈尔（Ernst Mayr）教授（1982）在 *The Growth of Biological Thought* 一书中提到，“要充分解释生命现象必须研究每一个层次……获得诺贝尔奖的一位著名生物化学家说：‘只有一个生物学，这就是分子生物学’，这只说明他的无知和不懂生物学。”

分类学远没有看一看、听一听那么简单。今天的分类学绝不缺少技术含量，如显微三维成像、比较基因组学、比较生物信息学、并行计算等技术在分类学研究中的应用。今天的分类学绝不缺少客观判定标准，如基于不同算法构建的分支图需要基于定量进行定性认识，基于种群遗传学、地理分布、行为学、形态学等多方面信息形成的证据链来划分物种界限。今天的分类学无所谓宏观、微观，因为宏观和微观的技术手段都被用来解决分类学的问题。今天的分类学既为相关学科提供必要的分类信息，亦通过物种多样性这个关键点去揭示生态学方面的多样性和生物大分子层面的遗传多样性，成为全面认识生命现象的必经之路。

为什么要对生物有机体进行分类？

人类对生物有机体进行分类是自然而然的认识过程。不论早期的朴素认识，还是物种不变论者，或是进化论者，都认可不同的生物有机体之间既有区别又有某种程度的相似性，它们之间的关系有远有近。无论是用作实验材料、工业原料、作物种植、林木培育、畜牧饲养、宠物玩赏等哪种用途，都有必要在一定程度上了解所涉及的生物有机体与近缘类群的异同，这就涉及划分物种和种上分类单元以及考查种内变异情况，而这些正是分类学工作的内容。生物分类既是其他认知过程的需要，也是生产生活实践的需要。也就是说，生物分类既有科学的、形而上的目的，又有实用的目的。

为什么对于生物有机体和非生物有机体的分类有本质区别？

对于生物有机体而言，其物种多样性在自然历史中的展开过程只发生了一次，形成了具有唯一性的进化树分支形式。评价生物有机体分类系统的最重要的标准，就是看其是否符合自然历史。如果要建立符合自然历史的分类系统，就要求我们恪守依据亲缘关系进行分类的原则，那么所建立的分类系统不能与相应进化树中的分支关系相矛盾。当有两个或更多个分类系统都不与相应类群的已知的分支进化过程相矛盾时，才从其他相对次要的角度进一步进行评价。相比之下，非生物有机体的分类缺少一以贯之的标准。不同具体情况，如质地、形状、颜色、大小、质量、用途等，都有可能成为首选指标，无所谓孰优孰劣。

为什么分类学是进化生物学中的核心组成部分？

简略地说，分类学就是发现物种多样性并划分物种界限的工作。而对于物种的认识恰恰是进化生物学的核心内容。众多为进化生物学作出里程碑式贡献的人，往往都有出色的分类学工作经历。例如，达尔文（Charles Darwin）对藤壶的分类研究，迈尔对鸟类的分类研究，亨尼希（Willi Hennig）对蝇类的分类研究。

为什么分类学在生命科学中具有很强的基础性地位？

依靠分类学，可以帮助确定各种生命科学实验中所用生物有机体实验材料在生命世界中的分类地位，由此可以进一步了解已知的相关基本信息。生态学研究中可能用到的大量生物多样性信息，更是建立在对所涉及的各个物种进行准确鉴定的基础之上。广义的分类学，即系统学，所给出的亲缘关系的研究成果还可以帮助明确所研究的生物有机体在生命世界中的进化地位，由此可以更好地对具有某种程度近缘关系的若干生物有机体进行各个层次的比较研究。

辛普森（George Gaylord Simpson）在 *Principles of Animal Taxonomy*（1961）一书中指出，"系统学是关于生物种类与多样性以及在它们之中的一些和全部关系的科学研究……同时是生物学最基本的、最不可缺少的部分；说它是最基本的在于，只有确定了分类学，才能以科学的方式去讨论或研究生物，说它是最不可缺少的在于，系统学在它的各种分支中，聚合、统一、概括和涉及有关生物的各种事情，无论是形态学的、生理学的，还是生态学的。"

为什么分类学在生产生活实践中具有很强的实用性？

一方面，分类具有生物信息数据库检索系统索引的作用；另一方面，分类学工作所产生的成果就是不断建立或完善分类系统，以及更加全面、准确地认识物种，以使对分类系统和物种的认识更贴近自然历史。生态学、保护生物学和环境科学研究中，需要基于大量物种的个体数量或密度情况进行所需要的定性或定量评估。农、林、牧害虫和人类疾病媒介生物等有害生物防治，以及入侵生物的认定和海关检疫，都需要在准确鉴定物种的基础上，采取有针对性的措施。甚至法医学和流行病学中对于样本的定性，都可以得益于分类学中的分子系统学研究方法。

为什么分类学是全面认识生命现象的必经之路？

物种多样性是生态多样性和遗传多样性的载体，比较不同遗传多样性之间的异同才能全面认识生命现象。而分类学恰恰是以物种作为最基本的研究单位。在对前述第四个问题的讨论中，同时包含了部分对本问题的回答。

为什么可证伪不能作为判断分类学是否为科学的标准？

实验证伪不是判断科学属性的唯一标准，假设-演绎亦为科学范式。作为进化生物学的一部分，分类学所研究的问题，相应的时间尺度与人类个体寿命相比往往很大，要求在实验室中进行重复研究是不现实的。与之情况类似的是天文学，对于宇宙演化的研究，只可能通过越来越多个案和不同程度的实验室模拟去不断完善理论、丰富认识。如果没有人质疑天文学的科学属性，那么质疑分类学的科学属性的依据是什么呢？

为什么分类学既需要引入新技术、新思想，又必须同时保持某些古老的传统？

对于传统分类学而言，即使引入几何测量方面的信息，依然很难进行量化分析，困难主要来自于模型的建立。在引入了分子序列信息之后，情况从本质上得到改善，不论是核苷酸/碱基、氨基酸、三联体密码子，还是 rRNA 中的碱基对，各种信息都有很好的备选模型，分类学由此从定性进入到基于定量进行定性的阶段。除了技术之外，思想当然也非常重要。系统发育系统学理论细化并规范了人们对类群、性状和分支树的描述，确立了在互相竞争的分类学观点之间进行评价的方式和总体原则，从中诞生出更加可靠的、可操作性强的分支分析方法体系。在此之前，针对相同或相近类群进行研究的不同分类学家之间，普遍存在因各自坚持某一性状作为最佳分类特征而形成不同分类系统观点的现象，系统发育系统学思想和分支分析方法的普及，有效缓解了这种僵持局面。

纵观主要基于形态信息进行分类的历史，不难发现同行中普遍认可的研究方式与内容是在不断完善的。例如，早期的分类学文献可能没有图，文字描述也很简单；后来，绘图成为分类学工作和成果发表的固定组成部分，对于种类数量上占绝对优势的节肢动物而言，雄性外生殖器的图尤其受到重视，此外文字描述变得日益具体，还出现了度量信息。在今天，以属为单位进行修订是颇受推崇的工作方式，较好的研究工作中还往往包含分支分析的工作。虽然这些现在还不是公认必需的工作方式，但是很有可能在一二十年以后成为主流。在更远的将来，随着实验技术的突破、实验成本的降低、实验效率的提升和分析技术的成熟，人们完全有可能在发表一个新物种的时候，全面提供外观形态、生殖节绘图或照片、DNA 条形码基因序列、rRNA 二级结构甚至核基因组的信息。这将有利于分类学为相关学科提供更多价值。

需要注意的是，分类学在进步的过程中绝不能丢弃某些工作传统，如通过外生殖器的解剖帮助划定物种界限。说到底，对于动物分类而言，生物学物种概念仍然是被最广泛采用的物种概念。而对于种类数量占绝对优势的节肢动物来说，全面的野外和实验室中的交配研究是不现实的，因此物种概念更直接地与外生殖器形态特征相关联。相比之下，没人能说基因组或者其中某个分子标记的差异在两个样本群体之间达到什么样的水平即可划分为两个物种。这是形态学研究不可以被分子技术取代的原因之一。在其他方面，当我们要把现生类群和化石类群绘制到一棵完整的树中的时候，分子序列所能提供的帮助极为有限，形态才是主要的信息来源；还有如进化-发育（Evo-Devo）研究，缺少对形态的认识是难以想象的。

除了对形态学研究的重视之外，模式标本的保存也是不容改变的。虽然这一传统源于物种不变的认识，但是其本身仍然极具价值，模式为后来的分类学研究提供了用以比较的基础。尤其是多年以来以独模发表新种的情况越来越少，多个副模形成的“群体模式”受到大家的认可。当然，模式标本的建立与保存方式也有发展的余地。考虑到已发现的物种只占地球上目前可能存在物种的一小部分，未来或许可以进一步鼓励在有条件的情况下，将部分新发表的模式标本长期低温保存。

为什么分类学的重要性在不断上升？

气候的剧烈变化与人为活动的日益频繁，一方面导致有害生物的地理分布与相对影响的剧烈变动；另一方面导致大量物种迅速消亡，使人类彻底失去认识和利用它们的机会。对于后者，我们或许无能为力；但是对于前者，如果能够长期做好分类学的基础知识储备、能够在工作中具有更好的国外标本获取能力，那么当次要有害生物成为主要有害生物的时候、当外来生物发生更频繁入侵的时候，我们的准备就会更充分，行动就会更加迅速而有力。

为什么对分类学应给予长期的不间断重视？

与较为纯粹的实验室工作不同，分类学工作除了技术细节之外，还具有更强的经验性。经验在野外采集、形态学研究等方面都发挥着非常重要的作用。而不同类群的特性需要研究者在长期工作中形成工作经验，因而一个真正合格的分类学人才的培养周期更长。

相比于一般的实验室工作，分类学工作涉及的工作环节也更繁琐，野外采集和实验室工作都是必需的。野外采集与动物细胞培养、植物组织培养和微生物培养相比，一方面要涉及更多的工作细节，另一方面受到自然界各种条件的限制和偶然性影响。更重要的是，分类学工作往往需要世界范围内的标本，中国的分类学家能获取一些周边国家的标本已属不易，但是欧美研究者却有在非洲、中南美洲和东南亚采集的长期历史和强大能力。在从 15 世纪末开始的大航海时代中，伴随着殖民地扩张和商路的开辟，欧洲博物学家也在此过程中积累了来自世界各地的丰富标本，这奠定了欧美国家在自然历史研究方面的坚实基础、长期优势和始终面向全球的研究视角与研究传统。近年来，发达国家在全球生物多样性热点地区不断进一步深化标本采集工作，这对于中国的动物分类学来说无异于又一次大航海时代。对于实验室工作，越来越多的分类学实验室都会同时开展形态学和分子系统学的工作，去从不同角度研究一个问题。而这两个方面的工作在实验技术和仪器设备方面几乎没有共用的部分。因此，分类学工作受到资金投入和时间分配两个方面的极大限制。

一方面是分类学的基础参考性与生产生活实践中的实用性，另一方面是分类学在世界范围内积累标本资源的必要性以及时间精力分配的分散性，这决定了分类学需要受到长期的、不间断的重视。

编著者
2011 年于南开园

目　　录

第三部分　生物地理学概述

第四部分　系统发育

第五部分　形态进化的分子系统学思考

第 一 部 分

动物分类学初步

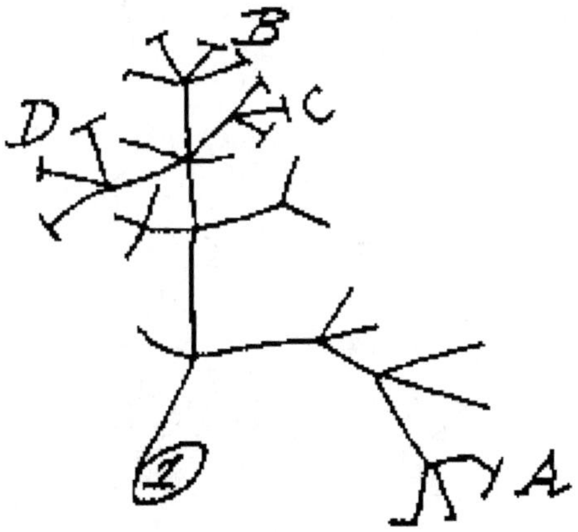

第1章 动物分类学简史

大体上讲，动物分类学的主要工作内容对于生物有机体本身而言包括两个部分：一个是关于物种之间的界线划分；另一个是关于种上分类单元在历史上的分支关系，并基于分支关系建立分类系统。当然，不依据系统发育关系也能建立分类系统，正如分类学历史上分类系统工作的出现与分类阶元层级的出现相伴而生，要早于系统发育研究。但是自从20世纪中后期系统发育系统学的思想不断深入人心之后，现在分类学工作者都认可，符合自然历史的分类系统不应该与人们对相应类群系统发育关系的认识相矛盾。

迈尔教授在 *The Growth of Biological Thought* 一书中说，“基于分类学的研究，‘这些有时被非正式地称作α、β、γ分类学。α分类学属于物种的描述和命名的水平，β分类学则将这些物种安排于包括了较低级和较高级分类阶元的自然系统中，而γ分类学……是进化的研究’（Mayr *et al.*，1953）。实际上，α和β水平的工作是同时进行的，它们属于同一阶段，而γ分类学不是严格意义上的分类学。假如认识到分类学是由两个领域组成的，就会更好地理解分类学的历史：小分类学（microtaxonomy），涉及识别和界定生物种类（物种）的方法和原理；大分类学（macrotaxonomy），涉及划分（以分类形式排列）生物种类的方法和原理。而整个分类学（比系统学更狭窄）被定义为‘界定和划分生物种类的理论与实践（Simpson，1961；Mayr，1969）’。”

在曾经主要依据形态和解剖特征进行分类学工作的时代，关于物种的工作似乎相对简单，而关于分类系统的工作则相对难以进行。尤其是对于在数量上占绝对优势的节肢动物而言，生殖节解剖上的差异被等效为生物学物种概念（biological species concept，BSC）中的“生殖隔离”原则，因而在解剖一定数量个体（更多的时候是雄性个体）的生殖节、并发现其中差异的基础上，结合若干其他形态或解剖特征，即可建立或修订物种的名称与分类地位。

然而相比之下，分类系统与系统发育研究工作中的争议则难以消除，而且工作效果常不够理想。这里面可能有这样一些因素。一个是物种之间界限的划定一般可以较为直观地进行定性，而这在建立或变更分类系统的研究中不大行得通。关于分类系统的问题，往往是不同的专家倾向于依据不同的形态特征建立分类系统，无法互相说服，甚至很难提出解决争议的原则。事实上，这其中更深层次的原因是，在亲缘关系较近的物种之间对生殖节差异进行定性的过程中，更容易判断结构之间的同源性，并且更多的是进行两两比较。对于所比较的两个或多个生殖节解剖构造，是选择看上去更为近似的进行比较，而不是直接指向相应物种之间的亲缘关系。这里面所使用的原则多少带有“相似”的成分，而不完全是严格基于共有衍征（synapomorphy）基础之上的“同源”。关于相似与同源的问题，会在第10章进一步介绍。遗憾的是，对于这两者差异的追究并不能够有效改善工作效果。原因在于，系统发育系统学的思想体系与分支分析的方法体系虽然在逻辑和方法论上相当完备，但是却受到了形态特征信息量的限制。也就是说，另一个非常重要的因素是，形态特征能够提供用以进行分支分析的信息量往往相对于生物大分子信息少很多，这在很大程度上限制了分支分析方法的表现。

当分子序列的信息被应用到分类学研究中后，情况似乎发生了微妙的变化。对于高级阶元分子系统发育而言，性状，或者说特征，其数量不再是问题，甚至对于细菌、古菌和真核生物三个类群之间的关系问题都已找到大量的同源特征；此外，对于序列来说，可以有很好的数学模型对其进化改变进行描述。然而对于物种之间的界限问题，人们却发现，序列在特征数量上的解放作用没有从根本上解决问题，甚至于可以说带来了很多新的问题。为什么呢？因为生物学物种概念虽然对于原核生物、原生生物、植物和真菌来说很难适用，但是对于动物来说，还是普遍适用的。对于昆虫等节肢动物来说，生殖隔离的物种界限判定原则被等效为生殖节构造的差异，其合理性较好，在全世界的学者中间有着相当高的认可度。而分子序列所揭示的遗传距离与生殖隔离之间没有必然的联系，生殖隔离的确认还是要通过结合雌雄个体相互识别、杂交实验，以及行为、生态、地理分布、种群遗传、形态和生殖器官等方面的差异进行综合判断，只有序列是远远不够的。或许正是出于这样的原因，脊椎动物因物种数量较少、个体体型较大，所以得到了更多综合性的研究，而占动物绝大多数的无脊椎动物，所获得的综合性研究则相对少得多。除了物种数量巨大分散了研究者的研究精力之外，个体较小、颜色较暗、生活隐蔽、生态位细分都造成了野外观察和实验室研究的巨大障碍，使得人们对大量无脊椎动物的生物学知识远不及对脊椎动物的认识那么丰富。因此这时，若形态学等其他方法的效果不够理想，分子序列本身解决问题的能力并不更强，成了 Edward O. Wilson 所谓的“无助的巨人”(helpless giant)。

在本章中，我们先简单回顾动物分类学的历史。然后在本书第二部分、第三部分和第四部分中，分别去了解《国际动物命名法规》(*International Code of Zoological Nomenclature*)、动物分类学经典工作以及形态学新方法、分子鉴定、种群遗传、生物地理和高级阶元系统发育等方面的工作概况。

1.1 林奈之前

动物分类学的历史开始于古希腊的亚里士多德（Aristotle，公元前 384～前 322 年），他描述动物的主要著作包括《动物志》(*Historia Animalium*)、《论动物的解剖》(*De Partibus Animalium*)、《论动物的动作》(*De Motu Animalium*)、《论动物的运动》(*De Incessu Animalium*) 和《论动物的繁殖发育》(*De Generatione Animalium*) 等。

16 世纪，有 5 位博物学家的工作为之后动物学的复兴奠定了基础。特纳（William Turner，1508～1568 年）在 1544 年出版了 *Avium praecipuarum*, *quarum apud Plinium et Aristotelem mentio est*, *brevis et succincta historia*，该书不仅讨论了亚里士多德和老普林尼（Pliny the Elder，或 Gaius Plinius Secundus，公元 23～79 年）曾经提及的鸟类和鸟类名称，还增加了基于个人详细观察的准确描述和生活史内容。格斯纳（Konrad Gessner，1516～1565 年）在 1551～1558 年出版了 *Historiae animalium*，这

部著作被认为标志着现代动物学的起点。朗德勒（Guillaume Rondelet，1507～1566 年）在 1554～1555 年出版了 *Libri de Piscibus Marinis*，其中包括对约 200 种鱼类和约 50 种其他海洋动物的详细描述，并且几乎每一种都有图示。贝隆（Pierre Belon，1517～1564 年）在 1555 年出版了 *L'Histoire de la nature des oyseaux*，他以对栖息地适应的生态和形态性状为标准，对鸟类进行分类；值得注意的是，其中还包含了大量比较解剖学内容（图 1.1）。阿尔德罗万迪（Ulisse Aldrovandi，1522～1605 年）在 1599～1603 年出版了 *Ornithologiae*，林奈（Carolus Linnaeus 或 Carl von Linné，1707～1778 年）和布丰（Georges-Louis Leclerc de Buffon，1707～1788 年）都尊称阿尔德罗万迪为自然历史研究之父。

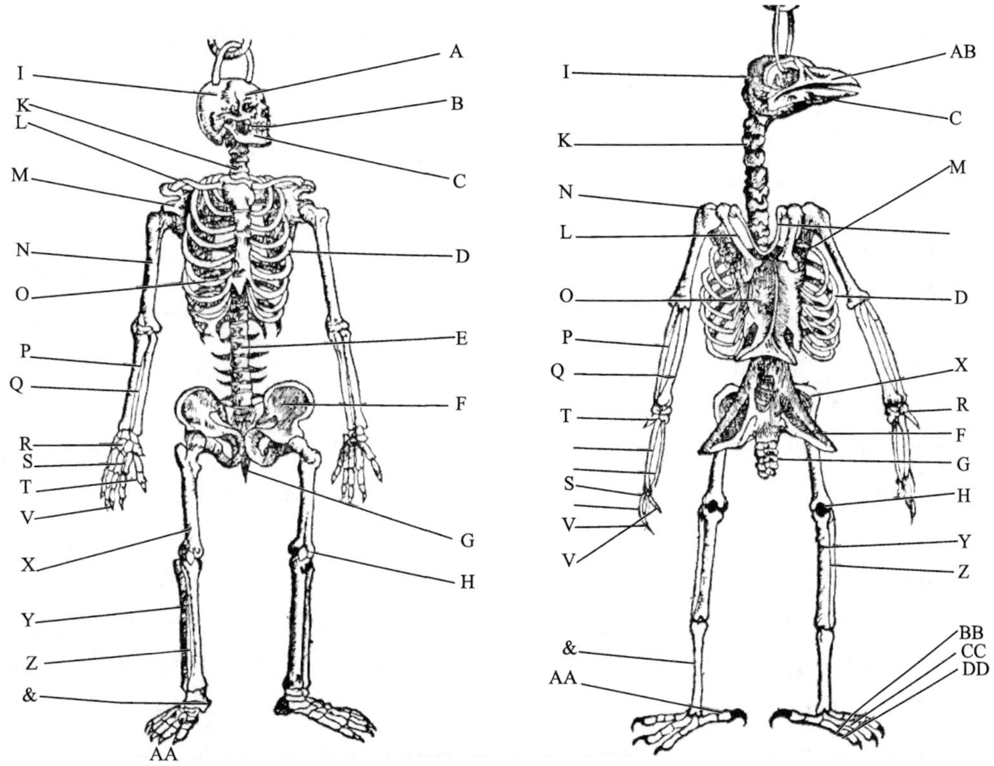

人类骨骼　　　　鸟类骨骼

图 1.1　人与鸟类骨骼的比较（Belon，1555）

右图中没有字母标记的示线表示鸟类独有的骨块

17 世纪，威路比（Francis Willughby，1635～1672 年）在死后（1676 年）出版了 *Ornithologiae libri tres*，该书被认为是科学的鸟类学的起点，开创了以鸟类喙和爪等结构性状进行分类的革命，其中某些细节甚至胜过后来林奈的分类。威路比的老师、朋友、同事和手稿编辑者雷（John Ray，1627～1705 年）在 1693 年发表了 *Synopsis of animals and reptiles*，1705 年发表了 *Method and history of insects*，1713 年（死后）发表了 *Synopsis of birds and fishes*。

17～18 世纪，施旺麦丹（Jan Swammerdam，1637～1680 年）、列奥米尔（René Antoine Ferchault de Reaumur，1683～1757 年）和吉尔（Charles de Geer，1720～1778 年）等博物学家意识到昆虫物种的数目远远超过了植物物种的数目，他们开始把大量乃至几乎全部精力集中于昆虫分类。施旺麦丹在 1669 年出版了 *Historia Insectorum Generalis*，该书同时涉及昆虫的分类和显微解剖内容。列奥米尔在 1734～1742 年出版了 6 卷本的 *Mémoires pour servir à l'histoire des insectes*，该书记述了除甲虫外当时全部已知昆虫的外观、习性和分布。书中甚至包括证明珊瑚是动物而非植物的实验。列奥米尔对昆虫野外生活细致准确的观察，对布丰的《博物学》（*Histoire naturelle*）一书影响颇深。吉尔在 1752～1778 年出版了 8 卷本的 *Mémoires pour servir à l'histoire des insectes*，这一工作对林奈的昆虫分类系统有很大影响（Tuxen，1973；Winsor，1976）。近代以来，昆虫学研究由于体量的庞大，在美国汤森路透集团（Thomson Reuters）的领域分科中，作为单独的一个学科领域出现，与动物学、进化生物学等其他生命科学学科并列。

1.2 林奈与布丰

林奈与布丰是两位同时代的分类学家，对于分类学都作出了重要贡献，但他们所关注的问题各有侧重，在对若干重要问题的认识方面针锋相对。在进化观点方面，两个人都不是进化论者。

林奈是现代生物系统学奠基人，有时也被称分类学之父。他奠定了自然的、按阶层体系分类的基础，是第一个合理地并且前后一致地使用高级阶元的学者，是最早开始现代生物系统学研究和最早解释生物有机体分布的学者。他的分类方法和概念框架在 1735 年已经成熟到令人瞩目的程度，随后的变动很小。林奈在其《自然系统》（*Systema Naturae*）第十版中确立了生物命名的双名法（Binomial Nomenclature），即以属名加种本名作为一种生物的物种名称基础；后来在此基础上发展出来的亚种命名三名法最早由施莱格尔（Hermann Schlegel，1804～1884 年）在 1844 年确立并经常使用。虽然林奈的思想与著作中有不少自相矛盾之处，但是他使同义语以及分类学研究可以想到的每一个方面都标准化了，从而使分类学的命名法在快要完全混乱的地方变得简明一致。林奈的分类系统包含纲、目、属、种 4 个阶元，其中属是分类基础，属以上的高等阶元仅被看作出于简便目的的信息检索装置，而种亦不被看重。科的阶元到 1800 年左右才被比较一致地用来指属和目之间的等级，门的阶元在 1812 年由居维叶提出。林奈认为属代表着上帝造物的本质，他在晚年虽然受植物学方面许多发现的影响而放弃了类型学的物种思想，改变了物种不变的观念，但是在属的问题上从未动摇过；不过另一方面，他晚年时也曾经提出高等分类单元的组成部分可能是杂交的产物，这一假说遭到了其他本质论者的猛烈抨击，后来几乎完全被人遗忘。不过，出于实用的目的，分类学研究中至今依然保留着源于类型的、本质的物种观念的“模式标本”这一研究传统。

布丰开创了全然不同于林奈的博物学传统。他最早阐述了“物种是能够共同繁殖的相似个体经久不变的延续，无法产生能生育的后代的个体属于不同的物种”这一接近于现代生物学物种概念的定义。布丰是动物地理学的创始人，是 18 世纪后半叶所有博物学思想之父，是一位使博物学提高到科学地位的人。他所广泛深入涉及的问题包括地球起源、地质年代、物种绝灭、动物区系、共同祖先、端始种间的生殖隔离等。布丰的《博物学》（*Histoire naturelle*）所取得的成功远超过其他论述自然的书籍，他的思想对宇宙-地球演化、胚胎学、自然系统和物种等诸多领域都产生过巨大的解放作用。对于分类，布丰强调物种是生命的存在单位，强调上行分类，认为应该将彼此相似的东西聚在一起，由此将不同的东西分开。林奈与布丰代表了博物学传统的两个极端，前者强调鉴定、形态与分类，后者强调解剖、习性、分布；前者强调自然界的不连续性而后者则相反。这种分立在看待属的观点上形成焦点，前者认为属代表了客观本质，而后者认为不存在高级分类单元只存在个体。二者的思想随着工作的进展而日益接近，在他们接近各自人生尽头的时候，其传统在他们的学生中合并在了一起。

1.3　拉马克与居维叶及其他学者

在 18 世纪后期和 19 世纪前期，拉马克（Jean-Baptiste Pierre Antoine de Monet, Chevalier de Lamarck，1744～1829 年）和居维叶（Georges Cuvier，1769～1832 年）为无脊椎动物的分类作出了重要贡献。两个人是同时代的学者，并且都是法国人。在进化观点方面，拉马克是进化论者，居维叶不是。拉马克去世之后，1830 年其进化理论的捍卫者圣-伊莱尔（Étienne Geoffroy Saint-Hilaire，1772～1844 年）与居维叶在法国科学院就进化观念进行了长达 6 个星期的公开辩论。不过由于圣-伊莱尔的能力所限，当时更占优势的是居维叶。

居维叶在 1797～1798 年出版了 *Tableau élémentaire de l'histoire naturelle des animaux*，其中把甲壳纲和昆虫纲等类群从林奈命名为蠕虫类的杂乱的分类单元中分出来作为纲一级的分类单元对待；他在 1812 年出版了 4 卷本的 *Recherches sur les ossemens fossiles de quadrupèdes, où l'on rétablit les caractères de plusieurs espèces d'animaux que les révolutions du globe paroissent avoir détruites*，其中开始将软体动物和节肢动物与脊椎动物均作为门一级的分类单元对待；他还在 1817 年出版了 4 卷本的 *Le Règne animal distribué d'après son organisation, pour servir de base à l'histoire naturelle des animaux et d'introduction à l'anatomie comparée*，对自己之前的工作进行总结，其中除了昆虫部分的内容得到了朋友拉特雷耶（Pierre André Latreille，1762～1833 年）的帮助外，其余部分均由自己完成。

与居维叶相比，拉马克更多地是以“第一个坚定的进化论者”著称，此外他发明了“生物学”和“无脊椎动物”等名词，他还是坚决主张动物与植物本质上统一的先驱。

在 19 世纪，有两个或许不常被提起的学者值得注意，他们引入生物学研究的名词远比他们的名字更常被提及。第一位是古生物学家欧文（Richard Owen，1804～1892 年），他在 1843 年提出了同源（homology，homologue）的概念，并将其表述为“相同器官在不同动物中的各个形状和功能变异”。这一概念至今广泛使用，并且不仅在动物学中使用，也在对植物等其他生物的研究中使用；不仅在器官水平使用，也在细胞、生物大分子等微观水平使用。第二位是动物学家兰克斯特（Ray Lankester，1847～1929年），他在1870年引入了与同源相对应的同功（homoplasy）概念，这一概念在中文中也可译为“非同源相似”，后一种译法或许更能表达homoplasy的含意。

1.4　达尔文与华莱士

达尔文（Charles Robert Darwin，1809～1882年）与华莱士（Alfred Russel Wallace，1823～1913年）也是两位同时代的学者，并且都是英国人。前者无疑是公认的自然选择学说创立者，但后者也独立发展出了相似的学说，只不过理论成型的时间稍晚而正式发表的时间比《物种起源》的出版还早一年。一般认为，达尔文在结束贝格尔号航行（1831～1836年）后，回到英国不久即使自然选择学说发展成型，时间大约是1838年前后，随后开始在关系较好的朋友中小范围地表达自己的思想。而华莱士的学说则是在其赴印度尼西亚进行考察的期间（1854～1862年）发展出来的，但是文章投稿于1857年，发表于1858年。

达尔文提供了生物分类的基本理论，是进化分类学整个领域的奠基人，是第一个科学地严格探讨进化问题的学者，最先将自然选择的概念用于提出合理的进化机制，最先明确地表达了“一个分类单元的各个成员之间之所以相似，是因为它们属于共同祖先的后代”；此外，在估价性状的分类价值时，他指出“任何部分的体制与特殊习性关联越少，在分类上越重要”。

对于物种概念，达尔文认为：①物种是通过生殖隔离保持下来的，并且指出不同物种可以几乎不存在任何外部形态的差别；但是，似乎有些矛盾地，达尔文并未将物种设想为生殖隔离的群体，并且还混淆了同域和异域两种不同的物种形成模式；②未能将隔离分成外在的地理障碍和内在的隔离机制，并且含糊地使用“变种”这个术语既指变异个体又指亚种；③能够认识到“绝不说高等和低等”，但未能笃行；④同时使用自然选择与用进废退的机制解释进化；⑤对于遗传机制采取了融合遗传（blending inheritance）而非颗粒遗传（particulate inheritance）的观点。

达尔文进化论的出现是创立进化生物学的起点，也是自然科学整体从宗教和哲学中解放的明确标志；《物种起源》（*On the Origin of Species by Means of Natural Selection*）在1859年11月24日的第一次出版则标志着达尔文进化论的正式诞生，也迎来了生物系统学随后半个多世纪的繁荣发展。达尔文将进化区分为演变（transformation，相当于前进进化anagenesis）和多样化（diversification，相当于分支进化cladogenesis），相对于拉马克只重视前进进化是一大进步。从拉马克到达尔文之间的过渡阶段，是进化生物学思想发展历程中的一个分水岭，在此之前对于物种认识的本质论、目的论与完美适应观点极强，在此之后这些观点逐步淡化。1859年以后，当以“自然的”为标准去评价一个分类系统中的某一部分时，意思是是否“具有共同祖先”。

华莱士被誉为动物地理学之父，研究对象涉及植物、昆虫、鱼类、鸟类、灵长类动物、人类、语言和地外生命，他在动物地理学、进化生物学、生态学与行为学等方面都作出了贡献，尤其是动物地理学。他支持英国鸟类学家史克雷特（Philip Lutley Sclater，1829～1913年）于1858年提出的世界动物地理区划框架，即古北界（Palaearctic）、埃塞俄比亚界（Ethiopian）、印度界（Indian）/东洋界（Oriental）、澳洲界（Australasian）、新北界（Nearctic）和新热带界（Neotropical），并使其被广泛接受。他将东洋界与澳洲界之间的地理界线划定在印度尼西亚的巴厘岛（Bali）与龙目岛（Lombok）之间，以及加里曼丹岛（Kalimantan）和苏拉威西岛（Sulawesi）之间，这条线后来被称为华莱士线（Wallace's Line），经Huxley补充，该线向北延伸到吕宋岛（Luzon）与中国台湾之间；目前这条线经过修改划在印度尼西亚的马鲁古群岛（Maluku）中，向南延伸至东帝汶（East Timor）和澳大利亚西北部之间，称为韦伯线（Weber's Line）。

华莱士描述了间断分布类型（disjunct distribution pattern）的成因，提出了廊道扩散理论（theory of corridor dispersal）；他使动植物区系的概念变得明晰，并对热带动植物区系的成因与特点有所建树，如对岛屿生物区系（biota）类型以及冰期的影响等形成一些比较系统的认识。在进化生物学方面，他给出论证大陆块（continental mass）与海盆（oceanic basin）存在的证据；他将自然选择学说应用于对人类种族分异、鸟类迁徙等现象的解释，并描述了生殖隔离现象；他提出彩色视觉进化和地球年龄等一些问题并试图给出答案。在生态学与行为学方面，他已经涉及今日称为r对策与K对策的内容；他将多态性（polymorphism）、保护色（protective coloration）、警戒色（aposematic color）等术语引入到研究中，并对穆勒拟态（Müller's mimicry）的工作有所贡献。此外，华莱士还建议建立动物命名法规的国际委员会，建议建立“博物馆”这样一种机构，并对人本原理（anthropic principle，常误称为人择原理）的形成有所贡献。

1.5 迈尔与亨尼希

迈尔（Ernst Mayr，1904～2005年）与亨尼希（Willi Hennig，1913～1976年）也是两位同时期的学者，并且在族裔上都是德国人（迈尔为美国籍）。前者是进化分类学派的代表人物，后者是分支分类学派的开创者。

迈尔是20世纪首屈一指的进化生物学家，他将达尔文进化论分为5个互相独立的组成部分：进化观念（evolution as such）、共同起源（common descent）、渐变思想（gradualness）、群体思想（populational speciation）和自然选择（natural selection）；将自然选择学说总结为5个事实和3个推论的逻辑结构。他是促成1936～1947年的那一次进化论综合的关键人物，他与本领域其他一些学者的工作一致表明：诸如物种形成、进化趋势、新性状起源、阶层系统这些主要的进化现象，都能够根据在20世纪二三十年代成熟起来的遗传理论来解释。他很早就开始强调“分子分类”的重要性，在其《生物学思想的发展》（*The Growth of Biological Thought*，1982）一书中，他说“要发现高等级分类单元的联结点，无论如何也离不开分子的方法”，“分子的相似性比不加区别的形态分析更为可靠”，此外他还强调“分类不是个别性状的分类而是整个生物的分类”（亨尼希也强调这一点）。

当代通行的生物学物种定义是由迈尔总结归纳的，他将其概括为“物种是自然界中占有独特生态位的生殖集群，在生殖上同其他集群相隔离”，其中繁殖群体是这一概念的核心，生殖隔离为适合于利用某个生态位的物种基因库（gene pool）提供了保护，生殖隔离与生态位分化对于物种而言是同一事物的两个方面。迈尔的定义摒弃了前人和一些同时代学者将隔离局限地理解为地理隔离的狭隘思维。此外，他还指出，隔离机制只能规定整个群体，不能规定每一个单独个体，这是顺利理解渐渗杂交（introgressive hybridization）概念的重要阐述。与此同时，迈尔坦言，植物中的情况要复杂得多——不活动性有利于生态型（ecotype）的形成，此外多倍体、无性繁殖、自花授粉、杂交等现象普遍存在，因此生物学物种概念并不适用于非两性生殖的动物群和植物群（当然也基本不适用于微生物），但是其中的生态位特征可能仍然适用。

迈尔强调，物种是生物进化的单位——每个物种都是一个生物的试验，就端始种来说无法预言它所进入的新的生态位究竟是一个死胡同还是一个广阔的新适应区入口；物种在很大程度上是生态系统的基本单位；动物物种是行为学研究的重要单位。除上述生物学物种、地理成种等概念之外，迈尔在姐妹种、奠基者效应、新特征的起源、岛屿物种演化、种群大小与进化间关系、基因型的整体概念和自然选择的对象等问题的研究上也卓有建树。

亨尼希是系统发育系统学的奠基人，他在 1950 年出版了《系统发育系统学理论基础》(*Grundzüge einer Theorie der phylogenetischen Systematik*）一书。他在书中提出分类只应当依据系统发育的分支模式，并且断言系统发育由二分支的系列组成；此外，他最先明确强调了“共有衍征（synapomorphy）是确定最近共同祖先的唯一基础”这一原则。二分支中的两个类群互称为姐妹群，应当被给予同样的阶元等级。后来的学者将这种分类理论称为分支分类学或分支分析学（cladistics)。分支分类学的关键方面在于尽可能仔细分析所有性状，并且严格区分和定义性状类型以及精确定义亲缘关系。以分支分析方法重建系统发育的过程，可以不必依赖化石证据。分支分析的最大优点在于建立了有效地、可重复地检验类群的自然性（即单系性）的方法论，这有助于澄清系统发育与分类之间的关系。1950 年以后，当以“自然的”为标准去评价一个分类系统中的某一部分时，意思是是否“具有最近共同祖先”。

迈尔一方面对于分支分类学的方法给予高度评价，另一方面对分支分类学所形成的一些在后来看来正确的结果并不认同。迈尔在《生物学思想的发展》一书中说，“亨尼希方法最重要的贡献或许在于有助于澄清系统发育和分类之间的关系。辛普森、迈尔和其他分类学家论述系统发育和分类的关系时就显得含糊不清。”把对同行的赞许与自我批评放在一起说，这无疑说明了迈尔对分支分类学的肯定和宽阔的胸襟。不过迈尔同时也持一些保留意见，最典型的例子是如何看待鸟类与“爬行类”的关系的问题。迈尔认为，由于鸟类出现了明显的前进进化，因而将鸟类和哺乳类以外的羊膜动物统称为爬行动物是合理的，由鸟类和鳄鱼共同组成的单系群是难以被接受的，这或许和迈尔是一位鸟类学家有关。

1.6 分支分类学派、进化分类学派与数值分类学派

为了尽量合理地以相似为原则进行分类，需要观察生物有机体的大量性状以获取足够信息用于研究。然而当可利用的性状数目的大量增加提供了新的信息时，并不足以解决关于亲缘关系的重要争论，因为"相似"是一个似是而非的原则，亲缘关系需要更加明确的定义。德国昆虫学家亨尼希最早于 1950 年提出系统发育系统学的学说，用以尽量合理而规范地定义并建立物种或分类单元之间的亲缘关系，大大提高了生物系统学研究的系统性与科学性；系统发育的概念与相应研究方法自 20 世纪 70 年代开始被逐步广泛接受并迅速渗透到生物学的各个分支学科，因此系统发育学在进化生物学领域占有核心地位，与之相应的方法论被称为分支分析学。

国内外很多知名学者都是进化分类学的坚定支持者，如美国的进化生物学家 Ernst Mayr 和中国的昆虫学家陈世骧（1905～1988 年）等。他们认为，高级阶元的分类中不应单纯考虑分支进化（cladogenesis），而应该将前进进化（anagenesis）的程度放在第一位。以羊膜动物的进化为例，按照分支分类学的原则，由于爬行类与鸟类共同构成一个单纯的自然类群，当把鸟类从这个自然类群中去除时，剩余类群的总和不再是一个自然类群，因而"爬行动物"不应作为一个科学分类单元存在。与此相对立地，进化分类学者强调，鸟类获得了羽毛、飞翔等明显区别于爬行动物的性状，而哺乳动物的体毛、哺乳等特征也明显区别于其他羊膜动物，因而羊膜动物中除哺乳类和鸟类以外的类群有理由被合称为爬行动物。

进化分类学派到底反对分支分类学派的什么呢？一是分支分类学派仅对单系进行命名；二是特征趋同和进化方向确定的问题难以解决。现在看来，仅对单系进行命名的理念是大胆而超前的——目前 GenBank 中的分类系统就是不断引入单系的理念加以修正。至于趋同和进化方向的问题，对于基于形态特征的分支分析而言，可以通过后验的办法较好地加以解决；对于基于序列的分支分析而言，则根本不成为问题。另外，现行的对系统发育模式的认识和分类阶元的确立原则确实也并非如亨尼希最初设想的那样——由某些节点引出的若干支系，比起二分支来说更像是由适应辐射产生的多分支；而姐妹群必须被给予同样的阶元等级这一点，在不违反对单系群的认识的情况下，也未被广泛采纳。

在 20 世纪 50～70 年代的分类学-进化生物学领域，除了系统发育分类学派和进化分类学派之外，还有数值分类学派，主张在分类学程序中对生物有机体的性状进行量化分析，以此为基础进一步对基于相似性定义的亲缘关系进行量化。虽然数值分类学派是在缺乏恰当的生物学理论基础上提出的量化原则，但是依托量化手段来提高分类学、进化生物学研究科学性的思想与方法已经在系统学领域中被广泛采纳和应用。例如，所选性状应足够多、代表性应足够全面、建立进化假设等原则的倡导。

总的来说，三个学派的争论基本已经过去，当代的分类学大体上使用系统发育系统学的思想框架和分支分析的方法，其中主要包括对于类群间关系的定义以及对于同源原

则的恪守等内容。由于受到数值分类学派强调大量信息和量化思想的影响，分支分析中使用的数据越来越倾向于大规模的序列，而序列使用量的增加往往不可避免地伴随所用序列复杂程度的升高，因此序列数据的处理越来越多使用分子进化模型和似然原则下的算法。由于受到进化分类学派对于前进进化的强调，谱系图（phylogram）比起分支图（cladogram）越来越频繁地出现在系统发育研究中，化石标定方法、进化速率、进化速率在序列不同位点间差异以及进化发育生物学研究受到越来越多的重视。

1.7　今天的动物分类学

分类学是最古老的生物学分科。和历史上学者们的工作相比，今天动物分类学工作者的优势主要在于实验技术和分析方法，也就是获取信息的广度、深度、效率，以及处理信息的方式和效率。在形态信息方面，今天有电子显微镜和显微三维成像系统，有几何学分析方法；在分子序列信息方面，今天有基因组测序、EST 测序和短片段测序技术及仪器，有在核酸序列、RNA 二级结构、氨基酸序列、密码子序列、蛋白质二级结构等不同水平构建模型进行数据分析的方法。甚至和 10 年之前相比，技术进步所带来的优势亦十分显著。例如，基因组测序技术已经发展到第三代，计算机分析可以通过 CPU 簇、单 CPU 的多核心超线程以及 GPU 辅助计算等方式大幅度提高效率。这些优势主要来自于数学、物理学、化学、计算机科学、自动化工程和医学与生命科学交叉融合所带来的进步。

另外，今天的我们依然深深受益于至少 200 多年以来的传统。在物种分类的过程中，我们使用着林奈创立的双名法、使用着模式标本制度，使用着华莱士倡导建立的动物命名法规。在建立分类系统方面，我们使用着由林奈确立、后人不断补充的高级阶元系统。在进化研究方面，我们主要采纳经由迈尔厘清的达尔文进化论观点，主要采用由亨尼希开创的系统发育系统学思想和分支分析方法。在动物地理学方面，我们主要使用史克雷特和华莱士的区系划分方案。在名词与概念方面，我们更是频繁使用着有几十岁乃至一两百岁年龄的词汇。这些元素所组成的经典体系是动物分类学的灵魂所在，是真正有生物学味道的内容。

当然，除了有益的传统之外，分类学永远需要背负历史的负担。对于纯粹的实验科学而言，错误的结论可以被很快忘记，不会成为学科的负担。但是对于分类学而言，正确或者错误的结果都是后来的研究者需要了解的（见第 4 章）。所有的错误都会成为分类学学科的历史负担，这无疑也是分类学区别于其他学科的最重要的特点之一。

今天的分类学内容丰富，并且研究面貌今非昔比，但是生物学其他分科的学者和自然科学中生物学以外学科的学者对分类学的了解可能极为有限，甚至有可能还停留在物种鉴定和非生物有机体的简单归类这样的程度。事实上，分类学是研究以物种多样性为基础的生物多样性现状，及其形成历史和形成机制的学科，目前在研究手段上涉及从核酸到器官之间的多个水平。迈尔指出，“现在还存在这样一种倾向，即某些系统分类学的最重要的进展实际上是由从事相应活动的分类学家取得的，而且只有通过他们作为分类学家的经验才有可能取得，但这些贡献被归功于一些相邻的领域，如群体遗传学、生态学或动物行为学。把分类学或系统学的称号限定为纯事务性的、描述性的工作，而给从很基本的描述工作所产生的更为概括的结果和概念以另外的称号，这是非常错误的。……生物学中最著名的统一理论，即进化论，主要是系统学作出的贡献。……对于物种相关的问题而言，分类学家（包括古生物学家）所作出的重要贡献，超过了任何其他分支学科的生物学家。……分类学家都是进化论综合的积极参与者。大多数把遗传学同进化的问题卓有成效地结合起来的学者都有分类学家的根底。”

要点与问题

1. 分类学与进化生物学之间的密切关系。
2. 分类学的基本工作内容在历史上的溯源。
3. 分类学中经典内容的重要性和不可替代性。

进一步阅读的建议

Mayr E. 1982. The Growth of Biological Thought: Diversity, Evolution, and Inheritance. Cambridge, MA: Harvard University Press.

Mayr E. 1990. 生物学思想的发展．刘珺珺，胡文耕，彭奕欣，等译．长沙：湖南教育出版社．

参 考 文 献

Belon P. 1555. L'histoire de la natvre des oyseavx, avec levrs descriptions; & naïfs portraicts retirez dv natvrel: escrite en sept livres. Paris: Corrozet.

Lankester E R. 1870. On the use of the term homology in modern zoology, and the distinction between homogenetic and homoplastic agreements. Annals and Magazine of Natural History 6 (4): 34-43.

Mayr E, Linsley E G, Usinger R L. 1953. Methods and Principles of Systematic Zoology. New York: McGraw-Hill.

Mayr E. 1969. Principles of Systematic Zoology. New York: McGraw-Hill.

Owen R. 1843. Lectures on Comparative Anatomy and Physiology of the Invertebrate Animals, Delivered at the Royal College of Surgeons in 1843. London: Longmans, Brown, Green and Longmans.

Schlegel H. 1844. Kritische übersicht der europäischer Vögel. Leiden: Arnz.

Simpson G G. 1961. Principles of Animal Taxonomy. New York: Columbia University Press.

Tuxen S L. 1973. Entomology systematizes and describes: 1700-1815. *In*: Smith R F, Mittler T E, Smith C N. History of Entomology. Palo Alto: Annual Reviews, Pps: 95-118.

Wallace A R. 1858. On the Tendency of Varieties to Depart Indefinitely From the Original Type. J Proc Linn Soc (Zoology), 3: 53-62.

Winsor M P. 1976. The development of Linnaean insect classification. Taxon, 25: 57-67.

第 2 章　系统学的项目设计、样本采集与保存

2.1　针对问题的形态特征或分子标记选取

系统学研究的一般步骤为：根据感兴趣的问题确定类群选取→选择合适的形态特征或分子标记→获取数据→建立矩阵→基于某项原则搜索最优谱系图。由于对不同类群而言，形态特征的选取在原理上大同小异、在方法上千差万别，而分子标记的选取有较为一致的原则和方法；又由于在不同阶元级别的问题中，形态特征的选取余地相对有限，而分子标记的选取自由度较大，因此下文中仅就分子序列标记选取进行陈述，各类群的形态特征选取应参阅各类群中的各种比较形态学研究。关于类群选取的问题，可以参阅第 10 章。

关于分子标记的选取，需要进行前期研究（pilot study），这其中既包括对 GenBank 中已有序列的收集、整理、分析，也包括个人或研究组针对所研究类群所进行的一些小规模尝试。

两个或更多基因如果来自若干次基因重复，则称其间的同源为副同源（paralogy）；两个基因如果来自一次物种分异事件，则称其间的同源为直同源（orthology）（见第 10 章图 10.1）。若研究目的是物种间关系而不是基因间关系，那么用于比对的序列应该是直同源的（Swofford *et al.*，1996）。因而在实验设计时，应该选择单拷贝基因片段，避免假基因（Zhang and Hewitt，1996）、基因族等相似序列多拷贝的干扰（Palumbi，1996）。然而，由于足够强的致同进化作用的存在，一些基因族成员基因也是合格的序列，最典型的也许就是 rDNA 了，几百个拷贝几乎可以被看作一个位点。

2.1.1　种群结构研究

种群结构可以被粗略地分为均一型、分隔型和连续型，第一种情况中为单一的随机交配的种群，第二种情况为存在亚种群结构，第三种情况为交配概率随地理距离渐远而降低。不同方法所揭示的种群间和种群内变异情况可能会不一样。一般的经验认为，与双亲遗传位点相比，单亲遗传位点（如线粒体、Y 染色体连锁基因）的种群内变异较小而种群间变异较大。受到较强致同进化作用的串联重复序列，种群内的变异水平也比较低。一般认为，研究种群结构至少需要 3 个不同遗传位点的信息；不过如果能够明确排除选择压力或连锁造成变异模式相同的可能性，两个位点也可以，如一个线粒体基因，一个核基因。

2.1.2　种间界限与种群间杂交研究

种间界限的问题，与物种概念密切相关。虽然说不论采取何种物种概念，单从形态信息出发都可能遇到不足以独立确定物种界限的情况，但是当分子信息能够帮助给出两群体间明显的距离、间断时，这本身只起到了一个提示作用，必须要进一步在形态等其他方面寻找原先被忽略的、相一致的证据。也就是说，形态证据是有时不能独立确定物种界限；分子证据是几乎不能独立确定物种界限。形态证据不能独立确定物种界限的情况如下：①形态相似的同域或邻域分布物种；②物种地位可疑的异域分布种群；③两个形态上有所区别、但呈现渐变变异和广泛杂交的邻域种群；④种群内部不同的多态性/多型性。

研究的过程中至少选择两个不同位点的分子标记，最好是一个线粒体基因，一个核基因。一般来说，分子信息所显示的杂交地理范围大于形态所显示的；不同分子标记所显示的杂交程度不同；单亲遗传标记与二倍体分子标记所提供的信息不同，两者都是必要的。

2.1.3　高级阶元系统发育研究

在高级阶元的系统发育研究中，需要根据不同的阶元水平选择进化速率合适的分子序列标记，以使所选序列既能提供较多的系统发育信息，又能保证序列中的噪声信息不至于太多。笼统地说，进化相对快的序列适用于更低的阶元水平，进化相对慢的适用于更高的阶元水平。不过由于某些基因内部不同区段之间的进化速率也可能有较大差异，所以适用范围可能较广，如 rDNA 可以被用于从科到界的各阶元水平。一般来说，一项系统发育研究所涉及的阶元跨度，对于基本阶元而言，应该最多就是其中两个，如目和科、科和属、属和种，或者就是一个；对于衍生阶元而言，可能会更多，如目、亚目、次目，总科、科、亚科、族。如果在阶元上跨度过大，那么所有问题是不大容易被置于一项系统发育研究中同时解决的，可能导致任何一个阶元的问题都没解决好。

在现在来说，当要确定所选分子标记时，一般都有同一个目的已知数据可供参考，需要全新开始的情况非常少。所以第一步需要收集 GenBank 中若干分子标记的近缘类群数据，比对之后得出序列两两差异的平均值。一般的经验认为，平均值在 10%～15%的区间、整体差异在 30%～40%的区间是比较合适的。一般来说，水溶性蛋白进化较快，DNA 非编码区进化较快。不过这绝不意味着略低或略高一定不行，但是低到、高到何种程度仍然适用，恐怕对于各个类群会有所不同，不易一概而论。

虽然现在一般都有近缘类群的已知数据可供参考，但是如果完全按照经验直接铺开大规模实验，仍然存在一定风险。也就是说，具有针对性的前期实验还是必要的。实验中应将外群和内群一并考虑，不应只考虑内群；并且初步选取的代表种应该既有亲缘关系上最远的，也有较近的，以便全面评估某分子序列的表现。目前来说，对于一项某类群在之前尚未引入过分子序列信息的系统发育研究，如果能够选择两个或更多全长分子标记，并且总长在 3kb 以上是比较好的；对于已有分子系统发育研究的类群，进一步研究则一般朝着线粒体全基因组或全部蛋白质编码区、18S 和 28S 全长、核基因组 EST、核基因组的方向不断增大数据集。

2.2　针对类群行为特点的采集方法

2.2.1　采集策略

对于种群内与种群间变异的研究来说，样本地点需要均匀覆盖整体分布幅度范围，尽可能在分布幅度两端或边缘地带达到每地点样本个体数 20 以上，而在内部区域达到每地点样本个体数 5 以上；每个地点的个体采集都应该是随机的、不受采集者主观偏好影响的。由于预设的采样地理尺度可能并不完全合适，因此有学者认为理想的采集需要进行第二轮；不过也有学者提出，如果所含个体数超过 20 的样本地点多于 5 个，则不必进行第二轮重新设计地理尺度的采样。对于分布幅度，不应狭隘地理解为大尺度地理分布，同时应考虑到某些物种在相对较小空间中因生态位分化造成的内部分异。此外，不同性别个体数、生命周期等因素有时亦须考虑。

对于种间界限研究来说，每样本个体数的要求比种群结构研究中的要求要低一些，不论是对于异域种化还是同域中的微地理隔离种化，每样本有 5 个或以上的个体即可。如果是涉及多态性有所重叠的多个近缘物种，则应考虑 10 或以上的样本个体量。在杂交地带及其周围均应有更为密集的样点；此外，采样中还应包含疑似杂交物种之外的近缘种。

对于高级阶元系统发育研究来说，往往一个代表类群或者说可操作分类单元（OUT）只需有一个个体即可，当认为有必要的情况下甚至可以将多个个体的肌肉组织混匀视为一个整体进行分子生物学实验。也就是说高级阶元系统发育是对个体数量要求最宽松的。

2.2.2　采集方法

样本采集的过程中，首先应该注意不损害公共健康，不破坏农、林、牧、渔生产，不对珍稀或受保护物种进行非法运输。在这三条中，第三条最容易理解；第二条也比较容易理解，如在农田中或其周围采集时，不应破坏农作物；但是第一条，对于相当多的动物学家、昆虫学家，可能一般涉及不到，所以不易理解自己的工作怎么可能损害公共健康。我们来举两个例子，一个是很多动物，尤其是无脊椎动物，是病原媒介，如疟蚊传播疟原虫、跳蚤传播鼠疫杆菌等，这个还是比较熟知的；还有一个是人和野生动物或家养动物共患的疾病。例如，犬、猫、蝙蝠、貂、狐等均可携带狂犬病毒属 *Lyssavirus*（单股负链病毒目 Mononegavirales：弹状病毒科 Rhabdoviridae）的病毒；近年来的野生鸟类与家禽中的禽流感病毒（正黏液病毒科 Orthomyxoviridae）；人类艾滋病毒（反转录病毒科 Retroviridae：慢病毒属 *Lentivirus*）源于欧洲考察者在非洲的刚果河上游的桑加河（Sangha River）流域对黑猩猩的屠杀。

在注意到上述三点之后，才是注意避免样品污染以及针对研究的对象特点进行采集等技术细节层面的问题。动物的习性千差万别，由此决定了对动物样本的采集方式的多样化。很多因素都有可能影响到采集：①如水生还是陆生。如果是水生的话，采集工具势必具有针对性，并且采集人员可能需要相应的大型工具和劳动防护措施。②如采集对象的移动方式、移动能力与移动范围。如果采集目标的主动移动能力较强的话，对于采集人员的交通工具的要求可能会相应提高。③如个体大小、珍稀程度和与人类的亲缘关系。如果个体越大、珍稀程度越高的话，与人类的亲缘关系越密切，采集时则更倾向于麻醉并在身体局部取样、短期饲养等非致死性的方式；④如趋性。如果有趋光、趋化等属性，则采集方式倾向于诱捕。表 2.1 中简单列出了针对不同类群的常用采集工具。

表 2.1　针对不同类群的常用采集工具

类群	工具
无脊椎动物	采集管，玻璃小瓶，镊子，铲，放大镜，采集袋，捕虫网，吸虫管，毛笔，一次性塑料杯，白塑料布，棉花
昆虫	扫网、水网、刮网，采集伞，马来氏网，吸虫管，电动吸虫器，贝杜氏漏斗（Berlese-Tullgren funnel），诱虫灯，索伯网（surber net），剪刀，镊子，斧子、刀、锯、耙、铲、锥、凿，黄盘，振布
鱼	手撒网，刺网、诱捕器，小型围网，钓具，便携式电捕设备
两栖动物	抄网，钓竿，陷阱网/箱
爬行动物	长镊子，钓竿，陷阱盒/箱，蛇叉，蛇套，蛇钳，手套
鸟	张网、粘网，钢丝铗，猎枪
哺乳动物	鼠铗，鼠笼，陷阱，踩铗，扣套，猎枪，鸟/迷网、手持网兜、桶网、漏斗袋、竖琴网，鼹鼠铗，电鱼器，鼠袋，铲

从表 2.1 中可以大致看出，以昆虫为主的无脊椎动物的采集工具最为多样。下面我们以昆虫为例，看一下采集方式到底可以有多么丰富，感受一下采集方式与动物习性之间的关系。

（1）用扫网/抄网。这是一种最为常见的方式，可以采集到草丛、灌木、低矮乔木这个空间中的昆虫，优点是采集数量大，缺点是针对性不强、得不到寄主信息、容易敲落昆虫等。

（2）针对动物寄主进行采集。对于一些寄生在鸟兽等身上的昆虫，采集方式实际上更接近于对于寄主的采集方式。

（3）针对植物寄主进行采集。对于生存空间高度与采集者身高范围相当的情况，采集者可以通过寻找寄主植物、观察危害状等情况，用收集工具辅助进行采集，这样的优点是可以积累寄主信息，缺点是单兵作战的效率不会太高，不过对于特定类群而言，这样的采集方式就是常态。

（4）针对栖境的采集。例如，树皮下、朽木、树洞、穴居、石块下等情况中往往需要一些额外的工具（如螺丝刀、小铲等）。

（5）针对蛛网上、地表等处小型昆虫的采集。小型昆虫一般不易用手或常用工具完好地采集，这种情况下一般用吸虫管或毛笔等辅助。

（6）对于枝繁叶茂的灌木和低矮乔木，扫网会遇到很强的阻挡，在这种情况下可以通过敲击、摇晃植物的方式，主动使其坠落并用事先张开的布接住。

（7）对于林冠层昆虫，由于其栖居位置过高，可以通过药液喷雾的方式将其击落，并用事先张开的布接住。

（8）事实上很多栖居于地表附近的昆虫爬上草丛的可能性并不高，对于草丛以及地表的昆虫，可以通过类似于吸尘器的装置解决。

（9）如果地表存在较多地被物，那么吸取地表昆虫可能比较困难，解决的办法之一是收集地被物，置于漏斗状容器中，以上部的热源将其由容器下方驱赶出，并用事先准备好的容器收集。

（10）对于水生昆虫，可能会用到水网、解剖盘或形状类似的容器等，水网如果设计得当的话，可以作为前述的扫网使用。

（11）对于趋光性昆虫，可以进行灯诱，常用的是高压汞灯这样的白光光源，对于有些类群紫外灯/黑光灯的效果更好。

（12）对于其他一些趋性的情况，可以运用特定颜色、含有特定食物、具有特定形状的容器，放于特定的位置进行诱捕。

（13）马来氏网（Malaise Trap），是一种形状类似于帐篷的装置（图 2.1），主要用来捕捉膜翅目和双翅目昆虫。昆虫会在飞入其中、降落在帐布上后，向更高的一侧爬行，最终落入设在高端的容器中。该装置因由瑞典昆虫学家 René Malaise（1892～1978年）在 1934 年发明，从而以其姓氏命名。

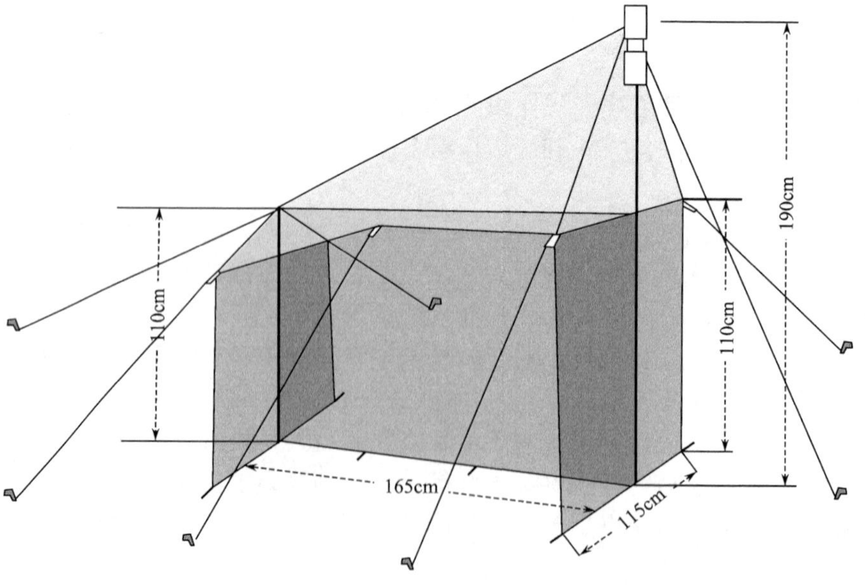

图 2.1 马来氏网的基本形制（http://bugdorm.megaview.com.tw/）

由此，我们可以强烈地感受到，仅仅对于昆虫这一个纲而言，仅仅在采集这一个环节，就可以因采集对象的不同特点而有十余种不同方式。事实上，各种方式之间还有可能以组合的形式出现。采集时注意尽量多采。

在各个国家或地区进行采集的过程中，均需注意提前获得采集许可；在运输标本的过程中，要遵守各国、各地区的进出境法律。对于出于商业目的的、非法采集和运输的稀有标本，每一个有道德的研究者都应拒绝接受。对于脊椎动物来说，还应注意遵守动物伦理学的相关法律和原则。

在经协商或存在合作的情况下，农、林、牧、渔生产也可以成为样本来源，如农林生产中的植食性有害动物，牧、渔生产中的寄生性或捕食性有害动物。此外，动物园、种质资源库、甚至农贸集市、宠物市场，都有可能成为有效的样本来源。

2.3　针对个体结构特点的保存方法

对于标本的处死和保存环节来说，也存在多种方式。粗略地说，鸟类和哺乳动物的整体干制保存一般需要砷化物，鱼类和其他水生动物一般多用浸制/浸渍，两栖动物与“爬行动物”则视情况而定浸制或干制，如果要进行分子系统学研究的话，大型动物的不同组织器官样品在野外开始可能即需独立保存并做好各环节的标记工作，如果选择乙醇保存的话，需要切成 10mm 以下小块以保证乙醇迅速发挥脱水作用；以昆虫为主的节肢动物亦应视情况而定浸制或干制或玻片等。将砷化物用于鸟类标本的长期保存，是从 18 世纪下半叶开始的（Farber，1977）；昆虫干制标本的保存采用樟脑、密闭收纳器具和熏蒸等方式，也出现在 18 世纪。所以迈尔说，动物分类学在 1800 年以后的发展，可以部分地解释为是保存动物标本的新技术的结果（Mayr，1982）。

对于昆虫等节肢动物而言，更为具体地说，在野外根据需要有多种处理方式。例如，活体保存饲养；活体直接或简单处理后放入三角纸袋；用氰化氢（由氰化钾遇水汽后释放）；或乙酸乙酯进行致死或深度麻醉后，放入棉包中转保存或直接制作针插标本；用乙醇注射致死；富含水分标本的晾干、烘干以避免腐烂和霉变；用乙醇、甲醛、丙酮等药品浸制。在回到科研单位后，有些浸制标本要改为干制或玻片标本，有些继续保持浸制状态；棉层中的干制标本通常还要经过回软/还软处理。

可以说，广义上的保存从采集就开始了。保存对于分子系统学研究极为重要，因为个体的形态特征有时经过几番周折后，尚可有效保留或通过修复再现；但是对于生物大分子，很可能一旦降解稍多，就会严重影响最后结果的客观性，尤其是那些对于基因组或 RNA 完整性要求较高的实验。在有条件的情况下，如果能够携带液氮罐在野外工作当然是好的；不过更多的情况下，尤其对于无脊椎动物而言，75％～100％乙醇浸制是更为普遍的。丙酮也可以用来保存用作分子系统学实验材料的昆虫标本，丙酮和乙醇一样，都可以通过使标本迅速脱水而抑制虫体内核酸的降解。这在特殊情况下是非常有意义的，如有昆虫在乙醇中容易褪色，用丙酮则可兼顾体色保持和迅速脱水两个方面的目的。保存过程中应尽量注意标本的洁净、避光和避免高温；为了清洁，应注意液体量和其中标本量的比例，并注意更换液体。尤其是那些体形较大、自身含有水分较多的个体，以及水生或半水生类群、体表可能带有较多水分的个体，它们可能大大稀释液体的有效浓度，采集当天即需更换液体。

在回到实验室之后，乙醇浸制标本应及时鉴定，并将不同种类独立保存，更换乙醇，同时将鉴定标签和采集标签置于各个独立容器中。长期保存的温度一般在－70～－80℃，中期一般保存在－20℃，并选择密闭效果好的容器或保存方案，注意定期检查乙醇余量；短期保存的温度在室温或4℃冰箱均可。与干制标本相比，浸制标本的保存虽然没有被鼠、虫等啃食的担忧，但是受到空间的局限性更强，对足够电力的持续保障要求更高，长期妥善保存的成本与人力要求更高，并且过于频繁的临时检视会多次打断长期稳定保存的条件。与干制标本类似的，浸制标本的标本库建设与国际合作也十分重要。

要点与问题

1. 种群及物种研究中对样本个体数的要求。
2. 采集方法与采集对象习性之间的关系。

进一步阅读的建议

Hillis DM, Moritz C, Mable B K. 1996. Molecular Systematics. 2nd ed. Sunderland, MA: Sinauer Associates Inc.

DeSalle R, Giribet G, Wheeler W C. 2002. Techniques in Molecular Systematics and Evolution. Berlin: Birkhäuser.

薛大勇．2010. 动物标本采集、保藏、鉴定和信息共享指南．北京：中国标准出版社．

参考文献

Farber P L. 1977. The development of taxidermy and the history of ornithology. Isis, 68: 550-566.

Mayr E. 1982. The Growth of Biological Thought: Diversity, Evolution, and Inheritance. Cambridge, MA: Belknap Press of Harvard University Press.

Mayr E. 1990. 生物学思想的发展．刘珺珺，胡文耕，彭奕欣，等译．长沙：湖南教育出版社．

Palumbi S R. 1996. Nucleic acids II: The polymerase chain reaction. *In*: Hillis DM, Moritz C, Mable BK. Molecular Systematics. 2nd ed. Sunderland, MA: Sinauer Associates Inc: 214-215.

Swofford D L, Olsen G J, Waddell P J, *et al*. 1996. Phylogenetic Inference. *In*: Hillis DM, Moritz C, Mable BK. Molecular Systematics. 2nd ed. Sunderland, MA: Sinauer Associates Inc: 407-514.

Zhang D X, Hewitt G M. 1996. Nuclear integrations: challenges for mitochondrial DNA markers. Trends Ecol Evol, 11: 247-251.

第 二 部 分

动物分类学的经典内容和α分类的新内容

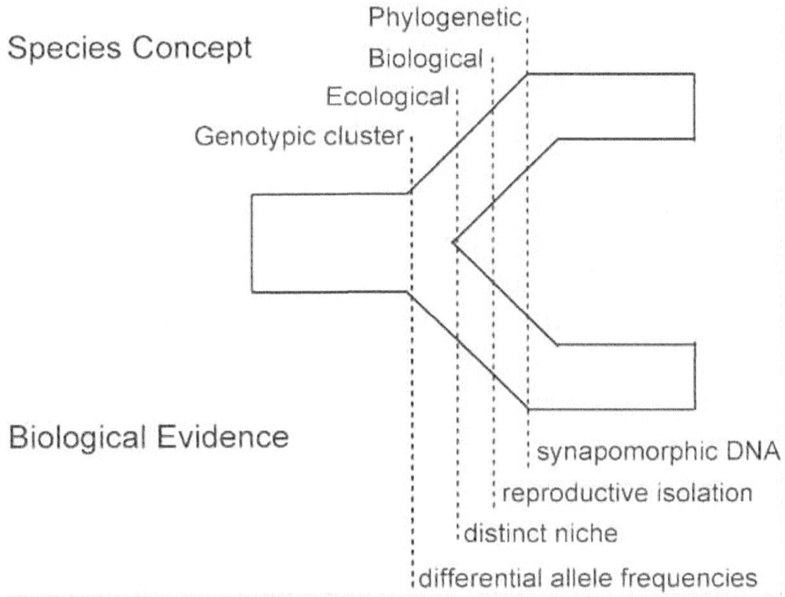

第 3 章　《国际动物命名法规》第四版概述

命名（nomenclature）是在分类学研究中为给予生命有机体名称而建立和（或）使用法规的行为，法规中包含命名的制度、方法及对其所进行的解释。《国际动物命名法规》（International Code of Zoological Nomenclature）的作者是国际动物命名法委员会（International Commission on Zoological Nomenclature，以下简称委员会）。

寻求建立国际统一的动物命名法规的努力可以追溯到 1889 年，在这一年召开的国际动物学会第一届大会上，开始起草制定国际统一的动物命名法规。该法规最终在 1901 年的第五届国际动物学会上通过，并于 1905 年出版，其后不断修订。在 1958 年第十五届国际动物学会上通过的修改版本于 1961 年出版，这一版被称为《国际动物命名法规》第一版。该法规的第二版出版于 1964 年，第三版出版于 1985 年，第四版（以下简称《法规》）出版于 1999 年。《法规》中所使用的时间段划分界限，往往涉及各版本法规的出版年份。《法规》第四版的中文繁体字版（图 3.1 A，彩版）出版于 2002 年（最近一次修订为 2009 年），中文简体字版（图 3.1 B，彩版）出版于 2007 年。

A

B

图 3.1　《国际动物命名法规》中译本繁体字版（A）和简体字版（B）（彩版）

《法规》的基本目标，是为动物名称的使用提供最大限度的普遍性与连续性，以便动物的科学名称与科学家根据分类学的判断对动物进行分类的自由相协调。基于保证名称使用的最大稳定性的原则，优先权不再被严格使用。也就是说，不能因为一个鲜为人知的、甚至是被长久遗忘的名称的有效性，而推翻一个被长期使用的名称。《法规》中包含了针对此类问题的自动解决方案，即在某些情况下，当已在使用的名称或拼写方式受到1900年以前提出的未使用名称的复活造成的威胁时，要与优先权自动脱钩。

《法规》所适用的生物有机体类群，既包括后生动物 Metazoa（以下称动物，含中生动物 Mesozoa），也包括因命名的目的而被当作动物对待的原生生物（绝大多数原生生物与后生动物的关系比真菌和后生动物的关系还要远）。《法规》独立于其他命名系统，也就是说一个《法规》所管辖的名称不能仅因其与一个非《法规》所管辖的名称（植物或原核生物的名称）相同而被废弃。不过作者在准备建立新的属级类群名称时，如果能够避免与《法规》管辖范围以外的生物有机体类群属级名称相同，这样的做法是被鼓励的。《法规》所适用的阶元级别主要是总科到亚种。《法规》在时间上管辖的范围为1758年1月1日以后发表的名称。

3.1 双名法及若干相关问题

一个物种（species）的科学名称是两个名称的组合，即双名（binomen or binominal name），第一个是属名（generic name），第二个是种本名（specific name）；种本名不能脱离属名单独使用。属名必须以一个大写字母开始，种本名必须以一个小写字母开始。

一个亚种（subspecies）的科学名称是三个名称的组合，即三名（trinomen or trinominal name），是在一个物种名称/双名之后跟随一个亚种本名（subspecific name）。亚种本名不能脱离属名和种本名单独使用。包含相应物种载名模式在内的亚种称为“指名模式亚种”（nominal subspecies），其亚种本名与种本名相同，其命名人与种本名的命名人相同。

一个亚属的科学名称，应当与一个双名或三名一起使用，必须置于圆括号内插入属名和种本名之间；其不作为该双名或三名的组成部分之一。亚属名称必须以大写字母开始。

一个种本名可置于圆括号内加在属级类群名称之后，用于表示一个属级类群内若干物种的集合。一个亚种本名可置于圆括号内加在种本名之后，用于表示一个物种内若干亚种的集合。

虽然《法规》并不规定字体，但是属名、种本名、亚种本名、亚属名都应该以斜体的字体形式出现。

拉丁或拉丁化形容词的种本名以及亚种本名必须与其所在的属在性别上一致。

3.2 《法规》对于电子出版物的态度

《法规》对于电子出版物的态度虽然具有一定的开放性（极为有限），但目前还比较保守。其中规定2000年1月1日及其后以非纸张印刷方式出版的著作，如果要在《法规》的含义内被采纳为已出版的著作，必须包含一项陈述以表明其发表形式的拷贝在至少 5 个重要的、对公众开放的图书馆中都有收藏，并在著作本身中指出图书馆的名称。即便如此，《法规》依然强烈建议作者和出版商确保一个新的学名或命名方案在纸张印刷的著作中首次发表。

3.3 可 用 名

一个名称一旦成为可用名（available name），就将继续保持，与其随后因成为次异名、次同名、理由不充分的修订、不必要的替代名或已被禁止的名称而导致的无效无关；即使该有关分类单元不再被分类为动物，它的名称仍然是可用的。

一个名称或命名方案要成为可用的必要条件涉及以下几个。

（1）必须是 1758 年 1 月 1 日及其之后发表的，承载所发表名称的出版物应该是大量公开出版且正式发行的，期刊或书籍均可，现在前者比后者更被鼓励；1930 年以后的临摹手记、照相、校样、微缩胶片、录音、标本的标签、会议发言或发言稿等，均不构成出版物。如果是想了解现在首次记录一项新的动物学名时，发表在哪一种期刊上可以成为可用的，可以参考《动物学记录》（*Zoological Records*）录入动物学名的期刊范围。

（2）一个学名首次发表时必须使用拉丁字母来拼写；但是首次发表的复合的种级类群名称中，如果存在发音符号、省略号、连字、连字符或数字等其他符号时，并不使这一名称变得不可用。

（3）名称不能是若干字母的随机排列，除非这个组合是作为一个字来使用的。

（4）对于属级和种级分类单元的名称而言，必须符合双名法。

（5）在提出时，必须被用作一个分类单元的有效名；如果是 1961 年之前作为一个次异名发表并被作为可用名对待，后来被采用为一个分类单元的名称或作为首同名对待，则发表时的次异名也是可用名。

（6）对于科级分类单元的名称而言，必须是一个主格、复数的名词，并来源于可用属名的词干，在发表时或经修改后以科级类群名称的后缀结尾。

（7）对于属级分类单元的名称而言，必须是包括两个或两个以上字母的、主格、单数形式的名词。

（8）对于种级分类单元的名称而言，必须是包括两个或两个以上字母的一个词或复合词（合在一起指明一个单个实体，如寄主种类或地理区域等）。复合词的各组成成分应来自同一种文字，即同为拉丁文来源，或同为希腊文来源；否则不能成立，将成为不可用名。例如，常用前缀 *pseudo*-为希腊文来源，其后必须跟随希腊文来源的词根。

在词性与（变）格、（变）数方面，可以是一个主格单数的形容词或分词，一个与属名同格的名词，或者一个与属名同格的、作为实词使用的、从与该动物有关的一个生物有机体种本名衍生而来的形容词；必须与一个属名以明确的组合方式发表；不能包括连接词或无法由拉丁字母拼写的符号。但有一类情况例外，即种级分类单元名称的第一组成部分为一拉丁文字母，用以说明该分类单元的某一性状时，在此字母后可以加上连接符号“-”。例如，*c-album* 意为“白色的 c 形花纹”，*x-signatum* 意为“具 x 形花纹的”。

（9）如果一个作者使用一个错误鉴定的种名或亚种名作为一个新命名属级分类单元的模式，那么这个作者对该名称的采用被视为指示一个新命名种或亚种，这个种本名或亚种本名及其作者和日期是可用的，就好像是新提出来与新属级分类单元名称相组合的名称一样。

（10）1930 年以后发表的每一个新名称必须伴有一项用文字叙述的描述或定义，以区分与名称所对应的分类单元；属级和种级分类单元的名称还必须在原始出版物中伴有模式种的固定。

（11）1950 年以后发表的新名称或命名方案不能为匿名作者，除非是委员会发表的命名法案。

（12）1999 年以后发表的新名称（nomina nova）或新替代名（nomen novum），必须明确地指出是新的名称；新科用“fam. nov.”、“fam. n.”、“new family”、“n. fam.”之一，新属用“gen. nov.”、“gen. n.”、“g. nov.”、“g. n.”、“new genus”、“n. gen.”、“n. g.”之一，新种用“sp. nov.”、“sp. n.”、“new species”、“n. sp.”之一，新亚种用“ssp. nov.”、“ssp. n.”、“new subspecies”、“n. ssp.”之一，新替代名用“nomen novum”、“nom. nov.”、“nom. n.”、“n. n.”、“new name”之一。新的科级分类单元的名称必须伴有模式属的名称；新的种本名或亚种本名必须伴有正模或群模的明确固定，若模式为现生生物有机体标本，还须指明其存放地点。

凡未附有描述，未经发表等不符合上述条件的名称，被称为“无记述名”或“裸名”（nomen nudum）。在编写分类目录或名录时不应将其列入；如果列入，须注明为裸名。

3.4　优先权和有效名

《法规》规定，一个分类单元的有效名（valid name）是出版日期最早的可用名称，如果两个或更多个名称出现在同一出版物中，则应取页数靠前、行次靠前者，这就是优先权（law of priority）原则，该原则适用于总科及其以下阶元水平的分类单元。

当在不同的阶元级别同时建立了异物同名或同物异名时，在较高级别提出的名称占据优先。

当名称或命名方案间的优先性不能客观地确定时，优先性将由第一个在一发表的著作中引证这些名称或方案、并从中作出选择的作者固定，这个作者被称为“第一修订者”。如果后来表明名称、拼法或命名方案的优先性可被客观地确定，第一修订者的方案则成为无效。

3.5 各阶元的名称构成及使用

3.5.1 科级分类单元

科级（包括总科、科、亚科、族、亚族）分类单元的名称是模式属名称的词干加特定后缀构成的；出于避免同名关系的需要，也可能由模式属的整个名称加特定后缀构成。词干是希腊字或拉丁字结尾的模式属名删去适当的属格（所有格）单数词尾产生的，但是 2000 年 1 月 1 日及其后发表的新的科级分类单元名称，即使未按此语法程序处理，但同样基于模式属名构成词干，则该拼写应被保持；该语法程序同样不能干涉按照流行的用法构成的科级分类单元名称。如果属名不是以希腊或拉丁字结尾的，则词干可能是下列情况之一：整个属名，或删除了结尾的属名，或带有若干连接字母的整个属名。对于各科级阶元而言，分类单元后缀分别为：-oidea 用于总科名称，-idae 用于科的名称，-inae 用于亚科名称，-ini 用于族的名称，-ina 用于亚族名称。

为任何一个级别的科级分类单元建立的名称，被认为是为基于同一模式属的其他各级别科级分类单元同时建立了具有相应后缀的名称。各级别名称具有相同的作者身份和日期。如果模式属名称为次同名，相应科级分类单元的名称无效；如果模式属名称为次异名，相应科级分类单元的名称的有效性不受影响。

3.5.2 属级分类单元

属级（包括属、亚属）分类单元名称一定是单数、主格。对于由拉丁字或希腊字构成的属级分类单元名称的性别：

（1）对于一个拉丁词或者以拉丁字结尾的属级分类单元名称，采用标准拉丁字典中给予该字的性别；如果它是由两个或多个成分构成的一个复合词，其性别由最后一个成分来确定。

（2）对于一个未做其他改变而音译为拉丁词的希腊词，采用标准希腊字典中给予该字的性别。例如，以*-caris*（caris）、*-gaster*（gaster）、*-lepis*（lepis）或*-opsis*（opsis）结尾的名词是阴性；以*-ceras*（keras）、*-nema*（nama）、*-soma*（soma）、*-stigma*（stigma）或*-stoma*（stoma）结尾的名词是中性。

（3）对于一个具有词尾变化、或拉丁字后缀的拉丁化希腊词，采用属于词尾变化或拉丁后缀的性别。例如，具有拉丁字性别结尾*-us* 的名称，是从希腊字结尾-os（阳性或阴性）、-e（阴性）-a（中性）或-on（中性）拉丁化而来，均为阴性，如*-cephalus*（kephale）、*-cheilus* 和*-chilus*（cheilos）、*-crinus*（krinon）、*-echinus*（echinos）、*-gnathus*（gnathos）、*-rhamphus*（rhamphos）、*-rhynchus*（rhynchos）、*-somus*（soma）、*-stethus*（stethos）以及*-stomus*（stoma）。具有拉丁字结尾*-a* 的名称，是从希腊字结尾-on 拉丁化而来，为阴性，如*-metopa*（metopon）。由希腊字结尾-keras（中性）演

变而来的名称，虽然简单音译该希腊字结尾为*-ceras*的话仍保持中性，但是结尾部分也可以是*-cerus*（阳性）或*-cera*（阴性）。

（4）例外：①一个具有通用或可变性别词尾的名称，将被处理为阳性，除非作者在建立该名称时表明它是阴性，或在与一形容词性的种级分类单元名称的组合中处理为阴性；②以*-ops*结尾的一个复合的属级分类单元名称被处理为阳性，与它的词源或作者对它的处理无关；③以*-ites*、*-oides*、*-ides*、*-odes*或*-istes*结尾的一个复合属级分类单元名称，应被处理为阳性，除非它的作者在建立该名称时说明它为另一种性别，或因与另一种性别的形容词性的种级分类单元名称相组合而被处理成另一种性别。

对于由既非拉丁词、又非希腊词形成的名称的性别：

（1）如果一个属名准确复制于现代欧洲语言中一个有性别的名词，则它采用该名词的性别。

（2）如果一个属名既不是准确复制于现代欧洲语言中一个有性别的名词，也不是由拉丁词或希腊词形成的名称，则它采用由作者清楚指定的性别。

（3）如果性别没有指定，该名称的性别由其原始包括的命名种中形容词性的种级分类单元名称来表明。

（4）如果性别没有被指定、也难以被种级分类单元名称表明，则该属名被处理为阳性；但有一些情况例外：*-a*结尾为阴性，*-um*、*-on*或*-u*结尾为中性。

近代动物分类学工作者制定新属名时，往往采取一些避免错误与重复的“捷径”：以人名、地名为字根（较大地方的地名仍有相对高的重复可能），或在邻近属的属名上加词缀*para-*、*pseudo-*、*meta-*、*allo-*、*eu-*、*-dius*、*-opsis*等。属名也可生造，即将字母组成若干音节堆砌而成，不具任何含义，只要能念即可。中国学者常用汉语中的动物名称或分布地名的音译建立新属名。属名不宜过长。如，半翅目异翅亚目地长蝽科的圆眼长蝽属学名，*Pseudopachybrchius*就是一个典型例子，它由“*pseudo-*”（伪）、“*pachy-*”（粗）、“*-brachius*”（臂）三个部分组成（不过这只是说这个名称从便于书写、输入、发音的角度不够理想，并不影响可用性或有效性）。

每个属级分类单元名称的应用，是参照它所代表的分类单元的模式种来确定的。为任何一个级别的属级分类单元建立的名称，被认为是同一作者为基于同一模式种的其他级别的属级分类单元同时建立了此名称，不论该模式种是原始指定的还是后来指定的。

3.5.3　种级分类单元

对于由人名构成的种级（包括种、亚种）分类单元名称，可以是一个属格形式的名词，或一个主格形式的名词、形容词或动词分词。

（1）以名词的属格为种本名的情况，如家蚕*Bombyx mori*，*mori*是*morus*（桑）的属格形式。以名词的主格为种级分类单元名称，在语法上作为同位语。属名与种级分类单元名称完全相同的现象称为“重名”（tautonym）或“种属同名”，这在动物学命名中为合法，如*Rattus rattus*、*Cossus cossus*等。这种情况在植物学命名中不允许存在。

以形容词当作名词变成属格的情况，常常被用在以另一种生物的学名为种本名的情况中。例如，*Lernea lusci* 是一种寄生桡足类，由于寄生在一种鳕鱼 *Gadus luscus* 上，即以寄主命名，将 *luscus* 原来这个形容词字形的词当作名词来考虑，按名词的变格方式来变格，成为 *lusci*。在昆虫的命名中，依据寄主名称时也常用此法。

(2) 在实际情况中，形容词形式应用得最多。形容词的词尾变化类型：

第一类	阳性	阴性	中性
字尾：	*-us*	*-a*	*-um*
举例：	*longus*	*longa*	*longum*
字尾：	*-er*	*-a*	*-um*
举例：	*glabrer*	*glabra*	*glabrum*
第二类			
字尾：	*-is*	*-is*	*-e*
举例：	*brevis*	*brevis*	*brevis*
第三类			
字尾：	*-x*	*-x*	*-x*
举例：	*simplex*	*simplex*	*simplex*
字尾：	*-or*	*-or*	*-or*
举例：	*bicolor*	*bicolor*	*bicolor*
字尾：	*-ens/-ans*	*-ens/-ans*	*-ens/-ans*
举例：	*repens*	*repens*	*repens*

其他以*-pes*、*-ceps*、*-cuspis*、*-oides*、*-odes* 等为字尾的情况也不随性别改变。

(3) 以动词的分词为种级分类单元名称，如果是现在分词（如-ans、-ens、-scens），指动作，此类字尾不随性别变化；如果是过去分词，字尾变化同形容词。

(4) 由拉丁字或拉丁化属格名词构成的人名作为种级分类单元名称时，应按拉丁文语法规则拼写。

(5) 如果种级分类单元名称是由一现代人的名称直接构成的属格名词，那么，当为一个男人名时，通过在人名后加*-i* 构成；当为多个男人名、或若干男人名和若干女人名时，加*-orum*；当为一个女人名时，加*-ae*；当为多个女人名时，加*-arum*。

(6) 以地理名称为词根组成种级分类单元名称时，可用名词属格形式，或用形容词形式。如果用形容词形式，常用字尾有*-ensis*［按上述第（2）条中的第二类情况进行变化，中性形式为*-ense*］、*-icus* 与*-anus*［按上述第（2）条中的第一类情况进行变化，阴性形式为*-ica* 与*-ana*，中性形式为*-icum* 与*-anum*］。

中国分类学工作者有时喜用地名为词根，如果应用过多，将出现千篇一律的弊病；此外，这类名称容易被误解为狭分布种或特有种，因此以地名命名较宜用于亚种本名或确知是狭窄分布的特有种种本名。

一个种级分类单元名称，如果是拉丁或拉丁化的主格单数形容词或分词，必须与其所在属属名性别一致。但是，一个由主格形式名词构成的种级分类单元名称不必与其所在属属名性别一致。当作者没有表明把一个种级分类单元名称当成名词还是形容词时，或者名称可被当作二者之一而且用法不确定时，该名称作为与其所在属属名同格的名词对待。

一个种级分类单元名称，如果不是拉丁或拉丁化的词，则被作为词尾不变化对待，不必与其所在属属名性别一致。一个可用的种级分类单元名称，当与另一个不同的属名相组合时，则须针对新组合的属名判断种级分类单元名称词尾是否要因性别对应问题而作出改变。

明确地为亚种阶元以下提出的名称不是可用名，如在一个三名中位于亚种本名之后的名称。亚种阶元以下的名称在发表后，不能通过级别的提升成为可用名。如果一个后来的作者为了使其可用而把同样的名称用于种本名或亚种本名，则视为后来的作者实际上建立了有其自己作者身份和日期的新名称。"aberration（ab.）"、"morph"、"variety（var.，v.）"、"form（forma，forme，f.）"等字样均表示作者将名称作为亚种阶元以下名称对待；不过如果后两者在 1960 年 12 月 31 日及其之前的出版物中出现，且相应名称未被明确给予亚种以下的级别，则相应名称视为亚种本名；如果后两者在 1960 年 12 月 31 日及其之前的出版物中出现，且相应名称被明确给予亚种以下的级别，但是在 1984 年 12 月 31 日及其之前的时间里被采用为种级分类单元的有效名，或被处理为首同名，则相应名称亦视为亚种本名。

命名种本名时，尤其是在包含种类较多的属中命名时，除查阅了解本属内是否已有相同名称外，还应包括邻近属在内，以避免未来可能由于属的合并、转移等变动造成同名。此外还需注意，除有效名外，还应了解其他所有可用名（异名），以避免新的同名现象出现。命名过程中，应避免使用含有不严肃、侮辱、讥讽、民族矛盾等意思的词。

为任何一个级别的种级分类单元建立的名称，被认为是同一作者为基于同一载名模式标本的其他级别的种级分类单元同时建立了此名称，不论该载名模式标本是原始指定的还是后来指定的。

3.6 异名关系

一个分类单元具有两个或两个以上可用名的现象，称为异名关系或同物异名关系。其中所有的名称均称为"异名"（synonyms），所有异名中被采用为有效名的一个称为"首异名"（senior synonym），其余不被采用为有效名，仅作为可用名的异名称为"次异名"（junior synonym）。

异名的出现，在科学发展的过程中是不可避免的。在种级分类单元，衡量不同的名称是否为异名的标准为：是否与同一模式标本相符，如是，则这种异名称为"客观异名（objective synonym）"。在属级分类单元的情况中，两个具有不同属模的属名，由于分类学研究上的变动，这两个属模被认为属于同一属时，尽管所根据的模式不同，这两个名称也将被视为异名。有时，这样的变动可能再一次发生变化，造成属模的归属与相应的属名亦随之变化。可见这种异名可能随人的主观意见而变化，故称之为"主观异名"（subjective synonym）。

很显然，客观异名具有更明显的客观标准。近代分类学中，在肯定一项名称为客观异名时，除非是同时有非常充分的照相、绘图信息以及十分详细的描述，一般需要在研究了模式标本本身，并证明为同一种之后，才能正式肯定；否则只宜在文章中表达相关意见，但不做正式的肯定。在第一次肯定某一名称为异名的文章中，须将被肯定为次异名的全名、首次记载的文章出处写在首异名下，并在次异名后注明“新异名”（synonym novum），亦可写成“syn. nov.”、“syn. n.”、“new synonym”、“n. syn.”之一。

3.7 同名关系

当两个或两个以上的被视为属于动物（包括化石）的分类单元可以被相互区别时，它们一定不能用同样的名称来表示（仅一个字母的差别即不是同名，如鸟纲鸻形目的鸥科 Lariidae 和昆虫纲膜翅目的小唇泥蜂科 Larridae）；但是如果拼法相同的属名是为不同的命名属（nominal genera）建立的，则与各属名相组合的种级分类单元名称之间的同名关系（homonymy）不予考虑。例如，昆虫纲的 *Noctua* Linnaeus，1758 与鸟纲的 *Noctua* Gmelin，1771 同名，但昆虫纲 *Noctua* 中 *variegata* Jung，1792 与鸟纲 *Noctua* 中 *variegata* Quoy & Gaimard，1830 的同名关系不予考虑。当出现同名关系时，只有由优先权原则和第一修订者原则确定的首同名可被作为一个有效名称。一个不正确的原始拼法不是可用名，因而不能进入同名关系，只有在经过改正后才可进入同名关系。

同名关系可分为两类。一类是不同作者分别在命名时用同一名称，称谓两个不同的种，此种同名称为“原同名”（primary homonym）（图 3.2）。另一类是两个原来独立

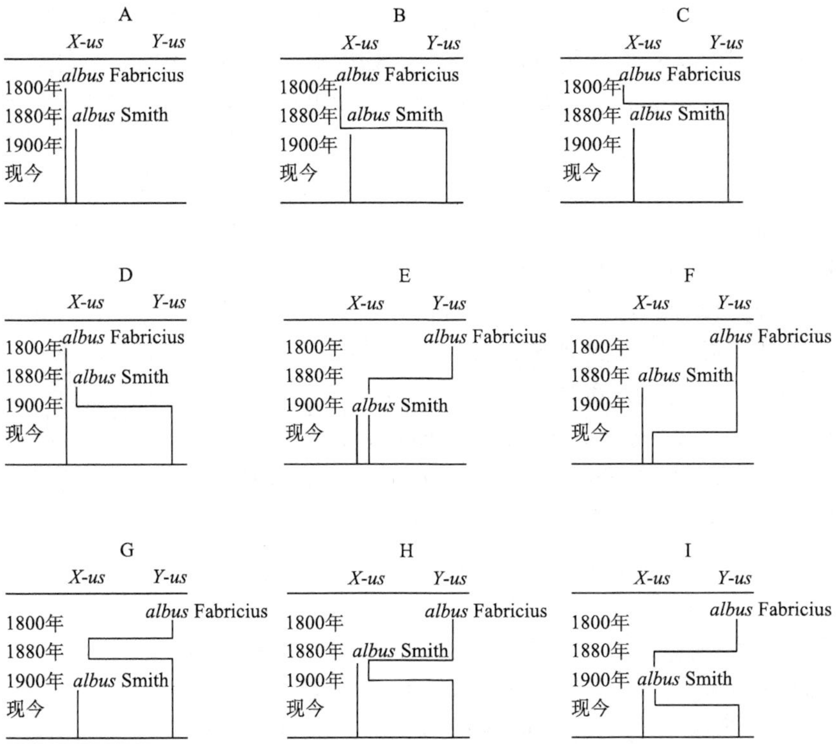

图 3.2 现同名与历史同名

A～D 为原同名；E～I 为后同名；A、E、F 为现同名；B～D、G～I 为历史同名

的属，由于分类学上的变动而合并为一个属，或由原来的属移往另一属，此时发生属名的变换，如果种本名相同，则将出现同名关系，这种同名称“后同名”（secondary homonym）。上述同名关系中，发表时间在前的称“首同名”（senior homonym），在后的称“次同名”（junior homonym）。原同名中的次同名是无效的，应命以新名；后同名中的次同名也是无效的，但可能随属的分类学变动而恢复有效（历史同名，见下文）。日期相同但建立于不同级别的两个科级分类单元名称中，建立于较高级别的名称被视为首同名，较低级别的为次同名；属级、种级中的情况相同，亦为较高级别的名称优先。

次同名关系常又被称为“某名已被占用”（preoccupied）。如果在分类学研究工作中发现同名关系，须给原来带有次同名的物种命以新替代名，并将原来的次同名列于新替代名之下，附以该名称第一次发表时的出处，并在次同名后加上“preoccupied”或“被占用”的字样。命名新替代名时，从学术道义上说，如果原命名人仍健在，应请其为新替代名取名；如果已亡故，则用原来次同名命名人的姓氏作为新名的字根，以示纪念。新替代名后所附的命名人姓氏，应为发表新替代名的作者姓氏，不再是原来次同名的命名人姓氏。

同名关系还可以分为现同名（present homonym）和历史同名（historical homonym）（图 3.2）。在 A～I 的 9 种情况中，A～D 为原同名，应废弃两个同名中的次同名。E 和 F 为后同名的现同名，须废弃两个同名中的一个；G～I 为后同名的历史同名，为有效名。

命名新替代名时要谨慎，应先仔细查明该种是否还有其他名称（即次异名）可用，否则命名新替代名后又将增加新的同物异名。如果有次异名可用时，需注意该异名是否为客观异名。如果为主观异名，则应慎重审查有无可能再发生属的转移，以免采用此名后又发生新的问题。

当发现某一种已经命名、但该名被占用，同时此种的模式标本已不能找到，或鉴定有疑问时，也就是说要解决同名问题的话有很大困难，不如先将此种定为新种为宜，即按新种给以命名，而不按次同名处理。

关于种级分类单元名称字母组成的相同程度问题，一般是完全相同时才算同名。但是需要注意，如果属于同一属或集群的名称，来源和含义相同，而只在下列方面拼法不同，那么这些名称将被视为同名：

（1）用 *ae*、*oe* 或 *e*（如 *caeruleus*、*coeruleus*、*ceruleus*）；

（2）用 *ei*、*i* 或 *y*（如 *cheiropus*、*chiropus*、*chyropus*）；

（3）同一拉丁字母用 *i* 或 *j*（如 *iavanus*、*javanus*）；

（4）同一拉丁字母用 *u* 或 *v*（如 *neura*、*nevra*）；

（5）同一拉丁字母用 *c* 或 *k*（如 *microdon*、*mikrodon*）；

（6）某一子音字母为送气音或非送气音（如 *oxyrhynchus*、*oxyrynchus*）；

（7）用单一的或两个重复的子音字母（如 *litoralis*、*littoralis*）；

（8）*t* 前有 *c* 或无 *c*（如 *auctumnalis*、*autumnalis*）；

（9）用 *f* 或 *ph*（如 *sulfureus*、*sulphureus*）；

（10）用 *ch* 或 *c*（如 *chloropterus*、*cloropterus*）；

(11) 用 *th* 或 *t*（如 *thiara*、*tiara*）；

(12) 在复合词中使用不同的连接字母（如 *nigricinctus*、*nigrocinctus*）；

(13) 半母音字母 *i* 转成 *y*、*ei*、*ej* 或 *ij*（如 *guianensis*、*guyanensis*）；

(14) 在基于人名、地名、寄主名或其他实体名称的所有格词尾中，或在复合种级分类单元名称的各成分间，使用-*i* 或-*ii*（如 *smithi*、*smithii*，*fasciventris*、*fasciiventris*）、-*ae* 或-*iae*、-*orum* 或-*iorum*、-*arum* 或-*iarum*；

(15) 在词的后缀或末尾前面有-*i* 或无（如 *timorensis*、*timoriensis*）。

此外，同一属中，来源含义相同但拼法不同的词亦为同名，如表示"中国"的 *sinensis*、*sinicus*、*chinensis*，表示"峨眉山"的 *omeiensis*、*emeiensis*。因此在近缘属中命名新名时，为减少以后形成后同名中次同名的可能性，应避免此类情况出现。

如果某些拼法十分相近的属名被用作科的模式属，那么以其为字根加上科名字尾时，有可能在形式上变得完全一样，这种情况一般须提交委员会讨论决定。例如，昆虫纲长翅目的美蝎蛉科/仙女蝎蛉科的 *Merope* 和鸟纲佛法僧目蜂虎科的 *Merops*，各自科的学名分别为 Meropeidae 和 Meropidae。

3.8 模　　式

每一个被命名的科级、属级或种级分类单元，实际上或潜在地都具有一个载名模式。一个命名分类单元的载名模式的固定，为此模式所承载的名称提供了实物参照。一个命名分类单元的载名模式，也是其指名模式分类单元（nominotypical taxa）的载名模式，其中一个载名模式的固定也就构成另外一个的固定。如果某一命名亚属被固定为一命名科级分类单元的载名模式，将视为它已被首先提升为属的级别。如果某一命名亚种被固定为一个命名属级分类单元的载名模式，将视为它已被首先提升为种的级别。

3.8.1　科级分类单元

一个命名科级分类单元的载名模式为一称为"模式属"的命名属。要建立一个新的命名科级分类单元，其作者可以选择其内所包含的任何有效的命名属作为模式属。模式属的选择将决定命名科级分类单元的字根。

这里存在当模式属的属名被降为次异名时，以之为基础的科名变迁的问题。《法规》规定，凡 1961 年 1 月 1 日及其之后所发生的模式属属名降为次异名事件，原有的科名不受影响；凡 1960 年 12 月 31 日及其之前的模式属属名降为次异名事件，且科名至今未曾变动者，仍须更改；凡 1960 年 12 月 31 日及其之前的模式属属名降为次异名事件，科名已有人提出相应更改建议，但更改后的科名至今未得到普遍接受者，关于是否沿用原科名，可以提交委员会。

事实上，科级分类单元名称的应用范围一般比属级、种级的更广，尤其是为人所熟知、分布广泛、包含种类较多的科，特别需要尊重长期习用的名称。然而，科名在历史上形成的异名现象，恰恰有时比属名、种名的异名更复杂。对于动物的一些科来说，每个科都有两种或更多均已相当习用的名称，不同学者各执己见。例如，在昆虫中，实蝇科的科名有 Tephritidae、Trypetidae、Trupaneidae、Trypaneidae、Tachiniscidae（目前似以 Tephritidae 最为常用）；寄蝇科的科名有 Tachinidae、Larvaevoridae、Stackelbergomyiidae（目前似以 Tachinidae 最为常用）；瘿蚊科的科名有 Cecidomyiidae、Porricondylidae、Itonididae、Heteropezidae、Lestremiidae、Campylomyzidae（目前似以 Cecidomyiidae 最为常用）；龟蝽科的科名有 Plataspidae、Plataspididae、Coptosomatidae（目前似以 Plataspidae 最为常用）。

3.8.2 属级分类单元

一个命名属或命名亚属的载名模式，是一称为"模式种"（type species，又称"属模"，type of genus；早期文献中有用 genotype 一词表达相同含义的情况，但后来因相同拼写的词汇在遗传学术语表达"基因型"而不再使用）的命名种。属级分类单元模式种的规定，适用于命名属和命名亚属，但不适用于属级分类阶元水平的"集群"。

在分类学研究实践中，常出现一个种由原来所在的属移入另一属的现象。这种属的转移或所谓"组合变动"可由几种原因引起。例如，原有的 A 属被发现是异质的，其中的种应分到 A、B 两属或更多的属中（B 可以是已有的属或新建立的属），则移入 B 属的种其属名由 A 变成 B。又如，A 属和 B 属被合并为一个属并采用 B 属的属名，则原先 A 属各种的属名由 A 变成 B。再如，发现 A 属与 B 属为异名关系，A 属为次异名应该废弃，则原先 A 属各种的属名由 A 变成 B。

属名的变迁问题往往不易处理，尤其是一些常见的、建立历史较长的属的问题。由于在动物分类学研究历史早期时，属的数量较少，各属所包括的范围往往较大，而且没有一定的法规限制，因而含义比较含混，而且存在不少异名。随后的主要趋势，是将这些含义较宽的属细分。但是由于早期没有制定"属模"的规定，因而缺乏细分的依据和标准，在工作时常将原属中的一部分种抽出成立一个新属，或归入另一已知属。不同作者可能根据不同的标准，抽出不同范围的种。这样就造成同一属名在不同作者的文章中含义与所包含的种类可能不同，造成混乱。此外，原有的属还有可能最后被抽空，造成名存实亡。

因此逐渐发现，必须使每一个属名都有一个具体的物种作为其依附之物、提供现实的参照。也就是说，每一个属名必须有一个模式种，才能解决属的名称的稳定性问题。这在现在的《法规》中有所规定（第 68 条），即在建立一个新属时，必须在发表新属名称的文章中同时指定该属的模式种。

被固定为模式种的命名种，必须是原始地被包含于该属中的种，可以是制定该属时属内包括的任何一个种，但是一般建议选用其中较常见的，或经济上较重要的，或可以找到模式标本的，或发表时间最早的，或属于最大亚属的物种。对一些有疑问的种，应避免选用。凡新属在开始建立时只包括一个新种的（monobasic）情况，则该种被默认作为该属的模式种；凡种本名拼写与属名拼写相同的物种，或种本名为"*typus*"、 “*typicus*、-*a*、-*um*”的物种，也是默认的模式种。在正式的记载中，模式种应以其最初命名时的形式出现，并附以命名人和命名年份。

被用作模式的，是一个物种，而不是物种的名称。因此当模式种的名称在历史上发生改变时，并不妨碍其作为模式种的资格。但这里涉及一个问题，即被作为模式的种，当时的鉴定是否正确。如果一个作者发现一个模式种为错误鉴定，则可依据名称使用的最大的稳定性、普遍性的原则，选择以前曾被引述为模式种的命名种，或在错误鉴定中实际涉及的分类学物种。如果选择后一种方案，作者还必须同时引证以前曾被引述为模式种的名称。

以下是有关昆虫纲半翅目异翅亚目地长蝽科松果长蝽属 *Gastrodes* 的一段研究历史。该属由 Westwood 在 1840 年建立，包括在松果中生活的阔卵形地长蝽若干种，Westwood 同时提出以 *Cimex abietis* Linnaeus 为此属的模式种。在 Westwood 文中，描述、文献以及图所表达的 *Cimex abietis* Linnaeus 均与所引用的 Panzer 1805 关于 *Cimex abietis* Linnaeus 的图相符。Panzer 的图画得很逼真，但不论 Westwood 还是 Panzer，都没有看过 *Cimex abietis* Linnaeus 的模式标本。1898 年，Horváth 研究林奈的 *Cimex abietis* 模式标本，发现该模式标本与 Horváth 所处时代一般认为的 *Cimex abietis* Linnaeus［即当时的 *Gastrodes abietis*（Linnaeus)］完全不同，而是当时认为属于另一个属的 *Eremocoris erraticus*（Fabricius)。这说明 Westwood 所指定的模式种源于 Panzer 的错误鉴定，而不是 *Cimex abietis* Linnaeus 这个名称真正对应的物种。也就是说，由于延续了 Panzer 的错误鉴定，Westwood 把 *Cimex abietis* Linnaeus 这个名称赋予了他研究中的、而非林奈原意的一个物种，Westwood 所使用的名称实际上形成了原同名情况中的次同名。由于 Westwood 提出 *Gastrodes* 属名的年份早于 *Eremocoris* 属建立的年份，因此如果按照 Westwood 所指定的模式种处理，那么 *Cimex abietis* Linnaeus 的模式标本所代表的那些身体长椭圆形、不生活在球果中的地长蝽就将采用一个大家不熟悉的、已有的次异名（*Oimoctes* Gistel)。经委员会讨论，决定给 Westwood 的 *Gastrodes* 属的模式种命以新替代名，由 Bergroth 命名为 *Gastrodes abietum* Bergroth。这样就保留了 *Gastrodes* 和 *Eremocoris* 这两个已经习用的属名的原有地位以及它们所习惯代表的类群不变。同时，*Eremocoris erraticus* Fabricius 降为 *Eremocoris abietis*（Linnaeus）的次异名。由此可见，如果要选用较早期命名的已知种作为模式种的话，一定要排除鉴定错误，否则将引起很大的麻烦。

随着模式种的指定，也可能给名称使用带来一些新的问题。例如：

(1) 模式种归属的变更可以使两个属合并，但不一定其中每一个物种都符合变动的标准，因此当发生这种变动（主观异名）时，对每个物种的情况应逐一甄别。

(2) 一属被拆分为若干属时，原有属名应留给分得原模式种的那个属；若干属被合并为一属时，合并后的属名应采用原所有属名中建立时间最早的一个，并沿用其模式种作为合并后的属的模式种。

(3) 当一个种发生属的转移时，确定后应在文章中加以记载，其学名更换属名后，须在原命名人姓氏上加圆括号，并在学名后注明“新组合”(combinatio nova)，或写作“comb. nov.”、“comb. n.”、“new combination”、“n. comb.”之一。

3.8.3 种级分类单元

生物有机体物种繁多，据估计地球上可能存在1000万种，其中已知的大约300万种。有的时候，近缘物种之间的外观差异很不显著。为了使各种生物的名称能与其所指的物种之间具有固定的、可以核查的依据，在林奈以前的时代，分类学家们就已考虑到，在确立一个物种时，除了文字描述和图解之外，须将当时研究和确立该种所用的标本以及之后有关的某些标本，赋予特殊的意义，并长期妥善保存，作为今后核查的最重要直观标准。这些标本就是模式系列（type series），其中包含几种模式类型，各类型中的标本均为模式标本（type specimen）。以下是一些相关的概念。

模式系列，是作者在发表新命名种级分类单元时所包括的全部标本。作者从中明确排除、明确认为存在变异、明确表示归于此种可疑的标本除外。对于一个1999年12月31日及其之前建立的命名种或命名亚种，任何发表的或未发表的证据均可用来确定哪些标本构成模式系列。

正模（holotype，另译完模、全模、主模），是基于原始出版物中一个新的命名种级分类单元的单一标本，由原作者指定的形式进行固定。正模是其所承载的物种名称的主要依据，有时甚至是唯一可靠依据。正模的性别、存放地点、采集时间和地点等信息，均应在记载新种的文章中注明。正模使用红色标签，其上注明“Holotype”字样，以及学名和定名人姓名。正模最好保存在更有可能长久存在的大型学术机构中，因为这样可以保证良好的、合格的管理条件和存放地点的稳定性，以利于世界范围内研究者的查考。

系列模式（hapantotype），是在建立一个现生原生生物的新命名种级分类单元时，指定由一个或更多的标本制备或标本培养组成的整体模式，此标本整体即为命名分类单元的正模。虽然系列模式由若干个独立的有机体组成，但被认为是不可分的，并且不能被选模的选择所缩减。如果发现某一系列模式包含不止一个命名种级分类单元的个体，可采用适当的引证将某组分排除，直到只包含一个命名种级分类单元的个体时为止。

群模（syntype，另译总模、综模、统模），是集体构成载名模式的一个模式系列中的标本。对于一个1999年12月31日及其之前建立的命名种级分类单元而言，如果没有固定正模或选模，则模式系列中的全部标本均自动地成为群模。对于一个2000年1月1日及其之后建立的命名种级分类单元而言，必须包括一个正模或群模的固定；其中在群模的情况中，只有作者明确指出属于该分类单元建立时所依据的那些标本才可固定为群模。当一个命名种级分类单元具有群模时，它们在命名体制中作为载名模式的组成部分，全部具有相等的地位。群模曾经称同模（cotype），但该名词已不受《法规》认可。

选模（lectotype），是从群模中指定一个标本个体，将其作为一个命名种级分类单元名称和使用标准的唯一携带者，相当于正模。选模的有效制定，剥夺了原先群模中其他标本其后继续作为群模的地位。如查明被指定为选模的标本以前不是一个群模时，它将失去其选模的地位。相关的修订文章中，应说明选模的性别及存放地点等有关情况。

新模（neotype），是当确信已有的载名模式标本均已不存在，同时作者认为必须有一载名模式才能客观地界定该命名分类单元时，重新指定一个命名种级分类单元的载名模式。新模的制定必与分类学修订工作同时进行，而不是一个标本整理或保管过程中的常规程序问题。新模的发表必须符合以下所有条件：①表明此项指定是为了试图澄清某一命名分类单元的分类学地位或模式产地；②提出新模所属的命名种级分类单元与其他单元相区别的特征依据，或含有依据的文献；③对新模的信息充分描述，保证能够基于描述进行辨认；④提出确信已有载名模式丢失或毁坏的证据，并叙述追寻那些模式的过程；⑤根据原始描述以及其他可能的信息，提出新模与之前的载名模式相一致的证据；在有必要保持命名体制稳定性的情况中，新模可以采用与原有载名模式不同的性别或生活时期；⑥提出新模产地尽可能靠近原始模式产地的证据，如同一纬度、同一地层、同一寄主；⑦表明新模是某一知名科研机构的财产，并说明该机构的名称、保有研究用的收藏、拥有保管载名模式的合适人员、能使之得以研究。如果在新模被指定后，曾被假定已丢失的命名种级分类单元的载名模式被发现仍然存在，则该重新发现的标本在此项发现被发表的同时又将成为载名模式，同时新模被撤销，或在有人申请的情况下留待委员会裁决新模式是否被保留为载名模式。

载名模式（name-bearing type），是为命名分类单元提供现实参考标准的模式属、模式种、正模、群模、选模和新模。后四者是命名种级分类单元的科学名称的载体，并间接成为所有动物科级、属级命名分类单元的科学名称的载体。它们是国际上在动物命名体制中提供客观参考的标准，它们应受到负责保证其安全的人们为了科学而进行的监护。

副模（paratype），是原始出版物中一个新的命名种级分类单元的模式系列中，除正模以外的其余标本。副模使用黄色标签，其上注明“paratype”字样。如果副模中包括不止一个地点的标本，在文中需要分别加以注明不同产地和各自性别及个体数。副模本身不具有载名功能，不能被再次指定为群模，不能被用于选模的选择；但是当已有载名模式遗失或损坏时，副模有成为新模的候选资格。

配模（allotype，另译异模），是原作者在副模中指定的一个与正模性别相对的标本，是副模的成员之一，一般选用与正模产地、采集日期尽量相同的副模。配模在记载中的要求与正模相同，常用的标签颜色为绿色、红色。

副选模（paralectotype）和配选模（allolectotype），副选模是群模标本在选出选模后，其余被剥夺了继续作为群模和载名模式资格的标本集合；配选模是副选模中被指定为与选模性别相对的一个标本。对副选模的产地、性别、个体数量等信息，应在修订文章中加以记载。和副模一样，当已有载名模式遗失或损坏时，副选模有成为新模的候选资格。

模式产地（type locality），一个命名种级分类单元的模式产地是其当前的载名模式被捕捉、采集、观察记录的地理位置或地层位置。对于群模而言，模式产地覆盖它们全部的产地。

模式标本，是模式系列中的任何一个标本，既包括正模、群模、选模、新模这样的载名模式，也包括副模和副选模。

后模（metatype）、等模（homotype/homeotype，另译同模）、地模（topotype）、外模（ideotype）、余模（plesiotype，另译近模）均为不受《法规》约束的名词，都没有载名功能，也不是严格意义上的模式标本。

由于近代动物分类学对于外表极其相似的种在自然界大量存在的事实，日益有了清楚的认识，因此十分重视载名模式。因为在近缘种存在的情况下，如果在模式系列中出现种类混杂的问题，名称的最后依附只能是载名模式。但是，副模和副选模作为鉴定依据，还是很有价值的，尤其是与载名模式同时、同地、同批采得的那些。副模的存在情况，说明了原作者在建立该种时，所依据材料的丰富程度和认识幅度。

3.9 展　　望

值得注意的是，《法规》在出版后十余年的时间内，在持续地进行勘误、调整。这些修订本身，在 *Zootaxa*、*Zoological Journal of the Linnean Society*、*Bulletin of Zoological Nomenclature* 等期刊中有发布，但《法规》整体未以各次修订后的状态不断出版印刷。这或许多少是由于纸面出版不够便利。不过另一方面，所有的修订会实时体现在互联网上《法规》的在线版中。联想到《法规》中对电子出版物的保守态度，或许不得不说多少是一种尴尬。

这种保守与尴尬在不远的将来或许会有所改变。ICZN 正在与维基（wikipedia，or wiki）合作，开展第五版《国际动物命名法规》的广泛讨论。其中诉求最为集中的几个议题就是电子出版、名称注册（registration of names）和新发现的稀有和濒危物种的模式固定（typification）。委员会希望可以通过这个合作平台，促进动物学会成员的广泛参与，从而使第五版法规的编制过程更为透明，可以为法规文本最终被接受保留推敲过程的记录，可以引入更多的例子和解释性条款，以使法规更容易被理解和使用。

进入 21 世纪以来的十余年，是信息技术（information technology，IT）真正爆发式发展的年代，甚至许多 IT 领域的从业者、领军者在十几年前都不曾预料到这个领域发展的速度。所以，《法规》在十几年前对电子出版物的保守态度，是再正常不过的事情。回望《法规》及其之前的历史进行比较，我们不难发现，互联网时代可以真正促进群策群力的学术民主，可以大大节约建立与修订名称过程中的时间和精力，可以促进快速、便利、大范围地分享学术成果。

（卜文俊　郑乐怡　谢　强）

要点与问题

1. 可用名和有效名。
2. 异名和同名。
3. 模式系列、系列模式、载名模式和模式标本的界定。

进一步阅读的建议

郑乐怡. 1986. 动物分类原理与方法. 北京：高等教育出版社.

International Commission on Zoological Nomenclature. 1999. International Code of Zoological Nomenclature, 4e. The International Trust for Zoological Nomenclature 1999. http://www. nhm. ac. uk/hosted-sites/iczn/code/. 2012-03-10.

国际动物命名法委员会. 2002. 国际动物命名规约. 第 4 版. 于名振译. 基隆：水产出版社.

国际动物命名法委员会. 2007. 国际动物命名法规. 第 4 版. 卜文俊，郑乐怡译. 北京：科学出版社.

第4章　动物分类学的经典工作内容

分类学的工作，就是基于某一类群（有时还可能包括若干近缘类群）尽量多的标本的集合，以及相关类群全部、绝大部分文献的集合，通过认识后一集合内部信息中的矛盾或不一，通过发现后一集合相对于前一集合的信息的缺失、不当或不一，开展与所存在问题相应的工作，工作成果将形成对后一集合及其所含信息的更新。

由此我们不难发现，分类学所面对的问题大体稳定，夸张一些地说，分类学只面对一个问题，就是不断对地球上已有物种（包括化石物种在内）之间的界限进行更加合理的界定，直到大家对于多种物种概念共存的合理性达成一定共识，直到再无新物种被发现，直到分类系统最终变得合理而稳定。在此过程中，如果某些类群更早达到或接近这样的进展状态，就更有可能开展更多相关的系统发育、生物地理等方面的研究。

动物分类学的工作内容和工作框架大体稳定，即使在加入了分子系统学方面的内容之后，传统工作内容依然是不可替代的。我们一定要区分“稳定”、“历史悠久”与“落伍”、“陈旧”；还一定要区分“隐性贡献”和“缺少贡献”。以替代式而非包容式进步的观点看待科学中的任何一个部分，都是不可取的。在科学的不同分支学科之间，能以引用率或直观经济效益形成贡献的学科固然重要，但是能作出隐性贡献、存在可观潜在效益的学科亦不应受轻视。

4.1　鉴　　定

鉴定（identification）是根据已有的分类研究成果对生物有机体标本所进行的鉴别。迈尔认为，鉴定本身绝不等同于分类（classification），鉴定是依据检索表中描述的性状将一个被研究的个体置于已有分类系统的一个类别中。也就是说，鉴定是分类研究中的一部分，将鉴定过程称为分类是不恰当的。

不过另一方面，鉴定是分类工作的最基本内容，是可能发现分类学问题的研究过程中的初始环节，也是植物检疫、外来物种入侵、植物保护、病媒防治、牧渔养殖、生态监测、环境保护等工作中，采取有效的针对性行动或形成基础数据所需要面对的十分关键的第一步。

想一想（如果有可能统计的话当然更好）分类学家们每年为社会和相关学科所做的那些准确鉴定，想一想（如果有可能估算的话当然更好）缺少这些准确鉴定给社会所造成的损失和给相关学科基础数据所引入的误差，再想一想这些鉴定能有多少以出版物作者或社会效益、经济效益的方式受到认可。在绝大多数情况下，分类学家的这些贡献甚至在文章的致谢中都不会出现；甚至存在非常普遍的情况就是，享受到准确鉴定的成果的一方，对于鉴定所持的态度就是，“不就是请你告诉个学名，告诉这是什么嘛”。暂且不提那些比较困难的鉴定过程，即使那些看似顺利、简单的鉴定，其背后所依托的知识体系，是中国乃至世界上多少代分类学工作者在几十年、百余年的过程中，不断补充、更新、完善的成果。这些成果汇总成一个巨大的信息库，为社会和其他学科提供有效鉴定工作的分类学家是这个信息库中知识的若干出口。这个信息库越大越系统、进行鉴定的分类学家能力越强的话，所进行的鉴定就会越顺利、看上去越简单。所以，一个分类学研究机构或研究人员，如果能够长期提供整体上高效的、准确的鉴定（少量困难的鉴定的情况是不能排除的），那么这非但不能说明这是一项非常简单的工作，恰恰说明这样的机构分类学基础雄厚、工作扎实。鉴定不是查字典，不参与字典编写的人也可以查得很好，而真正有资格给出准确鉴定结果的人，是那些对于各个类群的分类学知识的更新作出过切实的研究性贡献的工作者。能够理解到这一点，就会理解什么是分类学的“隐性贡献”。

鉴定的具体步骤一般涉及以下内容。

（1）确定大类，依次鉴定到门、纲、目、科一级。

（2）在鉴定到目或科后，应尽量依靠最近出版的该类群的分类专著（monograph）作进一步鉴定；此类著作往往总结了全世界或一个地区的全部已有研究成果，代表了最近的研究水平。中国地区的种类，资料主要有多卷集的《中国动物志》、《中国经济动物志》和《中国经济昆虫志》等，在国外常以 monograph、treatise、revision、review、fauna 等名称出现。依靠这类资料所得到的结果有时也只是初步的、大概的，这是因为资料中所包含的种类往往不全，只有在检索表、描述、图等几个方面均完全相符时，才比较可靠，在初次接触某一类群的鉴定工作时尤宜慎重。

（3）在没有专著可用的情况下，或利用专著仍未得到准确结果，或为了进一步研究推敲，可查找该类群最近出版的分类目录（catalogue or catalog），即该类群各已知种的分类信息汇总，其最简单的形式只包括种名，或者还包括第一次记载的文献和分布记录，称为“名录”（list or checklist）；较全面的目录会包括各种的全部异名、重新描述、补充绘图、解剖、分布、寄主、生物学等与该种相关的其他文献，这类目录是对分类学研究极为有用的工具书。中文中对 catalogue 和 list 的翻译有时刚好对调，大家只需知道西文题目中的 catalogue 和 list 的意指即可。

（4）如果未能找到上述目录，或虽有而出版年份过早、其后发现的种类及相关文献没有包括，则需自己编制目录或名录，即根据一般生物学或动物学方面的互联网文献数据库和文献索引数据库，从中检索与该类群有关的文献信息，制成自己的文献索引数据库文件，进而编制目录。最常用的索引是《动物学记录》（*Zoological Record*），此书始于 1864 年，由英国博物馆及英联邦昆虫研究所（Commonwealth Institute of Entomology）联合编制，目前由美国汤森路透集团出版；另一常用的索引为《生物学文摘》（*Biological Abstracts*）以及由其摘编的《昆虫学文摘》（*Abstracts of Entomology*），目前亦由美国汤森路透集团出版。

（5）目录编成后，已能掌握该类群已知种类、分布及有关文献的出处，下一步为收集并阅读这些原始资料，文献的收集可先从与中国种类相关的做起，再逐步扩大范围，重要的收集途径是与国际同行直接交换资料或索取，应从工作的一开始就建立这些方面的联系。对于某一种的原始描述应仔细多次阅读（Mayr *et al.*，1953），着重体会其中指出的鉴别特征（diagnosis），以求既能对该种建立全貌性的印象，又能进一步比较各方面的细节，有时可将各种的某些显著特征抽出，编制临时用的工作检索表（working key）帮助鉴定。在阅读资料的过程中，可能会发现其中的描述含糊、选用特征不具鉴别意义或过于简单、绘图模棱两可，这些都是需要通过进一步研究加以改进的部分。

（6）可以考虑与专家已鉴定过的标本进行对比，这里需要注意的是，专家有时也会出错，不能迷信专家，应以尊重事实的态度作出判断，这样才能推动科学进步。

（7）鉴定是否正确，严格来说，其最终的依据是对模式标本、尤其是载名模式的研究和精确核对；这一步骤在近代分类学研究工作中是极为重要、应尽量做到的环节。有些分类学工作者在进行一项研究时，周游世界各大博物馆研究模式标本（尤其是欧洲的各国之间，往来便利，互相访问非常普遍），这样做既有较高的研究效率，又有极好的研究效果。

根据上述一系列过程中所发现的问题，自己可以通过既有针对性、又有系统性的研究，积累起更新某类群已有分类学知识体系的证据，并进行总结。例如，记载和描述新的分类单元，进一步分析性状并找出新的分类依据，建立新系统并建立更合理的分类安排等。许多种类的准确鉴定，往往要在这些步骤完成后，才能真正做到，因此初步鉴定和进一步研究往往是连续交替进行的，不易截然划分。

4.2　描述、绘图和照相

文字描述、绘图和照相，现在一般共同用来形成对标本的结构信息的完整表达内容。文字描述更具系统性和条理，绘图更易着重表达某些细节，照相则更加贴近标本的实际外观，所含信息更加丰富。

正规的描述往往是以流水账的形式，按公认的从头部到腹部末端的，或再辅以作者自设的一定次序，对各种特征进行表述。对于不同性别的标本，还应说明差异程度，对于性二型的情况应分别加以描述，但即使在差异不大的情况下，对于体形大小和生殖构造也须分别描述。如果有不同发育阶段、生物学、生态学等特征信息，可随后描述。

行文应力求简洁准确，但是简洁不意味着越短越好。一般认为，较好的描述应该能够做到既提供该物种的整体形象，又能准确表达其特点，而同时又不繁琐冗长。描述的篇幅和深度可以有很大差别，视工作性质而定。目前中国大量动物类群的分类基础依然薄弱，文献资料较为缺乏，很多常见的已知种虽然在外文资料中多有描述，但在国内书刊中往往并无合格的描述记载，甚至中国新记录种亦是如此，在这样的情况中应提供详细的描述。

由于大量的已知种类的原始记载或早期描述往往过于简略，因而在鉴定上作用不大，所以修订工作中常需对已知种类进行重新描述。基于正确鉴定的、比较完备的重新描述（redescription）的作用和意义常远大于原始记载。如果已有很好的描述，自然不必再花费时间和篇幅进行重新描述。

对于绘图和照相的质量控制，其作为客观记录的属性应被放在首位。对于绘图而言，目前一般建议借助一定的仪器以准确确定轮廓并给出比例尺，如投影描绘器(camera lucida)、目镜方格测微尺等。差别细微的关键性分类特征的绘图最好由研究人员而不是绘图员完成。对于外貌近似的种类，尤宜提供详细的、可供比较的鉴别特征绘图。绘图的数字化有两种方式，一种是绘图后扫描，还有一种是直接在计算机的某些软件中直接进行绘图。对于各类照相而言，不论是一般摄影、显微摄影，还是电子显微镜摄影，都建议以设备允许的最大分辨率进行摄影并保存图像的数字文件。

4.3　修订及新命名分类单元的记述

任何类群的旧有分类处理，在一段时间之后看来都有可能不够完善。在拥有新证据的情况下，以新的观点和方法对一个类群的分类进行重新研究，称之为修订工作（revisionary studies)。通过修订工作可以澄清一些问题，纠正一些错误，提出新发现的种类，在分类系统和系统发育方面基于新的证据得出新的观点。因此，修订工作是分类学研究工作中最值得重视的一种类型，其结果的总结可以以所谓提纲/纲要（synopsis)、修订（review 或 revision，另译厘定或订正等)、专著等不同形式出现。提纲比较简单扼要；修订往往主要包括分类处理的内容；专著的内容比较系统，一般包括研究历史的详细评述、比较形态学的研究、个体发育的记载、比较全面的种类记述，提供名称变迁和异名的详细汇集、系统发育的分析和观点、分类系统和检索表的编制、地理分布和动物地理学分析以及生态学和生物学知识的汇总。在脊椎动物方面，由于研究较为充分，编写专著的条件较好；在无脊椎动物方面，许多类群的分类研究还非常薄弱，具备条件编写专著者较少。

新命名分类单元的记载和描述是分类学论文中最常见的类型之一，其中尤其是新种的记述。这方面的成果往往是修订工作的附带产品。新种的确定和描述，需要对该类群的全部分类工作已具备一定的认识和经验，在此基础上充分获得该类群的必要资料，认真研究有关种类的分类问题后才宜进行，对于初学者来说尤宜慎重。研究过程中应该尽量查看载名模式，或者至少是严格意义上的模式标本，或者有充分的描述、绘图和照片可以完整展现必要的信息。

新种的记述以及正式的分类学修订中所有的种类记述，都应该符合一定的格式、包括一定的内容，简述如下。

(1) 分类单元的名称：在文中第一次出现时，应该引用全称，包括命名人或作者姓氏（不用缩写）及年份。如果该名称曾发生过组合上的变迁，须在命名人姓氏外加上圆括号；如为新命名分类单元，则需对新设立的学名作出字源（etymology）和含义方面的解释，以及作者采用此名的用意。

(2) 异名的陈述：在修订工作或大型的动物志工作中，往往需要在所记述的种名下方提供有关异名的陈述，其中在最简单的情况下只列出常见的异名及命名人，不涉及与之有关的文献题目，在更为完备的情况下则列出全部异名以及与之有关的文献，这是高质量工作中较常见的做法。

异名的陈述在分类修订工作中占有重要的地位，因为这是各种的名称演变历史的总结，是详尽地研究和掌握文献资料的结果的反映。种的异名陈述一般包括学名原形、作者姓氏、发表年份和文献名称及卷期和页码范围。陈述的形式一般以年份先后为序，学名放在最前，文献引证在各条中列出，各条目中还可注明模式的类别、产地、性别、存放地点、修订者是否查证等信息；属的异名条目中须注明模式种。

（3）标本的陈述：修订中宜详细列出研究时所依据标本的情况，包括不同产地的雌雄个体头数，以及标签上记载的采集地点、海拔、采集人姓名等。如果曾进行标本解剖，还需注明解剖标本的数量和产地等情况；如果检视过模式标本，还应注明是否指定了选模、是否解剖了模式标本以及模式与该研究中所用标本的比较结果等信息。新种记述中对指定模式的记载，参见第 3 章。

（4）鉴别特征：即举出某分类单元与其近缘类群之间的关键性区别，以利于此分类单元的鉴定和识别；正式的描述往往内容偏多，鉴别特征的描写则不宜过长，应避免变成变相的一般描述，通过鉴别特征可以对某属、某种的特点一目了然，在对新的命名分类单元的描述中，尤须指出鉴别特征。

（5）描述、绘图和照相（见 4.2 部分）。

（6）地理分布记录：对于中国各省、自治区、直辖市在分布记录中的顺序，可以参考中国地图册中的先后顺序；对于中国以外世界各国和地区的顺序，可以参考世界地图册中的先后顺序。

4.4　阶元层级与分类系统

目前在动物界（Metazoa）中经常使用的阶元层级从高到低依次为：界（kingdom）-门（phylum，复数 phyla；或 division）-亚门（subphylum，或 subdivision）-总纲（superclass）-纲（class）-亚纲（subclass）-次纲（infraclass）-总目（superorder）-目（order）-亚目（suborder）-次目（infraorder）-总科（superfamily）-科（family）-亚科（subfamily）-族（tribe）-亚族（subtribe）-属（genus，复数 genera）-亚属（subgenus）-种-亚种。对于已知种类而言，动物界中最大的门是节肢动物门，节肢动物门中最大的纲是昆虫纲，昆虫纲中最大的目是鞘翅目，鞘翅目中最大的科是象甲科（Curculionidae），并且目前看不到这一格局改变的可能。

关于高级阶元是否真实，迈尔教授指出这个问题必须被分成两个单独的问题：①排列在高级阶元中的分类单元间是否划好了界限？②有没有可能给属、科或目等高级阶元下一个客观而非人为的定义？对第一个问题的回答是肯定的，原因在于分类单元间互相独立的遗传历史与组成；对第二个问题的回答是否定的，原因在于分类阶元是分类学用以指示遗传分异相对程度的方法体系。

科和属是多数分类学家接触最多的两个阶元。在科级阶元水平，各分类单元的类群之间在形态等方面的界限比较明确；各分类单元的类群更多呈世界性分布。属是分类学日常工作中最常用的“单位”，因为虽然物种的数量显然比属的数量大得多，但是分类学研究工作的开展和成果的总结发表，往往最低是以属为单位，而不是种。属之间的划分、转移、合并等问题，是分类学修订工作的重要内容。

亚种是分类的最小单位，分类学上的亚种大体相当于生态学上的种群（population)。种族（race）这个词更多地偏指农作物、牲畜、宠物等人工繁育的品系；对于生物系统学而言，诸如地理种族（geographical race)、生态型（ecotype)、生态种族（ecological race)、变种（variety）和亚变种（subvariety）等词汇多属于种群内变异水平，现已很少在动物分类学中使用。

一个属可能只包括一个种，这样的属称为单种属（monotypic genus，另译单型属)；一个属也可能包括千余种，一般较大的属中需做亚属划分，否则不易于进一步研究。为了避免建立过多的单种属，分类学工作者中存在一条默认的约定，即在做属的划分时，属间的区别程度与属的大小规模呈负相关。也就是说，单种属应具有很明显的独特性状，否则不宜单独建属；对于种类较多的大属，属间区别可以较小。因此对于过大的属来说，如果将其中的各亚属提升为独立的属，也是可以考虑的。

分类系统是物种按照阶元层级由高到低渐次展开的体系，研究各类群的专家常说的分类系统，经常是相对集中于亚目-次目-总/超科-科-亚科-族-亚族这个区间中的，或者说目以下、属以上的分类阶元区间。一般来说，所包含的物种较多、体形分化程度较高的类群，相对于同阶元中其他类群而言，分类系统往往也比较复杂，在历史上变动的幅度可能也比较高。

在系统发育研究已经有了长足进步的今天，分类系统的变动意见往往离不开相关的分支图拓扑结构，这部分内容参见第 10 章。那么，在系统发育研究及其结果较为常见之前的历史上，分类系统又如何变更呢？这其中可能受到若干因素的影响。①由于二分法的盛行，早期分类系统中难免存在过于简单的情况，因而存在较多并系类群。②虽然 20 世纪 50 年代以前并没有今天的系统发育系统学概念体系和分支分析方法体系，但是并不妨碍研究者意识中出现“复合的”、“单一的”这样的判断，因此从含有种类较多、体形分化较复杂的“复合的”类群中抽出“单一的”类群，作为与原先复合的类群在同一阶元水平并立的分类单元，是比较常见的。③分类阶元层级在历史上的发展是由少到多的，“总-”、“亚-”等衍生阶元层级是后来出现的，所以在某一时期的历史上可能很难避免存在比较庞大的分类系统，随着衍生阶元层级的出现，而演变为在相邻若干阶元层级中都更趋向中等数量分类单元的分类系统；与此同时伴随着原有分类单元的阶元级别向上或向下浮动一级。

4.5　检　索　表

检索表（key）是在分类阶元水平从高到低的方向上，通过一系列特征，将某一较高阶元分类单元的分类系统中，全部或部分的较低阶元分类单元逐步区分开来的检索系统。检索表在阶元层级上的跨度可以是两个相邻的阶元，也可以是更多个相邻的阶元；

位于检索表最终端的所有分类单元应该处于同一阶元级别。对于鉴定而言，检索表具有很强的实用性。

检索表具有悠久的历史（Voss，1952），编制检索表有一些注意事项（Metcalf，1954）。总体说来，在选用特征方面。①应该选取终端分类单元内部比较“整齐”的特征，尽量减少例外，应该选取状态不会在终端分类单元之间重叠的特征。②应该尽量选取对于雌性、雄性都适用的特征，或者能够同时说明同一特征在两种性别中的状态，或者考虑对于不同性别、不同发育阶段分别编制检索表。③应该尽量选用两个或更多一些的特征，并且更为关键的区别更靠前，如果重要性相当，则更易于使用的更靠前。④应该在对比陈述特征时采用易于把握的词汇。例如，单纯使用“长”和“短”、“大”和“小”、“高”和“低”都是没有意义的，改用数值或者身体不同部位之间的相对尺度才有意义；又如，采用“梨形”与“苹果形”的比喻式描述是不可取的，因为有些梨的品种，其果实形状更接近大多数品种的苹果而不是大多数品种的梨。

常见的检索表排布形式有双项式（另称两项式、并列式）、单项式（另称系列式、连续式）和包含式（另称锯齿式、双叉式）等，目前似以双项式更为常用。例如，国内动物学家在多卷本的《中国动物志》（图 4.1 A）中所普遍采用的检索表形式，以及中国多位昆虫分类学家在郑乐怡和归鸿（1999）主编的《昆虫分类》（图 4.1 B）各章中所采用的检索表形式。WinClada 软件中有根据矩阵和树形图自动生成检索表的功能，可以对编制检索表起到一定的帮助作用。

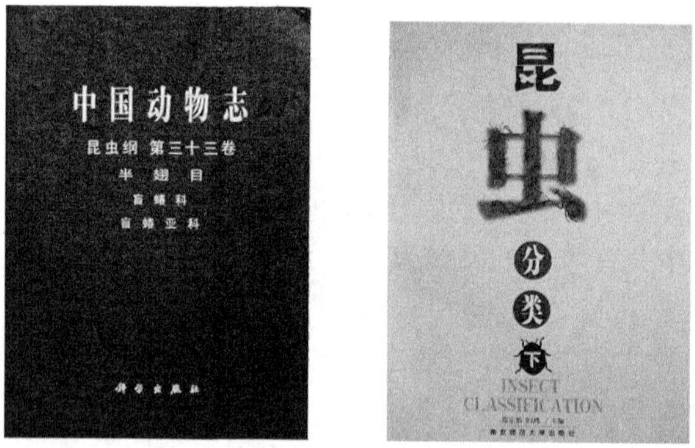

A　　　　B

图 4.1　《中国动物志：昆虫纲：盲蝽科：盲蝽亚科》（A）和《昆虫分类》（B）封面

4.6 地理分布

地理分布是分类学研究的传统组成部分。地理分布信息有多方面的作用。例如，在鉴定过程中用来辅助判断与载名模式或模式标本的一致性；又如，形成对各类群分布格局的认识，并以此作为判断外来入侵的重要依据。然而，对地理分布信息的认识也存在多方面的障碍。首先，长久以来，对于地理分布的记载一般只有地名。一方面地名多为政区概念，有大有小；另一方面地名存在变动的问题，这些都影响了地理分布信息的价值，因此经纬度和海拔信息的记录在现在看来十分必要。其次，对于无脊椎动物而言，由于分类学家的精力往往不得不更多倾向于标本而较少倾向于自然界的种群，因此对于各个物种的地理分布幅度的信息是不够完备的。当然，还有一些障碍并不来自于工作缺陷，而是来自于生物有机体自身的多样性，这些多样性使得普适性的分布格局的总结极为困难，对于越小的地理尺度越是如此。

（郑乐怡　卜文俊　谢　强）

要点与问题

1. 鉴定在动物分类学、相关学科及社会服务过程中的作用和意义。
2. 修订工作的一般性内容。

进一步阅读的建议

郑乐怡．1986．动物分类原理与方法．北京：高等教育出版社．

田立新，胡春林．1989．昆虫分类学的原理和方法．南京：江苏科学技术出版社．

周长发．2009．生物进化与分类原理．北京：科学出版社．

参 考 文 献

郑乐怡，归鸿．1999．昆虫分类．南京：南京师范大学出版社.

Mayr E，Linsley E G，Usinger R L．1953．Methods and Principles of Systematic Zoology．New York：McGraw-Hill.

Metcalf Z P．1954．The construction of keys．Syst Zool，3：38-45.

Voss E G．1952．The history of keys and phylogenetic trees in systematic biology．Jour Sci Lab Denison Univ，43：1-25.

第 5 章　形态学新技术的引入

从目前的分类学现状看，为分类学研究提供特征信息的来源，主要是两个方面：一个是形态学特征，尤其是成体形态；另一个是生物大分子的序列信息。不熟悉分类学的人往往认为分类学与形态学是近义词，有时甚至认为形态学是分类学的一部分，事实上恰恰相反。比较形态学研究是良好的分类学研究的基础，也是基于形态信息进行分支分析的必经之路。如果有了坚实的比较形态学研究，分类学研究才能有良好的基础，基于形态的分支分析才是水到渠成之事；如果只重视分类本身、只把形态信息看成为分类所用的内容，那么实际上对于形态的认识是破碎的、不够扎实的，也不利于分类研究本身。

近年来，形态研究方面的新技术的引入与普及，开始推动形态信息的数字化、深层化、立体化、模型化、网络化，逐步把形态学及与之相关的分类学、系统发育学等学科的研究带入一个新时代。

5.1　数字化绘图

随着计算机及数字图像技术的广泛应用，全手工绘图这一形态分类学研究中的传统技术受到相当大的冲击，甚至可能面临或发展或消亡的严重局面。越来越多的期刊开始鼓励数字图像技术，无论是高清晰度的数码照片、还是电子显微镜照片，都因其直观性和客观性而备受青睐，20 世纪中前期的那种示意性的简单绘图已经相形见绌。随着网络技术的普及和众多期刊的在线发表及开放共享，传统的绘图方法甚至似乎面临一种将被取而代之的趋势。

面对这样的艰难处境，“绘图”只有变革才能生存。不可否认，高质量的特征照片较绘图在很多方面具有明显的优势，但是至少目前看来，绘图仍然在一定范围内是不可或缺的。例如，对于化石复原、古老而残破的唯一模式标本、已褪色或残缺的标本以及某些柔软透明不易染色的结构等，有时很难获得高质量的照片；此外，绘图在局部示意性等方面对比照片仍具有一定优势。尽管如此，传统的绘图技术应该与时俱进。目前逐渐兴起的数字化辅助绘图方法大有取代传统绘图方式的趋势。年青一代的分类学工作者对计算机软件及数字媒体的认知和掌握程度较高，使用传统的九宫格或是外接的描图仪的意愿在不断减弱，因为那可能意味着在昏暗的灯光下安安静静地花上一天或一周甚至更长的时间完成轮廓图，然后用笔打上不同数目的点来反映骨化程度及明暗变化。

当前摄影技术已经普及，几乎任何人都可以用小型的数码照相机对着显微镜拍下比描图仪中清晰得多的标本外形图，如果有专门的显微摄影仪器就更是如此。在得到标本整体照片后，用图像处理软件 Photoshop 等自带的矢量或导入到矢量绘图软件中（如 Illustrator、CorelDraw 等）勾画轮廓及细部特征（即平面建模过程），然后再用位图工具或导入位图软件中（如 Photoshop）进行润色以完成一幅完整的作品。作者认为，只要熟练掌握了 Photoshop 的相关功能就可以顺利完成计算机绘图的全过程。Photoshop 软件功能非常强大，事实上分类学绘图只应用了其中的图层、通道、路径、矢量和笔刷等几个工具，就已经可以出色地完成任务。Illustrator 和 CorelDraw 主要的长处在于平面排版、设计与出版印刷方面，对于分类学绘图中勾画轮廓等这种简单的矢量工作有些大材小用了，而在色彩、明暗处理方面又不如 Photoshop 功能强大、易用。

图 5.1（彩版）中以蜻蜓目丽拟丝蟌 *Pseudolestes mirabilis* 稚虫为例，展示了从照片形成数字化绘图效果的过程梗概，所涉及的大体步骤如下。

（1）拍摄数码照片（图 5.1 A，彩版）。理想条件是用专门的单反照相机或 CCD 类型显微摄影器材，也可以用小型数码相机，甚至卡片机透过显微镜目镜进行拍摄。后面这种方式虽然得到的照片效果不一定很好，但方法简单、速度快，如果应用熟练也有其独到的优势。

（2）勾画轮廓。将所得的数码照片导入图像处理软件（以 Photoshop 为例），在路径面板上新建路径，以钢笔工具在导入的照片上勾画出轮廓及必要的细节线条。此时获得的只是矢量路径，并非真实的线条，需要保存以备后用。然后在图层面板上新建两图层，下面的一层填充成白色做背景，在确保上面一层处于选中状态下时，切换到路径面板，在左侧的工具箱中点选毛笔工具，设定笔道的粗细（如 3 像素点），并将透明度及流速均设为 100%，然后在刚保存的路径上选取欲描绘的轮廓部分，单击鼠标右键选择描画路径选项，即可在图层面板最上面的图层中得到轮廓线（图 5.1 B，彩版）。

（3）润色。在建立轮廓后于该轮廓上以魔棒选取工具选取将要润色的区域，然后新建图层并开始润色。一般分类学绘图只要求灰度图像即可，根据具体情况可以进行灰度填充（图 5.1 C，彩版）或以点、线渲染（图 5.1 D，彩版）。填充可以快速上色，可以有渐变等效果，但是不宜过度应用，否则会使图像过于匀质化，产生类似水彩的效果，给人以不够精细的印象。点、线的刻画是必需的，在 Photoshop 中可以自己定制想要的任何样式的笔刷工具，如散点群或毛丛等。方法是，单独建立一个小的文件（如 40 像素×40 像素尺寸大小），用画笔或钢笔工具画出想要的笔刷形状，如点、细毛、尖刺等，密度视需要而定，单个形状尽量随机散开，然后在“编辑”菜单下选择“定义笔刷”即可在工具箱的画笔工具中找到刚定义的笔刷，用此笔刷可以较方便地进行诸如打点、画毛等润色（图 5.1 E，彩版）。

（4）出图。一般期刊要求电子图片以 TIF 格式提供，作者认为分辨率在每英寸[①] 300 像素点已经够了，也可设为 600 甚至更高，视投稿要求而定。电子图片可以放大到任意大小，只要存储空间允许，不过有一点要格外注意，即放大一定要在刚得到路径轮廓，而尚未描边时进行。矢量路径可以任意放大不会造成画面质量的下降，一旦开始描

① 1英寸＝2.54cm，后同。

边和润色便不能再更改图像大小了。还有一点，有些工作者喜欢在绘图过程中只画出标本的半边，然后镜像复制拼成一幅完整的图像，这样可以使图面非常工整且大大节省了时间和精力，但是其代价是客观性的降低。正常情况下标本不可能完全两侧对称，不是任何情况下都可以半边复制来完成一幅作品，高质量的作品应该是完整的，以照片中的自然状态来描绘。客观性是计算机绘图的最重要的优势之一，对于科学研究尤为重要。

总之，无论是数码照片的后期处理，还是绘图中的勾画轮廓建模、润色与修饰都离不开 Photoshop 这款图像处理领域的领军软件，其应该成为现代分类学研究的标准配置软件，编制并使用规范的、侧重于分类学绘图处理方面的 Photoshop 应用教程，也应该受到重视。

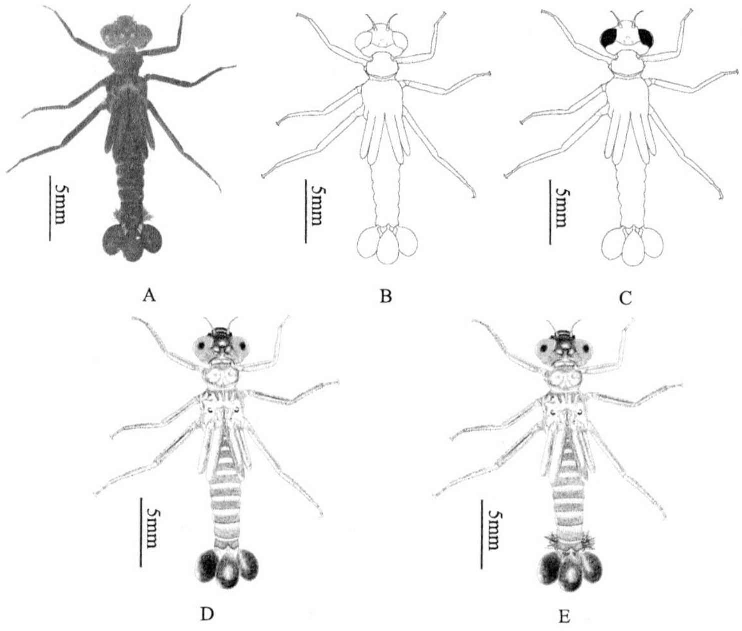

图 5.1 丽拟丝蟌 *Pseudolestes mirabilis* 稚虫（彩版）

A. 经多幅局部特征照片叠加的原照片；B. 在 Photoshop 中完成的轮廓；C. 局部着色及勾勒；D. 整体润色；E. 最后的细部刻画

5.2 电子显微镜

电子显微镜（electron microscope，EM，电镜）是利用电子束流对标本形成的电磁图像进行观察的仪器。由于电子的波长可以达到可见光波长的十万分之一，因而比可见光观测具有更高的分辨率。可见光的极限放大倍率在 2000 倍，而电镜理论上可以达到 200 万倍的放大倍率。电子显微镜包括透射电镜（transmission electron microscope，TEM）、扫描电镜（scanning electron microscope，SEM）、反射电镜（reflection electron microscope，REM）、扫描透射电镜（scanning transmission electron）和低压电镜

(low voltage electron microscope) 等不同类型。形态分类学中常用到的是扫描电镜。扫描电镜，即扫描电子显微镜，主要用于观察样品的表面形貌、割裂面结构、管腔内表面的结构等。其工作原理是利用电子射线轰击样品表面，引起二次电子等信号的发射，经检测装置接收后成像。主要优点是景深长，所获得的图像立体感强，可用来观察生物样品的各种形貌特征。

依据性能不同，扫描电镜又分为一般 SEM、场发射电子枪 SEM 和生物用 SEM 等类型。一般扫描电镜采用热发射电子枪，分辨率为 6nm 左右，若采用六硼化镧电子枪，分辨率可提高到 4～5nm。场发射电子枪 SEM 中，由于场发射电子枪具有亮度高、能量分散少及阴极源尺寸小等优点。这种电镜的分辨率已达到 3nm，可以在低加速电压下进行高分辨率观察，便于直接观察绝缘体而不发生充电、放电现象。生物用 SEM 备有冰冻冷热样品台，可把含水生物样品迅速冷冻并对冰冻样品进行观察，可以减少化学处理引起的人为变化，使观察样品更接近于自然状态。如果要观察内部结构，还可以用冷刀把样品切开，加温使冰升华，并在其上喷镀一层金属再进行观察，所有这些过程都在 SEM 中不破坏真空的状态下进行。

此外，近年来出现的环境扫描电子显微镜 (environmental scanning electron microscope，ESEM) 更是为生命科学研究领域带来新的曙光。ESEM 与常规扫描电镜的主要区别在于可在低真空的状态下不经样品表面喷金处理即可直接观察非导电的及含水的样品，这意味着可以在保持标本不被破坏，可再利用的前提下拍摄电镜照片，这对于分类学家来说是非常有意义的。因为一些珍稀标本可能仅有一头，我们不想也不能破坏标本的完整性和可用性，有时甚至我们不想将活体标本处死，这时仍可以应用环扫电镜进行亚显微结构观察。ESEM 的工作原理是在样品室中通入气体使之处于低真空的“环境”状态，根据气体电离及放大原理对样品进行观察；而非常规扫描电镜那样要求样品室真空度高于 10^{-3}Pa，并且对导电性能不好的样品（如昆虫标本等）要进行表面金属化处理。

以 FEI QUANTA 200 系列环境扫描电镜（图 5.2）为例，其属于美国 FEI 公司生产的 QUANTA 产品系列，可以获得所有样品表面的信息，包括：收集二次电子信号给出样品的表面形貌像，收集背散射电子信号给出样品的表面成分像，能谱 (energy dispersive spectrograph，EDS) 可以对样品的元素组成进行定性和定量分析。该系列电子显微镜下极靴处装有多个压差光阑，使得在保证电子枪室高真空的同时，允许样品室内处于不同的真空状态，能在低真空模式（15～130Pa）和环境状态模式（130～2600Pa）下直接观察样品。样品的适用范围非常广，可以直接做非导电材料，如高分子材料、陶瓷材料、环境样品、生物医学材料、生物样品等，而不需喷镀导电膜，分析简便迅速，不破坏样品原始形貌。QUANTA 200 样品室大，工作距离大，可以观察大块样品和磁性材料。图 5.3 中展示了已经过及未经过喷金处理的环境扫描电镜拍摄样片。

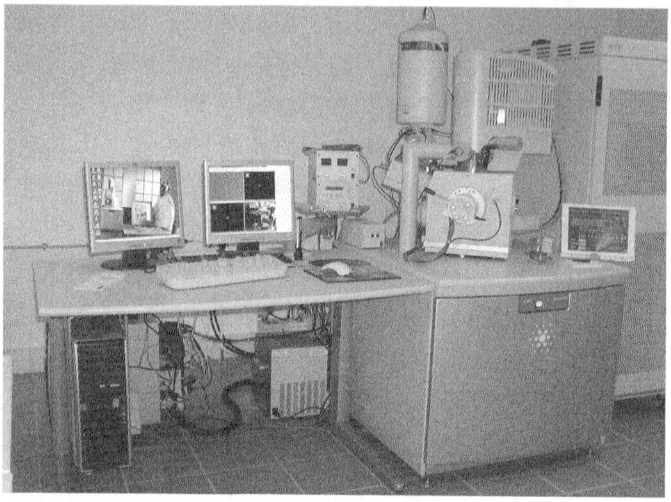

图 5.2 FEI Quanta 200 FEG 扫描电子显微镜（www. transferts-lr. org）

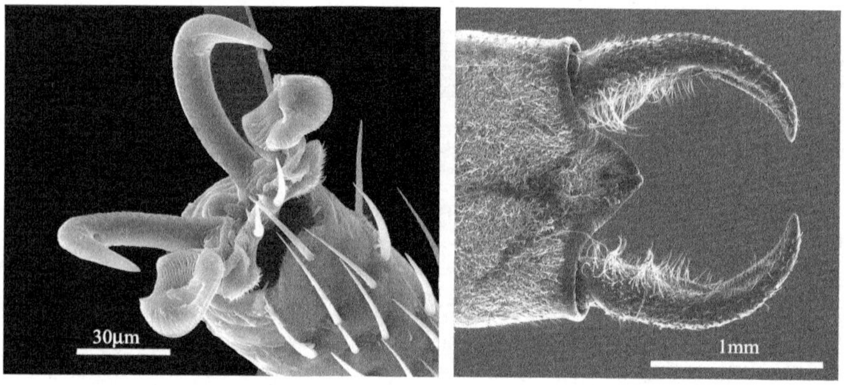

A B

图 5.3 环境扫描电镜照片

A. 经喷金处理，四刺突眼长蝽 *Chauliops quaternaria* 后足的爪，放大 2000 倍（Gao and Bu，2009）；B. 未经喷金处理，雅州凸尾山蟌 *Mesopodagrion yachowensis* 肛附器（放大 100 倍），示蜡被保存完好（Yu and Bu，2009）

5.3 激光共聚焦显微镜

激光（light amplification by stimulated emission of radiation，laser）的理论基础最初由爱因斯坦（Albert Einstein，1879～1955 年）在 1917 年奠定。在 1960 年，Theodore Harold Maiman（1927～2007 年）制造出了世界上第一台可正常工作的激光器。由于激光一般具有光可见、低散射等特点，因而在光学观测领域具有重要的用途。激光共聚焦扫描显微技术（confocal laser scanning microscopy，CLSM）是一种高分辨率的显微成像技术，其特点是每次只对空间上的一个点（焦点）进行成像，然后通过计算机控制的逐点扫描过程形成标本的二维或三维图像，由于此过程中来自焦点以外的光信号不会像普通的荧光光学显微镜那样对图像形成干扰，从而大大提高了显微图像的清晰度和细节分辨能力。在激光共聚焦显微镜成像过程中，出射小孔的位置始终与显微物镜的焦点（focal point）是一一对应的关系（共轭 conjugate），因而被称为共聚焦（con-focal）显微技术。

共聚焦显微技术由美国科学家 Marvin Minsky 发明，并于 1957 年申请专利。20 世纪 80 年代后期，由于激光研究的长足进步，使得激光共聚焦扫描显微技术成为了一种成熟的技术。目前，激光共聚焦显微镜已经发展为一种结合了激光技术、显微光学、自动控制和图像处理等多种尖端科研成果的高技术工具，广泛应用于形态与动态分析、神经立体分布影像、基因影像分析、活体胚胎研究、染色体多重荧光原色表现、荧光原位杂交等众多生命科学领域。激光共聚焦显微技术在形态分类学上的应用大大拓展了人们的视野，为深入研究提供了可能。图 5.4 显示了激光共聚焦成套设备的整体外观。图 5.5 中展示了黑腹果蝇 *Drosophila melanogaster* 阳茎的 CLSM 照片。

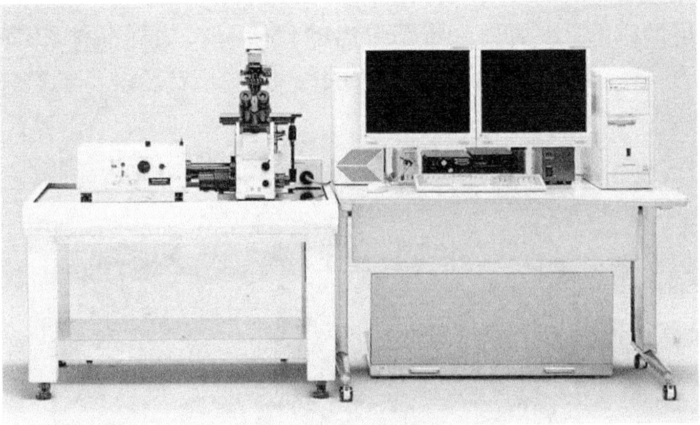

图 5.4　Olympus FV300-IX 型激光共聚焦扫描显微镜（www. wolflabs. co. uk）

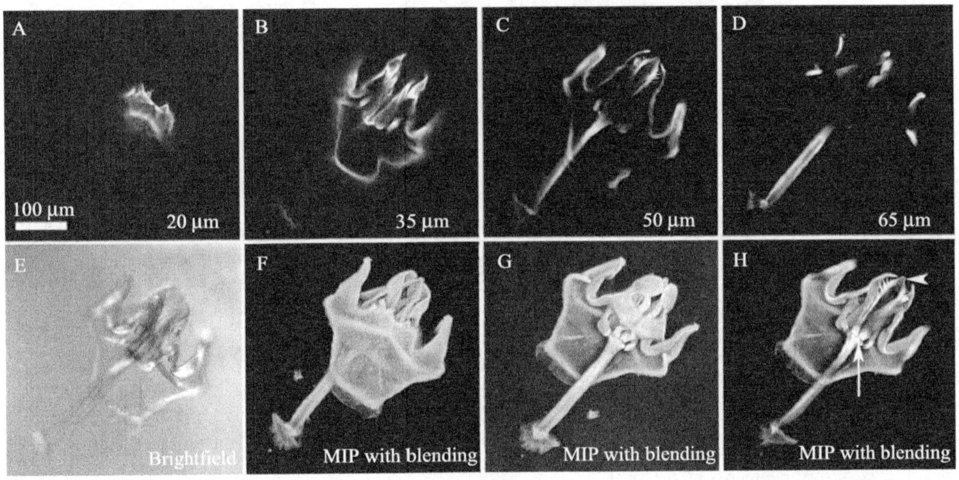

图 5.5　黑腹果蝇 *Drosophila melanogaster* 阳茎的 CLSM 照片（Klaus and Schawarochy，2006）

A～D 显示不同景深的图像；E 为明亮视野中直接观察的效果；F～H 显示通过不同数量的图片序列合成的内部结构展示

5.4　微型断层扫描

X 射线是波长介于紫外线和 γ 射线间的电磁辐射，由德国物理学家伦琴（Wilhelm Konrad Röntgen，1845～1923 年）于 1895 年发现，故又称伦琴射线。1967 年，Godfrey N. Hounsfield 发明了第一台 CT 设备，能够从多个角度摄片，采集被摄物体的三维信息，在不破坏物体的情况下观察其内部结构。20 世纪 70 年代，医学上开始使用 CT 诊断疾病。80 年代，由于普通 CT 无法满足科学研究对分辨率的苛刻要求，学术界开始研发显微 CT，即微型断层扫描（X-ray computed microtomography，MicroCT，μ-CT）。MicroCT（也称为显微 CT、微焦点 CT 或者微型 CT，以下简称为微 CT）采用了与普通临床 CT 不同的锥形 X 线束（Cone Beam），不仅能够获得真正各向同性的容积图像，提高空间分辨率，提高射线利用率，而且在采集相同 3D 图像时速度远远快于普通临床应用的扇形束 CT。而高分辨率付出的代价是扫描样品体积缩小，一般只有几厘米，所以称之为“微型”CT。图 5.6 中显示了微 CT 成套设备的整体外观。

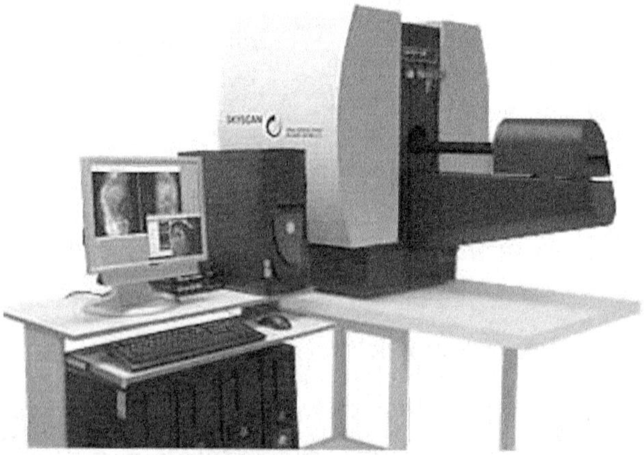

图 5.6　SkyScan 1178 MicroCT（www.microphotonics.com）

20 世纪 90 年代前期，微 CT 技术开始出现于昆虫等动物的研究中（Harrison *et al.*，1993）。近年来已经有不少成功地应用微 CT 技术进行动物形态学研究的例子（Beutel *et al.*，2008；Metscher，2009），借助这种先进的技术，研究者甚至可以将包裹在化石内部的古生代蜻蜓化石以清晰的三维图像复原出来并进行准确鉴定（Lak *et al.*，2009）（图 5.7）。微 CT 技术为昆虫形态分类学，尤其在系统发育研究方面提供了新的机会。此技术可以大大改善基于形态特征进行的系统发育研究长久以来被认为在特征编码上存在主观性、非定量性，且特征数量常常不足等窘迫局面。此外，该技术获得的三维数据为近年逐渐兴起的几何形态学（geometric morphometrics）等形态学新技术的进一步广泛应用提供了更完备的数据支持。

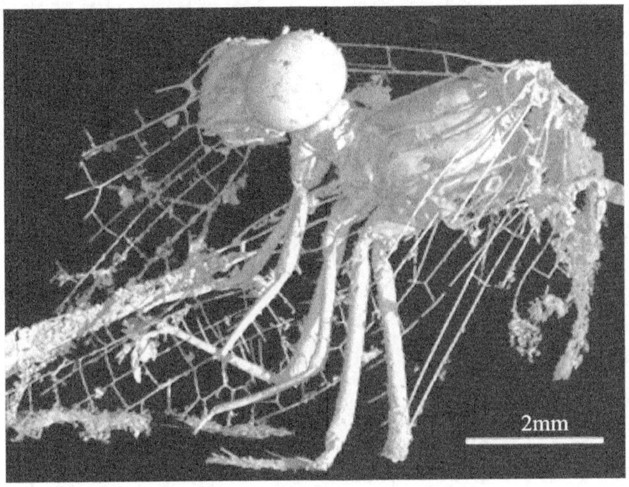

图 5.7　包裹在不透明琥珀中的白垩纪色蟌复原图（Lak *et al.*，2009）

5.5　几何形态学

几何形态学由 Rohlf & Marcus（1993）总结提出，是一门基于图论的应用数学分支。该方法通过对物体的轮廓和标点等重要几何参数的抽提与分析实现差异性的比较。目前几何形态学已经广泛应用到包括电子信息学、物理学、化学、计算机技术、人工智能、经济学、社会科学、医学、生物学、考古、航天航空等等诸多领域。例如医学诊断中的畸形预测、重要器官的病理诊断、骨骼矫正等，考古研究中一些重要历史人物面貌的重建以及珍贵文物的复原等，刑事侦查中的人脸自动识别系统的建立，农产品检验中的随机抽样检验等。James Rohlf 也因该方法在各学科的广泛应用和深远影响而当选美国科学院院士，并被称为“几何形态学之父”。

该方法作为一种可定量分析的辅助手段在动物形态学研究中同样发挥了相当大的作用（Bai *et al.* 2010；Herler *et al.* 2010；Ge *et al.* 2011）。图 5.8 中的例子，来自于 Herler 等（2010）对坦桑尼亚坦噶尼喀湖（Tanganyika）中 *Tropheus* 属丽鱼种群间及同一种群雌雄两种性别间形态分化的几何形态学分析，上下和左右两对变形栅格图展示了根据两个主成分产生的形态变化趋势。长久以来，生物特别是昆虫的形态学研究多采用描述性方法，但是现代科学的发展更加看重可分析的、可重复的、定量的研究方法。随着计算机技术和数学统计学在生物学领域的广泛应用，在形态学研究中进行定量分析成为可能，并得到迅速发展。形态测量法主要研究形态变量及其协同变量与其他变量的关系，几何形态测量法将能体现研究对象特征的标志性几何形态结构通过一定规则进行测量，并将其转换成数字信息通过计算机进行分析、存储，再通过相关的软件进行比较分析。几何形态学结合先进的三维成像仪器（如微 CT 和激光共聚焦显微镜等）可实现对生物体的三维信息的重建，以计算机模拟出立体的视图，甚至制作成真实的三维模型，继而可能对将来昆虫分类学的模式标本数字化进程起到促进作用。目前几何形态学方法在昆虫形态学研究中还不是很普及，其发展有待算法及计算机软件技术的进一步完善。

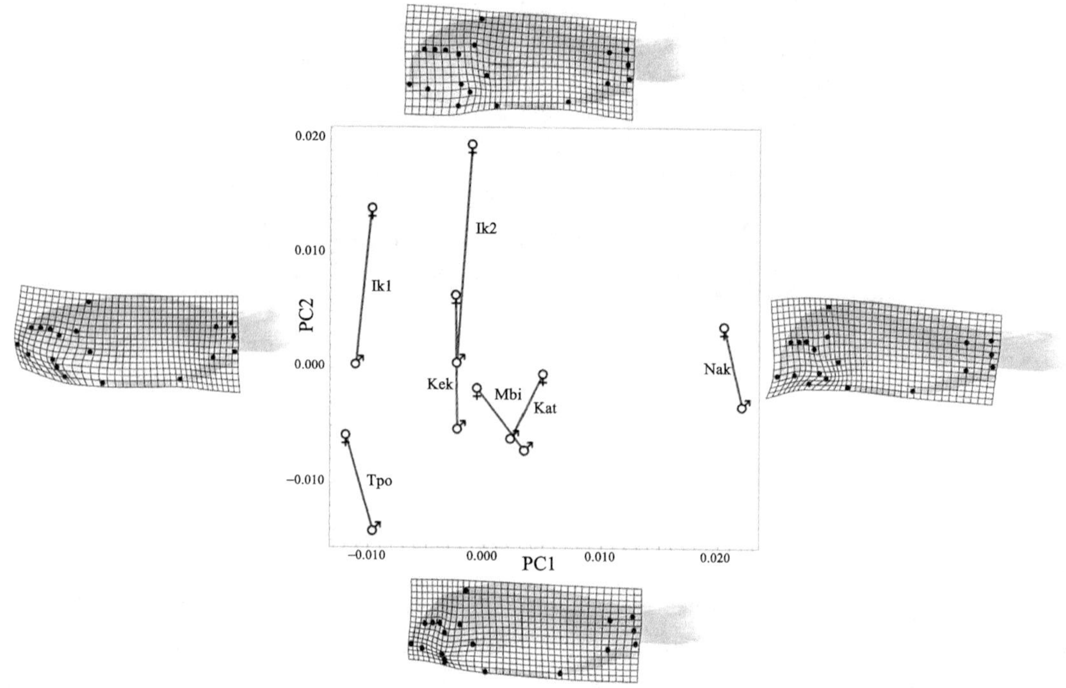

图 5.8　坦桑尼亚坦噶尼喀湖中丽鱼形态变化的几何形态学分析。PC1 和 PC2 分别代表形态学因素主成分 1 和主成分 2；Ik1，Ik2，Kat，Kek，Mbi，Nak，Tpo 分别是 7 个种群的名称；♀代表雌性个体样本，♂代表雄性个体样本（Herler *et al*. 2010）

5.6　全　形　态

全形态（holomorphy）的概念由 Hennig 于 1950 年提出。Hennig 认为分类学应该研究一个生命体在其整个生命历程中拥有的所有特征，即不仅包括形态特征，也包括诸如胚胎发育期、染色体形态、蛋白质结构、DNA 序列、发声频率、生物学、生态学、行为学等各个方面的信息。全形态的概念具有重要意义，其价值应该不亚于 Hennig 同时提出的系统发育理论及支序分析的方法，然而由于受制于不同特征研究的技术发展水平的限制，这一概念没能像分支分析方法那样在后来的研究中得到充分地应用，只是在部分比较特殊的领域或类群中得到了部分的应用。例如，线虫的分类研究不得不借助基因片段的特征，蚜虫、瘿蚊等昆虫的鉴定必须以寄主植物种类作为参考，种间形态差异较小的蜻蜓目色蟌科的部分种类要依靠其独特的求偶飞行姿态或不同的栖息小生境加以区分（Hayashi，2004）等。全形态的应用在系统发育研究中也具有重要意义，可以极大地拓展可应用特征的数量和质量，同时扩大了可研究的类群范围。近来将形态、分子、生态学等特征联合应用到系统发育分析中的研究已有不少，类群也囊括了现生种类和化石类群（Bybee *et al*.，2008）。

5.7　分类学的网络化时代

当前，基于计算机技术或者强调基于网络技术的分类学（cybertaxonomy），极具发展前景。分类本身带有很强的数据库应用色彩，甚至可以说数据库技术与分类学两者间存在内禀的关联。还记得传统分类学家积累的物种信息卡片么？计算机专家都难以否认这就是数据库技术的原始状态，而类似以前图书馆的卡片信息检索抽屉一样的检索方法与现代的数据库管理程序没有理念上的差别。那么现代的互联网是构建在什么基础上的呢？当然是数据，也可以说是数据库技术。分类学与网络的结合有以下几点意义。

（1）实现信息共享性和时效性。传统的分类学研究中，往往由知名的研究者花费很大、甚至毕生的精力编纂一本综合性的种类名录（oatalogue），包括了种类名称、分布、模式标本、参考文献等信息，然而其出版带有严重的滞后性，这点相信分类学工作者都深有体会。此外，文字编排、印刷中会有相当数量的错误，导致后面的研究中名称的错写、误定，然后再修订、勘误……，研究的效率很低。很多名录较难得到，或价格昂贵。如果以网络数据库的形式代替传统的目录将避免上述麻烦，不但大多数人可以看到，且更新、勘误都很容易，最大限度保证了准确性和时效性。这方面已经有了几个不错的例子，以蜻蜓分类为例，“List of Odonata of the world”（http://www.ups.edu/x6145.xml）和荷兰 Leiden 博物馆的蜻蜓目录（http://www.odonata.info）都是较好的范例。

（2）模式标本的信息共享。模式标本的检视长久以来一直是困扰分类学界的一大难题。模式标本的信息不够开放或获取不够方便，大大制约了很多分类学工作者的研究进程，尤以欠发达国家和地区为甚。时代要求模式标本信息应该像 GenBank 中的基因编码一样对所有人公开。目前的数字化成像技术和网络及数据库技术完全可以实现这一目标，关键在于尽快制定相关的国际标准，这一点亟待解决，其意义也是有目共睹的。

（3）使全球的生物多样性信息整合成为可能。近年来众多的全球性生物多样性信息网络数据库，如 Species 2000（www.sp2000.org）、Zipcodezoo（zipcodezoo.com）、EOL（Encyclopedia of Life，www.eolHorg）、IUCN（International Union for Conservation of Nature and Natural Resources）的 SIS（Species Information Service，www.iucnredlist.org）等相继建立并不断完善。但是这些大型数据库共同面临的困难是全球的生物多样性信息量过大，没有足够的专家来充实所有的数据，而且已有的数据也未必是权威的分类学家提供的。此外，这些数据库中的信息较难及时更新，因为分类学专家们较少将这些数据库作为自己日常研究之用。经典的分类学具有其明显的特殊性，即专家依赖性。以昆虫分类学为例，几乎没有哪个专家可以独自提供一个目级单元内全部种类的、完整而权威的分类学信息。即使是科级甚至更低阶元的类群，也经常是由分散在世界各地的众多学者共同研究的，他们的研究类群之间互不重叠又相互联系，只有这些专家能提供他们各自所研究类群的准确分类学信息。因此，只有将众多专家学者的分类学数据整合在一起才能真正形成可靠的、全球性的生物多样性信息库。如果所有分类学家都应用某种网络数据库系统进行研究（这个系统必须简便易用，专门为分类学开发设计且能够在分类学领域内标准化），并将自己的研究成果实时地在网络上发布，最终只需要一个统一汇总的网站即可将所有的信息集成，形成一个海量的、“活”的数据库，就像一株珊瑚一样不断地生长、更新。能得到分类学家普遍认可和使用的网络数据库系统将具有重大意义，而且理论上是可行的。国内已经开始有建立小规模的网络数据库的尝试（http://entomology. nankai. edu. cn/odonata/）。

（4）更加便捷地服务于其他研究及应用领域。目前，相关的国家职能部门，如海关检疫、卫生防疫、农业病虫害防治、生物多样性保护、入侵生物监测等已经或即将网络化办公，为其提供基础数据支持的分类学及多样性信息数据的网络化发展是必需的。分类学家的信息或许不能无偿公开，这应该由政府进行足够强度的公益性资助。政府相关部门可以收获分类学知识提供的社会服务功能、民众可以便捷地收获博物学的知识、分类学研究可以得到一些维持基本研究运转的资金支持，形成共赢的局面。

（于　昕　谢　强）

要点与问题

了解三种以上形态学新技术。

进一步阅读的建议

Snodgrass RE. 1935. Principles of insect morphology. Ithaca: Cornell University Press.

参考文献

Bai M, Jarvis K, Wang S Y, *et al*. 2010. A second new species of ice crawlers from China (Insecta: Grylloblattodea), with thorax evolution and the prediction of potential distribution. PLoS ONE, 5: e12850.

Beutel R G, Ge S-Q, Hörnschemeyer T. 2008. On the head morphology of Tetraphalerus, the phylogeny ofArchostemata and the basal branching events in Coleoptera. Cladistics, 24: 270-298.

Bybee S M, Ogden T H, Branham M A, *et al*. 2008. Molecules, morphology and fossils: a comprehensive approach to odonate phylogeny and the evolution of the odonate wing. Cladistics, 23: 1-38.

Gao C Q, Bu W J. 2009. Notes on fine structures of *Chauliops* with descriptions of two new species from China (Insecta: Hemiptera: Heteroptera: Malcidae). Zootaxa 2295: 1-14.

Ge D, Chesters D, Gómez-Zurita J, *et al*. 2011. Anti-predator defence drives parallel morphological evolution in flea beetles. Proc R Soc B, 278: 2133-2141.

Harrison R D, Gardner W A, Tollner W E, *et al*. 1993. X-ray computed tomography studies of the burrowing behavior of fourth-instar pecan weevil (Coleoptera: Curculionidae). J Econ Entomol, 86: 1714-1719.

Hayashi F. 2004. Macro-and microscale distribution patterns of two closely related Japanese *Mnais* species inferred from nuclear ribosomal DNA，ITS sequences and morphology (Zygoptera：Calopterygidae). Odonatologica，33：399-412.

Herler J，Kerschbaumer M，Mitteroecker P，*et al*. 2010. Sexual dimorphism and population divergence in the Lake Tanganyika cichlid fish genus Tropheus. Frontiers in Zoology，7：4.

Klaus A V，Schawarochy V. 2006. Novel methodology utilizing confocal laser scanning microscopy for systematic analysis in arthropods (Insecta). Integr Comp Biol，46：207-214.

Lak M，Fleck G，Azar D，*et al*. 2009. Phase contrast X-ray synchrotron microtomography and the oldest damselflies in amber (Odonata：Zygoptera：Hemiphlebiidae). Zool J Linn Soc，156：913-923.

Metscher B D. 2009. MicroCT for comparative morphology：simple staining methods allow high-contrast 3D imaging of diverse non-mineralized animal tissues. BMC Physiol，9：11.

Rohlf F J，Marcus L F. 1993. A revolution in morphometrics. Trends Ecol Evol，8：129-132.

Yu X，Bu W J. 2009. A Revision of Mesopodagrion McLachlan，1896 (Odonata：Zygoptera：Megapodagrionidae). Zootaxa，2202：59-68.

第 6 章　无法统一的物种概念

目前对于物种的概念缺少一致的认可。虽然生物学物种概念对于动物而言普适性较强，但在实践中也往往遇到一些困难。对于这个问题，应该把握的原则似乎是，无论如何分子不能单独作为界定物种界限的证据，而一定要有形态或生态位等方面的一致证据。

到目前为止，如果只考虑名称本身的不同，物种概念的数量在 30 个以上；如果区分不同的含义，数量在 20 个以上（表 6.1）；如果划分大的类型，众多的物种概念与曾经分立的分支分类学派、进化分类学派和数值/表型分类学派（见第 1 章）存在明显的对应关系。其中，系统发育类的物种概念对应于分支分类学派，生物学和进化类的物种概念对应于进化分类学派，表型物种概念对应于数值分类学派。目前比较有影响的是两大类，一类是系统发育类的物种概念，另一类是生物学类的物种概念。在两类主流概念中，一方面系统发育类的物种概念，无疑是基于系统发育系统学的思想的分支分析的方法发展起来的；另一方面，生物学类的物种概念虽然从生殖隔离、生态位等生物有机体的客观特征直接出发，但是并不排斥系统发育思想与分支分析方法。

表 6.1　曾经出现过的物种概念名称

概念名称	释义	类型	提出者/支持者
agamo-species concept，AgSC 无性物种概念	足够相似的单性生殖群	系统发育	Cain，1954 Eigen，1993
autapomorphic species concept，ASC 自有衍征物种概念 general lineage species concept，GLSC 普通支系物种概念	不同物种有不同自有衍征，另见谱系物种概念	系统发育	Hill and Crane，1982 de Queiroz and Donoghue，1988 Olmstead，1995 de Queiroz，1998
biological species concept，BSC (interbreeding version) 生物学物种概念（育性版） genetic species concept 遗传物种概念	共享遗传特征基因库、产生可育后代的繁殖群	生物学	Wright，1940 Mayr，1942，1969 Simpson，1943 Dobzhansky，1950
biological species concept，BSC (isolation version) 生物学物种概念（隔离版）	不同种间存在生殖隔离	生物学	Poulton，1903 Mayr，1942，1970 Dobzhansky，1970
cladistic species concept，ClSC 分支物种概念 Hennigian species concept，HSC 亨尼希物种概念 intermodal species concept，ISC 节点间物种概念	现生物种是分支图上一个端部节点和最近的内部节点之间的部分	系统发育	Hennig，1966 Ridley，1989 Meier and Willmann，2000 Ridley，2004

续表

概念名称	释义	类型	提出者/支持者
cohesion species concept，CSC 内聚物种概念	共享基因库和生态位的繁殖群体	生物学 生态学	Templeton，1989，1998
composite species concept，CoSC 复合物种概念	补充分支情况的节点间物种概念	系统发育	Kornet，1993 Kornet and McAllister，2005
ecological species concept，EcSC 生态学物种概念	具有独特生态位适应的最小群体	生态学 生物学	Van Valen，1976 Anderson，1990
evolutionary significant unit species concept，ESUSC 进化显著单元物种概念	部分 BSC+ 部分 EvSC	进化	Waples，1991
evolutionary species concept，EvSC 进化物种概念	具有独特进化地位与进化趋势的独立进化支系	进化	Simpson，1951 Wiley，1978，1981 Mayden，1997 Grismer，1999，2001
genotypic/genomic cluster species concept，GClSC 基因型簇物种概念 polythetic species concept，PoSC 多元物种概念	可由形态或遗传鉴定的单元或多元的生物实体簇	生物学系统发育	Mallet，1995，2001
genealogical concordance species concept，GCoSC 系谱统一物种概念	部分 BSC+部分 ClSC+部分 PSC	生物学 系统发育	Avise and Ball，1990
genealogical species concept，GSC 系谱物种概念	等位基因的排他性汇聚	系统发育	Baum and Shaw，1995
Linnaeus/morphological/typological species concept，LSC/MSC/TySC 林奈/形态学/模式物种概念	可鉴别的独特特征不变的最小群体	生物学	Davis and Heywood，1963 Cronquist，1978
phenetic species concept，PhSC 表型物种概念	对一组统计特征，分享其中大多数的一群个体	数值统计	Sokal and Crovello，1970 Michener，1970 Sneath and Sokal，1973
phylogenetic species concept (diagnosable version)，PSC-DV 谱系物种概念（鉴别版）	可鉴别性	系统发育	Nelson and Platnick，1981 Cracraft，1983，1989 Nixon and Wheeler，1990 Davis，1995，1996 Luckow，1995 Brower，1999
phylogenetic species concept (monophyly version)，PSC-MV 谱系物种概念（单系版）	包含据共有衍征确定的最近共同祖先及所有后裔	系统发育	Rosen，1979 Donoghue，1985 Mishler，1985

续表

概念名称	释义	类型	提出者/支持者
population species concept, PoSC 种群物种概念	一个种群是一个物种	生物学	Ehrlich and Raven, 1969
recognition species concept, RSC 识别物种概念	同种个体间可通过信息素、声音等信号识别	生物学	Paterson, 1985 Masters *et al.*, 1987 Lambert and Spencer, 1995
reproductive competition species concept, RCSC 繁殖竞争物种概念	最大限度的繁殖竞争群体单位	生物学	Ghiselin, 1974
successional/chrono- species concept, SSC 演替/时间物种概念	据化石形态人为区分的进化阶段	进化	George, 1956 Simpson, 1961
taxonomic species concept, TSC non-dimensional species concept, NdSC 分类学/无维度物种概念	分类层级中的一个遗传间断单位，无时空维度	生物学	Mayr, 1963 Blackwelder, 1967 Atran, 1990 Mishler, 1999 Hendry *et al.*, 2000

6.1　生物学类的物种概念

这类概念中最具代表性的要数生物学物种概念（biological species concept，BSC），在比较早的版本中，这一概念被表达为个体相互之间可以进行繁殖的一个或多个种群（Mayr，1942）；在比较晚的版本中，则更强调生殖隔离，甚至还包括对生态位的强调。从作为小进化基础的种群的角度来说，该定义已相当全面；对于物种形成而言，隔离是必要的，但隔离未必是地理的，也可以是生态位的（微地理的）。隔离是普适的，地理隔障造成生殖隔离是其中一项。

有两点需要指出：①Ernst Mayr 虽然是进化分类学派的代表人物，但是他所持的物种概念观点并非进化物种概念而是生物学物种概念；②分类学物种概念，认为物种带有唯名论色彩，可以被视为分类层级中的一个单位、其间带有遗传距离上的间断，但是这并不是受当前分类学工作者青睐、认可的物种概念。分类学工作者一般使用重视生殖器官构造的形态学物种概念（morphological species concept，MSC），在有条件的情况下还愿意与识别物种概念（recognition species concept，RSC）和谱系物种概念（phylogenetic species concept，PSC）相结合使用。

6.2　生物学物种概念在现实中的困难

对于动物而言，BSC 基本适用，但是对于杂交地带、同域杂交、环种（ring species，另译种环）及区分地理亚种和再次相遇的异域种等问题，仍不易解决。物种概念在现实中面临很多困难，我们在此列举几个比较常见的。环种，也称环式重叠（circular overlap)，是一种邻域种化（parapatric speciation）现象，即祖先种群的分布地域扩展、形成若干种群之后，相邻地域中的两个种群之间不存在生殖隔离，但是位于分布幅度两端的种群之间却存在生殖隔离。其他的复杂情况又如：①准种（semispecies)，指已经与其他种群间形成交配前生殖隔离的种群；超种（superspecies）是若干准种的集合体；②渐渗杂交（introgressive hybridization 或 introgression)，即两个物种间杂交产生的可育后代与祖先种形成回交，有的学者强调一般倾向于与更为繁盛的祖先种回交。渐渗杂交造成了物种间的基因流动，但是一般可育后代并未形成独立的物种，两个祖先种也不会因此合并为一个物种（Anderson，1949；Levin，1979)。

通过上述对不同物种概念的了解，我们可以认识到，不同物种各自在时间过程中所处的进化阶段不同，子种群、种群/亚种刚开始有群体性遗传分化，环种和准种则遗传分化到了更深的程度，渐渗杂交则是生殖隔离的遗传渗漏，这些都决定了无法形成绝对普适的 BSC，无法形成统一的物种概念。就好比宇宙中的天体，即使是同一类型的各个天体，若其间所处的演化阶段各不相同，是无法在某一个时间断面上为各自所面临的间断给出普适标准的。在银河系的恒星中，属于双星或更复杂的聚星的成员占一半左右，双星中两个伴星之间的关系有时很近、存在物质流动，对于这样的情况，要处理成两颗互相较为独立的星体，或者普通的一个单一星体，都是不恰当的。所以说，回到物种概念，BSC 虽然因其客观性而具有优势，但仍需要生态学物种概念（EcSC)、形态学物种概念（MSC）和识别物种概念（RSC）的帮助。

6.3　系统发育类的物种概念

这类概念中最具代表性的是 PSC。对于这个概念，曾经有不同学者提出过不同的表达：①Cracraft（1983）和 Cracraft（1989）的表达为，最小可以鉴别的具有祖-裔关系的一个生物有机体支系，其中的“祖”是指个体分支图中最靠近端部的内部节点间隔；②Nixon 和 Wheeler（1990）的表达为，可用某种特定性状组合鉴别的最小种群或无性系的最小集合体；③de Queiroz 和 Donoghue（1988）的表达为，具共同特征的最小单系群。这些定义的实质为：①有一组可鉴别特征——常要求定性特征，定量特征不易使用（与源自支序学有关)；②是独立支系——有人强调单系群；但不少人认为强调单系对于种级不易掌握。因此出现最大包容的定义（Cracraft，1989)：任何具可鉴别定性特征的最小分类单元。

Davis 和 Nixon（1992）发展出了一种称为种群集合分析（population aggregation analysis，PAA）的技术，基于特征的差异化固定与继承原则（criterion of differential fixation and inherited features）去检验种群间共有的物种特异性（conspecificity)。该分析的步骤为：①鉴定生物有机体个体为特定地理种群的代表；②鉴定生物有机体个体用于种群间比较的属性；③将各地理种群中代表性生物有机体的属性进行列表，形成各种群的属性概貌（attribute profile）；④比较不同种群间的属性概貌，将属性区分为性状（character，指频率固定为 1 的）和特征（trait，指频率未固定为 1 的）；⑤将不存在特征（组合）差异的一个或几个地理种群集合为一个谱系物种，将存在特征（组合）差异的一个或几个地理种群的集合体区分为不同的谱系物种。

Brower（1999）强调了该分析对于依据分子数据认识物种存在一些特点，并将其补充发展为分支单倍型/单模分析（cladistic haplotype analysis，CHA）。CHA 的步骤为：①鉴定生物有机体个体为特定地理种群的代表；②鉴定生物有机体个体的 DNA 序列（单倍型）用于比较；③将各地理种群中代表性生物有机体的单倍型进行列表，生成各种群的单倍型概貌；④将具有相同单倍型组成的一个或几个种群集合为一个谱系物种；⑤对单倍型组合进行分支分析以检验未被集合的种群间的关系；⑥将分支图特定拓扑位置上的一个或几个种群区分为不同的支系物种。

PSC 的特点为：①不强调生殖隔离，邻近种可存在不同程度的杂交，因而在分类实践中，对 BSC 下的亚种多以种级对待；②强调可操作性，符合支序分类学家的要求；③适用于无性和单性生殖类群。应该说，PSC 也存在明显的缺点，主要是过于看重可操作性、普适性和依靠分支分析方法得到的结果，可能造成过度细分的单系群，甚至有把具特有性状的个体定为种的危险，这将导致在实际上背离了亨尼希要构建符合自然历史上亲缘关系传承与展开过程的分类系统的初衷。为了弥补 PSC 的不足，还是需要与 BSC、EcSC、MSC、RSC 等概念进行配合、复合使用。

要点与问题

不同物种概念的异同和联系，当前代表性的物种概念的优缺点。

进一步阅读的建议

Ereshefsky M. 2001. The Poverty of the Linnaean Hierarchy: A Philosophical Study of Biological Taxonomy. Cambridge: Cambridge University Press.

参 考 文 献

Anderson E. 1949. Introgressive Hybridization. New York: Wiley.

Andersson L. 1990. The driving force: Species concepts and ecology. Taxon, 39: 375-382.

Atran S. 1990. The cognitive foundations of natural history. New York: Cambridge University Press.

Avise J C, Ball R M, Jr. 1990. Principles of genealogical concordance in species concepts and biological taxonomy. Oxf Surv Evol Biol, 7: 45-67.

Baum D A, Shaw K L. 1995. Genealogical perspectives on the species problem. *In*: Hoch P C, Stephenson A G. Molecular and experimental approaches to plant biosystematics. St. Louis: Missouri Botanical Garden: 289-303.

Blackwelder R E. 1967. Taxonomy: A text and reference book. New York: Wiley.

Brower A V Z. 1999. Delimitation of phylogenetic species with DNA sequences: A critique of Davis and Nixon's population aggregation analysis. Syst Biol, 48: 199-213.

Cain A J. 1954. Animal species and their evolution. London: Hutchinson University Library.

Cracraft C. 1983. Species concepts and speciation analysis. Ornithology, 1: 159-187.

Cracraft J. 1989. Speciation and its ontology: Speciation and its ontology: The empirical consequences of alternataive species concepts for understanding patterns and processes of differentiation. *In*: Otte D, Endler J A. Speciation and its consequences. Sunderland, MA: Sinauer Associates, Inc.: 28-59.

Cronquist A. 1978. Once again, what is a species? *In*: Knutson L V. BioSystematics in Agriculture. Montclair, NJ: Alleheld Osmun: 3-20.

Davis J I. 1995. Species concepts and phylogenetic analysis- Introduction. Syst Bot, 20: 555-587.

Davis J I. 1996. Phylogenetics, molecular variation, and species concepts. BioScience, 46: 502-511.

Davis J J, Nixon K C. 1992. Populations, genetic variation, and the delimitation of phylogenetic species. Syst Biol, 41: 421-435.

Davis P H, Heywood V H. 1963. Principles of Angiosperm taxonomy. Princeton, NJ: Van Nostrand.

de Queiroz K, Donoghue M J. 1988. Phylogenetic systematics and the species problem. Cladistics, 4: 317-338.

de Queiroz K. 1998. The general lineage concept of species, species criteria, and the process of speciation: A conceptual unification and terminological recommendations. *In*: Howard D J, Berlocher S H. Endless Forms: Species and Speciation. New York: Oxford University Press, 57-78.

Dobzhansky T. 1950. Mendelian populations and their evolution. Am Nat, 84: 401-418.

Dobzhansky T. 1970. Genetics of the evolutionary process. New York: Columbia University Press.

Donoghue M J. 1985. A critique of the biological species concept and recommendations for a phylogenetic alternative. Bryologist, 88: 172-181.

Ehrlich P R, Raven P H. 1969. Differentiation of populations. Science, 165: 1228-1232.

Eigen M. 1993. Viral quasispecies. Sci Am, 269: 32-39.

George T N. 1956. Biospecies, chronospecies and morphospecies. *In*: Sylvester-Bradley P C. The species concept in paleontology. London: Systematics Association: 123-137.

Ghiselin M T. 1974. The economy of nature and the evolution of sex. Berkeley: University of California Press.

Grismer L L. 1999. An evolutionary classification of reptiles on islands in the Gulf of California, Mexico. Herpetologica, 55: 446-469.

Grismer L L. 2001. An evolutionary classification and checklist of amphibians and reptiles on the Pacific islands of Baja California, Mexico. Bull South Calif Acad Sci, 100: 12-23.

Hebert P D N, Cywinska A, Ball S L, *et al*. 2003a. Biological identifications through DNA barcodes. Proc R Soc Lomd B, 270: 313-321.

Hendry A P, Vamosi S M, Latham S J, *et al*. 2000. Questioning species realities. Conserv Genet, 1: 67-76.

Hennig W. 1966. Phylogenetic systematics. Urbana: University of Illinois Press.

Hill C R, Crane P R. 1982. Evolutionary cladistics and the origin of angiosperms. *In*: Joysey J A, Friday A E. Problems of Phylogenetic Reconstruction. London: Academic Press: 269-361.

Kornet D J, McAllister J W. 2005. The composite species concept: A rigorous basis for cladistic practice. *In*: Reydon T A C, Hemerik L. Current Themes of Theoretical Biology: A Dutch Perspective. Dordrecht: Springer.

Kornet D J. 1993. Permanent splits as speciation events: A formal reconstruction of the internodal species concept. J Theor Biol, 164: 407-435.

Lambert D M, Spencer H G. 1995. Speciation and the recognition concept: Theory and application. Baltimore: Johns Hopkins University Press.

Levin D A. 1979. Hybridization: An Evolutionary Perspective. Stroudsburg, PA: Dowden, Hutchinson and Ross.

Luckow M. 1995. Species concepts, assumptions, methods, and applications. Syst Bot, 20: 589-605.

Mallet J. 1995. A species definition for the Modern Synthesis. Trends Ecol Evol, 10: 294-299.

Mallet J. 2001. Species, concepts of. *In*: Levin S A. Encyclopedia of Biodiversity, Vol. 5. San Diego: Academic Press: 427-440.

Masters J C, Rayner R J, McKay I J, *et al*. 1987. The concept of species: Recognition versus isolation. S Afr J Sci, 83: 534-537.

Mayden R L. 1997. A hierarchy of species concepts: The denouementin the saga of the species problem. *In*: Claridge M F, Dawah H A, Wilson M R. Species: The Units of Biodiversity. London: Chapman and Hall: 381-424.

Mayr E. 1942. Systematics and the Origin of Species. New York: Columbia University Press.

Mayr E. 1963. Animal Species and Evolution. Cambridge, MA: Harvard University Press.

Mayr E. 1969. Principles of systematic zoology. New York: McGraw-Hill.

Mayr E. 1970. Populations, species, and evolution. Cambridge, Massachusetts: Belknap Press of Harvard University Press.

Meier R, Willmann R. 2000. The Hennigian species concept. *In*: Wheelerand Q D, Meier R. Species Concepts and Phylogenetic Theory. New York: Columbia University Press. 30-43.

Michener C D. 1970. Diverse approaches to systematics. Evol Biol, 4: 1-38.

Mishler B D. 1985. The morphological, developmental, and phylogenetic basis of species concepts in bryophytes. Bryologist, 88: 207-214.

Mishler B D. 1999. Getting rid of species? *In*: Wilson R. Species: New Interdisciplinary Essays. Cambridge, Mass: MIT Press: 307-315.

Nelson G, Platnick N I. 1981. Systematics and biogeography. New York: Columbia University Press.

Nixon K C, Wheeler Q D. 1990. An amplification of the phylogenetic species concept. Cladistics, 6: 211-233.

Olmstead R G. 1995. Species concepts and plesiomorphic species. Syst Bot, 20: 623-630.

Paterson H E H. 1985. The recognition concept of species. *In*: Vrba E S. Species and Speciation. Transvaal Museum Monograph No. 4. South Africa: Pretoria: 21-29.

Poulton E B. 1903. What is a species? Trans Roy Entomol Soc London 51 (Appendix): lxxvi-cxvi.

Ridley M. 1989. The cladistic solution to the species problem. Biol. Philos. 4: 1-16.

Ridley M. 2004. Evolution. 3rd ed. Malden, MA: Blackwell Scientific Publishing.

Rosen D E. 1979. Fishes from the uplands and intermontane basins of Guatemala: Revisionary studies and comparative geography. Bull Am Mus Nat Hist, 162: 267-376.

Simpson G G. 1943. Criteria for genera, species and subspecies in zoology and paleontology. Ann New York Acad Sci, 44: 145-178.

Simpson G G. 1951. The species concept. Evolution, 5: 285-298.

Simpson G G. 1961. Principles of Animal Taxonomy. New York: Columbia University Press.

Sneath P H A，Sokal R R. 1973. Numerical Taxonomy：The Principles and Practice of Numerical Classification. San Francisco：Freeman.

Sokal R R，Crovello T J. 1970. The biological species concept：Acritical evaluation. Am Nat，104：127-153.

Templeton A R. 1989. The meaning of species：A genetic perspective. *In*：Otte D，Endler J A. Speciation and its Consequences. Sunderland，MA：Sinauer Associates，Inc.：3-27.

Templeton A R. 1998. Species and speciation：Geography，population structure，ecology，and gene trees. *In*：Howard D J，Berlocher S H. Endless Forms：Species and Speciation. New York：Oxford University Press：32-43.

Van Valen L. 1976. Ecological species，multispecies and oaks. Taxon，25：233-239.

Waples R S. 1991. Pacific salmon，*Oncorhynchus* spp. ，and the definition of ‘species’ under the Endangered Species Act. Marine Fisheries Review，53：11-22.

Wiley E O. 1978. The evolutionary species concept reconsidered. Syst Zool，27：17-26.

Wiley E O. 1981. Phylogenetics. The Theory and Practice of Phylogenetic Systematics. New York：Wiley-Interscience.

Wright S. 1940. The statistical consequences of Mendelian heredityin relation to speciation. *In*：Huxley J. The new systematics. London：Oxford University Press：161-183.

第7章　分子鉴定：DNA条形编码

物种的快速准确鉴定，一直是社会生产生活对动物分类学在应用方面的强烈需求，同时一直以来也是难以有效解决的问题。当然，在各个方面的信息中，分子序列信息是最容易通过量化接近标准化的。正是由于这个原因，分子序列信息是数据库中其他信息的承载者。从这个角度讲，对于一个信息丰富的数据库而言，也有可能对于没有任何其他信息的标本，通过分子序列信息推测其他方面的信息，或者得知与已知信息的接近程度，由此形成一种监测作用。

DNA条形编码（DNA barcoding）是用分子系统学应对这一问题的思路。也就是把各物种的遗传特征以某种标准化的形式呈现出来、制作成DNA条形码（DNA barcode），对以标准化遗传特征为主要检索入口的、大量已知物种各自的多方面信息进行建库，然后把数据库和微型测序仪（DNA提取、PCR和测序一体化）做到一个手持设备中（数据库还可以通过无线网络接入互联网），通过将待检标本的标准化遗传特征与数据库中信息进行比较，即可判定携带该遗传特征的生物有机体样本的分类地位。这类似于超市中通过扫描录入/读出商品条形码获取相关信息的方式。这一思路最早由德国动物学家 Diethard Tautz（Tautz *et al*. 2002，2003）和加拿大生物学家 Paul Hebert（Hebert *et al*. 2003a，b）提出，后来由 Hebert 及其团队大力宣传倡导，并被从动物推广到植物等其他类群中。目前这一计划称为生命条形码国际项目（the International Barcode of Life project，iBOL）。

大家不难预见，DNA条形编码解决方案在制定过程中显然会遇到一些问题。例如，物种概念不一致的问题（见第6章），分子标记方案制定的问题，鉴定所采用的算法问题，标本来源的问题，数据库编制策略与鉴定自动化的解决方案问题等。

对于上述问题，应该分清什么是条形编码应该解决的自身问题（也就是方案），什么是条形编码可以帮助解决的问题（也就是用途），什么是条形编码需要面对，但并不应该由其承担解决义务的问题。什么是条形编码应该解决的问题呢，标记选定、鉴定策略，这是条形编码需要解决的自身问题。什么是条形编码可以帮助解决的问题呢？在偏应用方面，海关检疫、病媒动物、农林害虫、外来入侵等都是，并且可以通过残缺样品进行鉴定，而不一定要求查看生物有机体的整体。在偏基础方面，隐种的发现、多型/态匹配、成幼态匹配等都是。什么是条形编码需要面对，但并不应该由其承担解决义务的问题呢？那就是上述提及的物种概念。条形编码不应承担建立物种划定界限标准的功能，只应承担在已知物种界限的情况下进行鉴定的功能。当然，对于同样基于 *COI* 或其他备选分子标记的种群遗传学研究，有可能揭示物种水平的遗传分异情况；但是序列信息仍仅起到对物种分异的认识的提示作用，而不能在缺少形态、生态等其他证据的情况下单独作为划定物种界限的证据。“既当运动员，又当裁判员”的方案是不可取的。并且不用说是一两个序列标记，即使是核基因组，出于不同物种分异进化阶段和有效种群大小（effective population size）的不同，也很难设定一个阈值去划定物种界限。

7.1　标记的选定

分子鉴定是一件与分子种群生物学高度关联的事情，当在分子鉴定中使用和分子种群生物学研究中同样的分子标记时，尤其如此。这其中的原因在于，种群生物学的研究中包含了遗传与表征多态性、地理分布、寄主、生态、行为等关于同一种群的多方面的信息。由此，如果使用若干种常用的分子序列标记对所有动物进行种群生物学研究，并建立数据库，数据库中同时还包含分子序列以外的其他方面信息，那么对于一个附带了分子序列以外多方面信息的标本的鉴定工作来说，鉴定效率和准确度必将从中受益。

条形码序列标记的选定可能遇到哪些问题呢？首先，可能最容易想到的问题是，在基因组时代，为什么要用一两个基因作为分子标记呢，会不会很快过时。应该说，分子鉴定不只是一个信息量的问题。基因组虽然信息量大，但是在测序环节以外，拼接、注释亦极为耗时，并且结构变异较多。想一想条形码技术的初衷，快速是很重要的一项；再想一想所有动物甚至所有真核生物所共有的、进化速率适中的基因片段，其总量应该比任何一个物种的基因组全长都要小得多。所以，如果少量的分子标记，在效力上足以解决问题，在效率上可以更好地解决问题，那么应该是不存在“过时”的问题的。按照第 11 章中提到的 PacBio 公司的 SMRT 测序技术，可以考虑设计手持分子鉴定仪器时，将锚定了若干特异性引物的缩减版的测序阵列置于其中，甚至将 DNA 释放、酶切处理、变性等功能模块也做进去，假设所有条形码序列标记中最长的一个决定测序所需时间的上限，那么对于 1.8knt 的目标序列和最低 3nt/s 的测序速度，大约 10min 后可以给出测序结果。与数据库比对所需的时间，应该会比测序所需的时间要短，也就是说，现在已经可以预期在十几分钟的时间内，通过手持设备获取分子鉴定结果。其次，挑选什么样的序列标记最能够胜任？这个时候我们会发现，影响序列标记选择的因素很多，既包括序列本身的进化速率、拷贝数、变异类型、长短、在细胞中的来源这些自身因素，也包括标本的数量、大小、保存条件和年代这些样本因素，还包括简易程度、成本预算这样的外在因素。

从进化速率的角度，即使假设所有的物种都能完美地符合 BSC 的定义，那么不同物种的种内变异和姐妹种、近缘种间的种间变异幅度也会存在多种可能。既然要区分物种，一方面，显然进化速率不能太慢，否则在不同物种间不能有足够的变异被检出；但是另一方面，也不能进化速率过高，否则一个物种内部可能有过多 DNA 条形码类型。并且如果要在尽量大的范围内使用同一分子标记的话，进化速率过高可能使得数据的类群特异性下降、种内变异幅度过高。所以对于这个问题应该把握的原则是，序列条码的一种单倍型/单核苷酸多态性（haplotype/single nucleotide polymorphism，SNP）尽量只对应一个已知物种，一个已知物种可以对应某序列条码的多种单倍型，但是应尽量少。

从拷贝数的角度，从线粒体基因组和核 rDNA 簇中选出候选分子标记都是可取的，因为这两者在细胞中的拷贝数都较高。从变异类型的角度，应该说替换突变比插入/缺失更受青睐，因为过多的插入缺失可能导致序列比对结果不够稳定，进一步会影响鉴定准确性。所以从这个角度讲，rDNA 簇中的 ITS 区、18S 长度可变区和 28S 长度可变区不够理想。如果能在 rDNA 的长度保守区找到进化速率合适的区域，肯定是更好的选择，但是，是否存在这样的一个区段，却是个问题。从实践角度，线粒体 *COI* 基因 5′端大约 648nt 是最早被提名，也是目前使用最多的备选序列标记（Hebert *et al.*，2003b）；其次是 ITS，这两者目前均作为 BOLD 数据库中的一级序列标记（primary marker）。与 ITS 相比，*COI* 中的突变以替换为主而不是插入/缺失，并且还有氨基酸序列状态可以使用，这些都是优点。但是 *COI* 也存在自身的问题，也就是作为线粒体基因组来源的基因，可能遭遇核内假基因（nuclear mitochondrial DNA，NUMT）、细胞内共生原核生物（*Wolbachia*）等问题的困扰。除了 *COI*-5p 和 ITS 外，目前在动物中还有以下次级标记（secondary marker）（表 7.1）。

表 7.1 条形码的次级标签序列

在细胞中的位置	基因缩写名称	基因中文名称
线粒体	12S rDNA	12S 核糖体脱氧核糖核酸
	16S rDNA	16S 核糖体脱氧核糖核酸
	COI-3p	细胞色素氧化酶亚基 I 基因 3′端
	COII	细胞色素氧化酶亚基 II 基因
	Cytb	细胞色素亚基 b 基因
	D-loop	D 环/控制区
	ND2	烟酰胺腺嘌呤二核苷脱氢酶亚基 2 基因
	ND4	烟酰胺腺嘌呤二核苷脱氢酶亚基 4 基因
细胞核	18S rDNA	18S 核糖体脱氧核糖核酸
	28S rDNA	28S 核糖体脱氧核糖核酸
	28S rDNA D2	28S 核糖体脱氧核糖核酸 D2 区
	28S rDNA D9-D10	28S 核糖体脱氧核糖核酸 D9-D10 区
	ADR-Hypervariable region	雄激素受体基因高变区
	ATP1A	钠钾腺嘌呤核苷三磷酸酶亚基 α1 基因
	atpF-atpH	嘌呤核苷三磷酸酶基因非编码区 *F-H*
	β-tubulin	β 微管蛋白基因
	DBY-intron 7	Y 染色体 DEAD/H 盒多肽基因内含子 7
	DBY-exon 7 and 8	Y 染色体 DEAD/H 盒多肽基因外显子 7&8
	EF-1α	肽链延长因子 1α 基因
	ENO	烯醇化酶基因
细胞核	*H3*	组蛋白 3 基因
	MB	肌红蛋白基因
	PCK1	磷酸烯醇式丙酮酸羧激酶 1 基因
	PCK2	磷酸烯醇式丙酮酸羧激酶 2 基因
	PER	节律基因
	RAG1	重组激活蛋白 1 基因
	RAG2	重组激活蛋白 2 基因
	Rho	视紫红质基因
	RPB1	RNA 聚合酶 II 亚基 1 基因
	Wnt1	果蝇 *wingless*-小鼠 *Int1* 基因

在次级分子标记中，不难发现一些有趣的现象。例如，雄激素受体基因的选择带有一些识别物种概念的意味，Y 染色体基因带有与线粒体相对的父系遗传的意味，*Wnt* 基因带有体形模式方面的意味。与线粒体基因和核 rDNA 簇相比，这些分子标记的选择带有更加鲜明的生物学意义；不过作为鉴定物种的实用性如何，还要看与其他因素综合形成的整体效果。

从主要基于已知物种、已有标本的物种建立条形码数据库的角度，已知物种大多数是长期干制或甲醛浸制等，并且在大量的物种中可能都存在个体较小、数量不多的情况。这会出现两个方面问题：一方面保存条件可能不利于 DNA 提取和扩增较长片段，另一方面标本的破坏性使用是个问题。对于保存条件的不利，有人提出小条形码（mini-barcode，100nt，Hajibabaei *et al.*，2006；300nt，Min and Hickey，2007）或微条形码（micro-barcode，25nt，Summerbell *et al.*，2005）方案。如果这些标准与目前一般的条码标准并立，无疑是不利于标准化鉴定的；如果以微小版的条形码方案为标准，又有可能普适性不佳。要选择某些类群在眼前的适用性，还是选择留出一定的序列长度冗余，应对可能的大范围、长期建设需求，这既是一个技术问题，也是一个成本问题。对于标本的破坏性使用问题，虽然有人提出用超声波法使 DNA 从标本中释放出来，但是那也只是形态层面的无损，而不是分子生物学实验层面的无损。要知道，测序技术还是在不断发展的，今天用超声波技术处理过的标本，以后当测序技术有了进一步的大发展后，再次使用的可能性无疑大大降低。对于标本与条形码标准的问题，首先应该在足够大的代表类群范围内，研究微小版条形码方案的可行性。如果并不具备足够的可行性，那么理想化的方案应该是对于干制和甲醛浸制标本，分别挑选不同年代间隔的个体数量较大的物种，研究按目前的一般标准生成数据的保存条件限制有多强。毕竟 Chelex 法提 DNA 和嵌套 PCR 方法，已经显示出具有一定的解决痕量破碎 DNA 提取和放大特异性扩增信号的能力。当然，如果最终结果显示多标准并行是必需的，那么手持设备则应具有更为灵活的解决方案，更多的引物设计将难以避免。

从成本预算和操作简易程度的角度考虑，在保证鉴定效力的情况下，序列标记少一些、各标记的片段长度短一些，更为可取。第 7 章中谈到过测序成本大约每个反应 1 美元。假设我们要对 100 万动物物种进行分子标记序列测定；假设每个物种测 10 个个体（2.1.1；Matz and Nielsen，2005；Nielsen and Matz，2006；Abdo and Golding，2007）；再假设选择 *COI* 和核 rDNA 簇内各 600～700nt，每个个体的片段需要 2～3 组双向测序共 4～6 个反应；那么不计标本整理、不计样本采集、不计标本保存、不计生物信息学分析和图像拍摄、不计相关的形态学研究、不计序列标记研发的前期研究、不计测序的商业服务价格与测序成本之间的差异、不计测序中心建立、不计数据库建立与维护、不计手持设备研发等，在完全顺利的情况下测序环节的消耗性成本在 0.5 亿美元左右（要达到比较理想的数据库规模和鉴定效果，全世界的整体长期预算投入总额可能很难低于 100 亿美元）。

通过上述的思考，我们可以得到以下提示：从简易、成本的角度考虑，各序列标记的长度应尽量控制在短片段测序一次有效读长的范围内；从鉴定效力的角度，序列越长越好；从标本的角度，序列越短越好；从细胞来源的角度，最好线粒体基因和核基因各一；从拷贝数角度，线粒体基因组和核 rDNA 簇是比较理想的序列标记来源范围；从变异类型角度，替换比插入/缺失更可取，所以两个分子标记中不能都富含插入缺失，可以一个以替换为主，一个以插入/缺失为主，或者两个都以替换为主。从实践角度，一方面要从个体数量充裕、保存条件各异的标本起步，进行足够的前期研究、进一步研发、确立标准；另一方面要结合目前的测序技术水平和中短期可预见的技术进步展望，设计手持鉴别设备的测序思路。更好的前期研究更有利于建立标准，更强大的测序技术和思路则更有利于多个标准并行的可能性。

7.2 鉴定的算法

对于已经生成的数据，应该通过什么样的算法进行鉴定呢？在数据类型的层面，氨基酸和核苷酸序列均应考虑；在算法方面，系统发育研究中的算法及其之外的算法都在考察范围内（表 7.2）。已有研究表明，最大似然法的表现相对更为令人满意。对于所有的算法而言，数据库数据的类群代表性和同一待鉴定物种中的序列条数都应该足够高以降低误差（Austerlitz *et al.*，2009）。

表 7.2 基于 DNA 条形码的鉴定方法

算法	参考文献
统计学方法	Sarkar *et al.*，2002；Austerlitz *et al.*，2009
距离法	DasGupta *et al.*，2005；Kelley *et al.*，2007；Little and Stevenson，2007
决定理论	Abdo and Golding，2007
最大似然法	Elias *et al.*，2007
贝叶斯法	Elias *et al.*，2007；Munch *et al.*，2008a，2008b；Lou and Golding，2010
人工智能	Zhang *et al.*，2008

7.3 结果的采用

完美的状态是无法奢求的，我们不能因为 DNA 条形编码的不完美而批判甚至放弃它，只要能够从中获得大量新的价值，就应该考虑如何对其进行完善。就好像生物学物种概念和传统鉴定方式都是不完美、不完备的，但是都是必须依靠、不可或缺的。鉴定策略的基本原则应该是什么呢？其实就是对于序列标记无法解决的自身问题形成弥补。

通过前面的叙述，可以了解到有两个问题可能仅通过分子标记无法有效解决，一个是单倍型与已知物种间的对应关系，另一个是线粒体基因需要面对的 NUMT 以及 *Wolbachia*。对于单倍型的问题，如果存在少数的情况，某一种单倍型对应于一个以上的已知物种（注意是物种，而不仅是物种名称），应该如何面对呢？这涉及人们对条形码鉴定作何种定位，是要条形码在所有的鉴定反馈中都要给出唯一的答案，还是把目标预期设定在利用其尽量缩小可能的答案范围，反馈的结果可以是 1 个，也可以是 2 个或 3 个。包括本书作者在内的一些研究者倾向于后一种定位（中国科学技术协会学术部，2010）。事实上，如果一种标记能把鉴定结果缩小到屈指可数的范围，那么再配合可能的第二种备选标记，应该足以应对绝大多数鉴定问题了。即使面对海关检疫、病媒动物、农林害虫、外来入侵等情况，为了稳妥起见，仍需专家从形态等其他方面给出意见，那么条形编码至少也是起到了提供独立证据、大大提高初步鉴定效率的作用，这是有利而无害的。

NUMT 和 *Wolbachia* 的情况，与上述单倍型的情况有相通之处。事实上，通过在生物信息学分析的环节，检测 *COI* 序列中是否按照特定的密码子表存在位置异常的终止子，已经积累了一些区分真正的线粒体基因和 NUMT 的证据。所以在建设数据库的过程中，不但应该录入无异常的序列，还应该录入所有可能异常的序列状态。这样才能做到在手持设备的检测反馈中，给出的是一份报告，说明所检样品在某一阶元级别可能的分类单元鉴定结果，以及是否可能涉及 NUMT 和 *Wolbachia* 的问题。这远比仅仅给出一个种名（以及与特定种名相关的生物学信息）更有价值、更为稳妥。

7.4 BOLD 数据库规范简介

目前世界上共建共享的 DNA 条形码数据库是“生命数据条形码”（Barcode of Life Data system，BOLD system）。该数据库对于项目立项和数据提交均已形成初步的规范。包括规范在内的各种说明，都已经被包括在 BOLD 使用手册中，可以通过浏览网页 http://www.barcodinglife.com/docs/handbook.php 进行了解。BOLD 数据库突出的优势在于对已有数据的互动修改比较便利。

7.4.1 项目立项的规范

在 BOLD 中进行项目立项时，需要提交以下信息，包括项目名称、项目代码、项目类型、一级序列标记、次级序列标记、项目从属、项目标签、项目描述、是否共享、项目负责人。

7.4.2 数据提交的规范

BOLD 数据库目前对于所上传的数据，要求提供凭证标本（voucher specimen）的以下信息，见表 7.3。在第 4 章中曾经提到过，很多物种的分类地位在历史上存在变动，造成名称上的混乱。由此，人们在设计条形码数据库的时候，同样意识到序列所对应的不应该仅仅是名称，更应该附有证据标本信息、尤其是图片，并将证据标本长期妥善保存。在这样的规范中，暂时鉴定不到种级的标本，其序列才会有根本性的依托。此外，向数据库中提交物种分类地位变更历史似乎应该值得鼓励。

表 7.3 BOLD 数据库对所提交数据的规范要求

提交规范类别	表格	内容条目
数据（data）	凭证	样本编号，采集编号，收藏编号，采集活动，保存单位
	分类	分类地位（到目即可），鉴定人姓名、电子邮件、单位
	标本	性别，生殖方式，生命阶段，附注
	采集	采集人；日期，洲/洋、国别、地点，GPS，海拔/水深
图像（image）		图像文件（特定文件名 .jpg），与凭证标本是否对应，观察对象（背/腹/侧面，生殖节/翅，蛹壳/幼虫/卵，栖境/采集地），量度，凭证样本编号，BOLD 队列编号（process ID，类似 GenBank Acc. No.），版权（持有者、许可类型、许可年份、联系方式），拍摄人
序列（sequence）		凭证样本编号或 BOLD 队列编号，序列标记名称，测序地点，FASTA 格式的序列
记录（trace）		记录文件，计分文件，PCR 引物对，测序引物，序列读取方向，BOLD 队列编号，序列标记名称

7.5 DNA 条形码能否助力谱系物种概念和谱系命名法规？

7.5.1 谱系命名法规概述

谱系命名法规（Phylocode）是近年来新被提议的几个命名法规的典型代表，这些法规试图统一现有的针对不同类群的命名法规，并努力促进系统发育相关因素在命名过程中的主导性。谱系命名法规倡导者认为其区别于传统命名法规的不同点包括：①系统发育系统不依赖于分类阶元级别，因而无需有阶元级别的分类学；尽管分类单元之间存在阶层联系，但是指定分类阶元级别对于类群名称的建立与使用过程而言并非必要组成部分。②提供了对分支进行命名的规则，未来还将提供对物种进行命名的规则；在这样的系统中，物种和分支等阶元都不再是等级而是生物学实体，一个物种是一个种群支系的一个片段，一个分支是由生物有机体构成的单系群，这两者都是进化的产物、无论是否被命名都是客观存在的；于是每当一个分类群被命名，决定那个类群组成的问题将更多地取决于经验性证据而不是个人意见。③同意对存在部分重叠的类群进行命名，这在杂种起源的情况中是必要的。④在命名上采取外在的（explicit）而非内在的（inplicit）定义，物种、标本和自有衍征在定义中被称为指定标志（specifiers），因为名称所依附的分支依赖于它们来确定，也就是说指定标志所起的作用类似于以模式标本作为命名参考点。⑤在确定同物异名与异物同名时，前者是指不同系统发育为同一支系进行了命名，与同一级别同一单元中的模式无关。⑥允许分类学家对于支系组成进行名称应用的限制；也就是说为了让某一单元名称包含或者排除特定亚单元，可以通过包括一个指定不能使用该名称的特定情况的条款来实现。⑦名称的建立同时要求发表和注册，后者的目的在于建立数据库以防止可能的异物同名和命名信息遗失。其中的第④点，有学者指出该思想在传统分类学方法中已经存在（Nixon and Carpenter，2000）。

谱系命名法规意在采取基于自有衍征、节点（node）和（或）主干种的分类群定义对生物有机体进行分类和命名，使得分类更加符合分支系统发育的研究结果。该法规提议有可能促成目前分立的国际动物命名法规（International Code of Zoological Nomenclature，ICZN）、国际植物命名法规（International Code of Botanical Nomenclature，ICBN）、国际细菌命名法规（International Code of Nomenclature of Bacteria，ICNB）、国际病毒分类与命名法规（International Code of Virus Classification and Nomenclature，ICVCN）等不同命名法规的统一。目前，谱系命名法规的倡导者已明确提出将其建设与生命树的建设过程结合起来，并且建立国际谱系命名法规学会（International Society for Phylogenetic Nomenclature，ISPN）（Donoghue and Gauthier，2004）。

事实上，目前谱系命名法规中所体现出的态度与刚提出不久时（Cantino *et al.*，1999）相比也是相当折中的。例如，从坚持废止阶元等级系统到认为阶元等级系统可以有保留的改变，其努力方向基本转移到了对分类阶元层级的命名改革上；从提议废止双名法到人为双名法值得长期保留的改变，甚至还宣称将尽力保持历史与现存物种名称的恰当使用（Cantino and de Queiroz，2010；Sluys *et al.*，2004）；从提议放弃模式概念到认为名称应该与模式相衔接的改变（Pickett，2005）。

7.5.2　Barcoding、PSC 和 Phylocode

通过对不同物种概念的了解，可以认识到，BSC 虽不完备，但对于动物而言又是必须依靠的，PSC 虽然具有方法上的易操作性和标准化潜力，但过度细分可能违背生物学常识。可不可以把两种概念的优势结合起来，去进行定义方面的改革呢？答案应该是肯定的，但是方式却不是二合一，而是构建复合定义体系，或者说针对各个具体情况指明两者之间的对应关系。

从对 Phylocode 的介绍中，不难看出其中的第②、第③、第④三点与 PSC 中的 CHA 分析之间的关系，其实就是前者是思想，后者是方法论。而这样的思想与方法论，与 DNA 条形编码的理念存在共通之处。Phylocode 与 PSC 是要标准化地定义物种，条形编码是要标准化地识别、鉴定物种，隔在这两者之间的则是 BSC。也就是说，如何面对上文提到的一个已知物种中包含多个单倍型的问题呢？如果最终能够确立几个片段作为条形码序列标准，完全可以赋予各个基因各自的单倍型物种概念，但是这样的“物种”概念不能单独存在，而是要与 BSC 之间建成对应关系。由此将 PSC 作为对 BSC 的具体注释，形成复合的概念体系。

对于准种而言，如果参考识别物种概念和生态学物种概念，那么都将会被视为不同的物种。对于环种而言，在实践中似乎更倾向于将其划分为两个不同的物种，即使被视为一个物种，亦不影响将条形码/单倍型/PSC 对应到已划分好的生物学物种界限。

7.6　转基因生物与合成生物学

尽管自然界的生物有机体种类的分子鉴定已经有大量的问题需要解决，但是分类学家似乎还不得不去面对其他一些新的挑战，如转基因生物与人工合成生物。由于转基因生物或人工合成生物都有可能给人类的生活、生存乃至自然界带来难以预测的潜在的风险，因此需要对其进行有效的跟踪监测。而要想进行有效的监测，识别是第一步。对于转基因生物而言，虽然它们某些方面的性状由于被转入特定基因而有所改变，但是这些性状的改变可能局限于生理层面，并不体现在形态的表型层面，或者只有统计学意义上的形态变化。此外，它们的线粒体基因 COI 和核基因 rDNA 与非转基因的天然种群并无区别。所以，不论是形态学方法还是目前常用的 DNA 条形码分子标记，都难以用来跟踪鉴定转基因生物。因此，有必要对所有转基因生物的所有外源基因信息建立数据库，以便于在需要的情况下识别其外源基因源头。对于人工合成生物，情况或许更为复杂，J. Craig Venter 的研究组已经于 2010 年造出第一个人造细菌（Gibson *et al.*，2010），人造生命的潘多拉盒子正在不可阻止地被打开，分类学家准备好了么？

要点与问题

DNA 条形码的优点，以及局限性和解决方案。

进一步阅读的建议

中国科学技术协会学术部．2010．DNA 条形码可以改变人类认知生物物种的方式吗．北京：中国科学技术出版社．

参考文献

Abdo Z，Golding G B．2007．A step toward barcoding life：A model-based，decision-theoretic method to assign genes to preexisting species groups．Syst Biol，56：44-56．

Anderson E．1949．Introgressive Hybridization．New York：Wiley．

Austerlitz F，David O，Schaeffer B，*et al*．2009．DNA barcode analysis：a comparison of phylogenetic and statistical classification methods．BMC Bioinformatics，10：S10．

Cantino P D，de Queiroz K．2004．PhyloCode：A Phylogenetic Code of Biological Nomenclature（Ver. 4c）．http://www．ohiou．edu/phylocode/．2011-12-31．

Cantino P D，Bryant H N，de Queiroz K，*et al*．1999．Species names in phylogenetic nomenclature．Syst Biol．48：790-807．

DasGupa B，Konwar K M，Mandoiu I I．2005．DNA-BAR：Distinguisher selection for DNA barcoding．Bioinformatics，21：3424-3426．

Davis J J，Nixon K C．1992．Populations，genetic variation，and the delimitation of phylogenetic species．Syst Biol，41：421-435．

Donoghue M J，Gauthier J A．2004．Implementing the PhyloCode．Trends Ecol Evol，19：281-282．

Elias M, Hill R I, Willmott K R, *et al.* 2007. Limited performance of DNA barcoding in a diverse community of tropical butterflies. Proc R Soc Lond B, 274: 2881-2889.

Gibson D G, Glass J I, Lartigue C, *et al.* 2010. Creation of a Bacterial Cell Controlled by a Chemically Synthesized Genome. Science, 329: 52-56.

Hajibabaei M, Janzen D H, Burns J M, *et al.* 2006. DNA barcodes distinguish species of tropical Lepidoptera. Proc Natl Acad Sci. USA, 103: 968-971.

Hebert P D N, Cywinska A, Ball S L, *et al.* 2003a. Biological identifications through DNA barcodes. Proc R Soc Lomd B, 270: 313-321.

Hebert P D N, Ratnasingham S, deWaard J R. 2003b. Barcoding animal life: cytochrome c oxidase subunit 1 divergences among closely related species. Proc R Soc Lomd B, 270: S96-S99.

Kelley R P, Sarkar I N, Eernisse D J, *et al.* 2007. DNA barcoding using chitons (genus *Mopalia*). Molecular Ecology Notes, 7: 177-183.

Levin D A. 1979. Hybridization: An Evolutionary Perspective. Stroudsburg, PA: Dowden, Hutchinson and Ross.

Little D P, Stevenson D W. 2007. A comparison of algorithms for the identification of specimens using DNA barcodes: examples from gymnosperms. Cladistcs 23: 1-21.

Lou M, Golding G B. 2010. Assigning sequences to species in the absence of large interspecific differences. Mol Phylogenet Evol, 56: 187-194.

Matz M V, Nielsen R. 2005. A likelihood ratio test for species membership based on DNA sequence data. Philo Trans R Soc B, 360: 1969-1974.

Min X J, Hickey D A. 2007. Assessing the effect of varying sequence length on DNA barcoding of fungi. Mol Ecol Notes, 7: 365-373.

Munch K, Boomsma W, Huelsenbeck J P, *et al.* 2008a. Statistical assignment of DNA sequences using Bayesian phylogenetics. Syst Biol, 57: 750-757.

Munch K, Boomsma W, Willerslev E, *et al.* 2008b. Fast phylogenetic DNA barcoding. Philos Trans R Soc Lond B Biol Sci, 363: 3997-4002.

Nielsen R, Matz M. 2006. Statistical approaches for DNA barcoding. Syst Biol, 55: 162-169.

Nixon K C, Carpenter J M. 2000. On the Other Phylogenetic Systematics. Cladistics, 16: 298-318.

Pickett K M. 2005. The new and improved PhyloCode, now with types, ranks, and even polyphyly: a conference report from the First International Phylogenetic Nomenclature Meeting. Cladistics, 21: 79-82.

Sarkar I N, Joseph W T, Paul J P, *et al.* 2002. An automated phylogenetic key for classifying homeoboxes. Mol Phylogenet Evol, 24: 388-399.

Sluys R, Martens K, Schram F R. 2004. The PhyloCode: naming of biodiversity at a crossroads. Trends Ecol Evol, 19: 280-281.

Summerbell R C, Levesque C A, Seifert K A, *et al.* 2005. Philos Trans R Soc B, 360: 1897-1903.

Tautz D, Arctander P, Minelli A, *et al.* 2002. DNA points the way ahead in taxonomy. Nature 418: 479.

Tautz D, Arctander P, Minelli A, *et al.* 2003. A plea for DNA taxonomy. TREE 18: 70-74.

Zhang A B, Sikes D S, Muster C, *et al.* 2008. Inferring species membership using DNA sequences with back-propagation neural networks. Syst Biol, 57: 202-215.

第 三 部 分

生物地理学概述

第 8 章　物种形成：种群遗传和地理

生物地理学是生物学与地理学的交叉学科，在引入生物大分子信息之前即已区分为生态生物地理学和谱系生物地理学。前者是生态学与地理学的交叉，后者是系统学与地理学的交叉，亦称分支生物地理学（cladistic biogeography）。分子生物地理学是生物地理学和分子系统学的交叉学科，这一交叉在物种-种群和高级阶元系统发育两个层面都存在。前者中的生态位/微地理隔离种化以及地理分布的生态限制因子内容，称为生态生物地理学；前者中的地理隔离种化与后者则统称为谱系生物地理学或历史生物地理学。两者之间并不完全互斥，因为生态位隔离种化的类群在主动或被动（如随季风、洋流、寄主）扩散后，可以进而受到地理隔离的影响。

从物种分化与地理尺度之间的关系来讲，地理隔离种化过程，一般涉及体形较大、主动迁移能力更强、分布更广的物种的遗传分化与地质、地貌、气候、植被变迁历史之间的协同关系；生态生物地理学和谱系生物地理学都发挥着重要的作用。在生态位隔离种化过程中，则时常涉及植食性动物（多数是昆虫）的遗传分化与植物、寄生性动物的遗传分化与寄主之间的协同关系；生态生物地理学发挥着相对重要的作用。

8.1　种化方式与地理之间的关系

异域种化（allopatric speciation）是指由地理隔离造成的物种种群间形成遗传交流上的生殖隔障，这种方式被认为是动物中最为常见的种化方式（Mayr，1963；Futuyma and Mayer，1980；Coyne，1992）。在异域种化内部可以区分出两种不同情况：一种称为分隔种化（vicariant speciation）；另一种称为外围种化（peripatric speciation），也称为奠基者效应（founder effect），是指一个脱离原有种群的小种群，由于遗传上的偏离而容易发展成为新的物种，见大量岛屿研究或可视为岛屿研究的研究（Mayr，1954；Carson，1986；Templeton，1996，1997）。例如，知更鸟（*Petroica multicolor*）性二型性在澳洲的变异情况，在萨摩亚、瓦努阿图和所罗门群岛等边缘地带的类型与澳大利亚和塔斯马尼亚的类型有所区别；北美洲广布种多白足鼠（*Peromyscus maniculatus*）在美国南部不同区域的边缘种化。Mayr（1982）认为最特别的物种往往是最偏远而古老的物种，现在看来，虽然古老是未必的，但是偏远与特化之间似乎的确存在一定程度的关联，其中可能有外围种化的因素。

同域种化（sympatric speciation），在传统的意义上，是指同一地理区域内的物种分化。不过，这样定义的所谓同域种化实际上多为生态位隔离造成的分化，是小尺度空间分隔与异质性造成的分化，是“微地理隔离”（micro-geographic isolation）造成的分化。例如，角蝉（*Enchenopa binotata*）包含若干隐种，各自栖于不同属的寄主植物上，雄性鸣声各不相同，苹果实蝇（*Rhagoletis pomonella*）随对不同寄主植物适应的分化，以及其他一些适应辐射事件。高斯原理（Gause's Law），或称竞争排除原理（Competitive Exclusion Principle）（Georgyi Frantsevitch Gause，1910～1986 年）指出，具有同一生态位的两个物种不能共存（Gause，1934），这种原理与生物学物种概念中的隔离观点具有内在一致性——不同物种的生态位是隔离的，对竞争的避免促使物种随生态位分化而分化。与异域间地理隔障造成遗传交流障碍的机制相比，自然选择在同域的生态位隔离方面也许有更多的作用，如断裂选择可以作为导致物种分支进化的起因。因此，目前真正严格意义上的同域种化一般仅指染色体重排以及植物多倍化等造成的遗传系统隔离分化。例如，月见草（*Clarkia lingulata*）由 *C. biloba* 通过两次倒位和一次易位而形成（Lewis，1962；Gottlieb，1974）；婆罗门参属（*Tragopogon*）中的多倍体种化案例。但事实上，多倍体种化形成的物种一般亦占有与祖先种不同的生境与分布。

邻域种化（parapatric speciation）与环种是另一种种化方式，即地理环境的差异导致渐变群（cline）的形成，渐变群进一步分化为亚种或种，如银鸥（herring gull，*Larus argentatus* 与 black backed gull，*Larus fuscus*）的 7 个亚种绕北极圈附近地带形成了一个带状分布，分布于末端的两个亚种已经不能交配，这说明距离本身就是一种有效的隔离机制。

Coyne 和 Orr（1989）的研究结果显示，物种通过隔离而种化需要 100 万～400 万年（million years，My），其中更多的情况在 150 万～300 万年。然而，迅速的物种形成在很小的种群中很容易实现（Mayr，1982），如由包括奠基者效应/瓶颈效应在内的遗传漂变所引起的种化。此外，适应辐射（adaptive radiation）是一种相对短时间内比较迅速实现分支进化的种化方式，即一个物种或一组具有亲缘关系的物种进入新的生态或地理区域后，进入大量连续空白的生态位发生多样化，通过多分支进化产生许多新物种，新的物种可能进一步分支进化形成种上分类单元（Mayr，1942；Simpson，1944）。

适应辐射可以区分为若干具体的情况：①灾变后的生存者进入绝灭物种留下的适应区域，如恐龙之后的鸟类和哺乳动物。②一些奠基者进入缺少竞争者的新栖境。例如，如夏威夷岛的地质历史不足 80 万年（夏威夷岛是夏威夷岛链中最年轻、面积最大、几乎最靠东的岛，最西面的库雷岛 Kure Atoll 年龄在 3000 万年），其上有至少 19 种果蝇的物种年龄低于 60 万年。③一组物种因与发生适应辐射的一组物种存在协同进化而相伴发生适应辐射，如传粉昆虫与被子植物。④一个预适应特征使得入侵从前难以进入的生态区域成为可能，如爬行动物带壳的羊膜卵适应陆地栖境。⑤新的形态或生理特征通过将环境细分为不同生态位而趋异进化。例如，东非维多利亚湖丽鱼科，有研究表明湖盆的年龄为 75 万～180 万年，但是湖区在 12 400～11 400 年前曾历经 1000 年左右的干涸状态，因此湖区内现存的 14 种丽鱼（约 800 种不同的型）应该是在不到 12 000 年的时间内形成的，丽鱼的咽颌（pharyngeal jaw）被认为在这一过程中具有重要作用。

关于生态位的空白程度，事实上竞争者很可能或多或少是存在的，但如果实力悬殊，那么事实上等同于生态位大量空缺。例如，巴拿马地峡形成后，北美洲胎盘类哺乳动物进入南美洲有袋类哺乳动物生活区域所形成的适应辐射，造成后者的大量灭绝，侵入的田鼠在 500 万～800 万年前（million years ago，Mya）的时间内进化形成了约 60 属 300 种（Engel *et al.*，1998）；当然，南美洲的动物进入北美洲也引起了北美洲一些物种的绝灭，但是规模没有那么大，效应没有那么显著。事实上，北美洲与南美洲各自哺乳动物类群在上新世（Pliocene）的交流平分秋色，定居比例相当；但是在更新世（Pleistocene），北美洲类群的迁移、定居比例相当高。Lessa 和 Fariña（1996）的研究显示，两个区系中绝灭的类型主要都是体型比较大的物种。

8.2　种群遗传分异与生态因素的协同

最著名的生态位隔离种化的例子，恐怕莫过于加拉帕戈斯群岛的达尔文地雀（Darwin's finches）（雀形目 Passeriformes：新大陆燕雀科 Fringillidae：地雀亚科 Geospizinae）了。虽然和在大陆上一样，不同大小的种子一般由喙大小不同的鸟类取食，但是大陆上同一区域的鸟类往往来自不同的科，而加拉帕戈斯岛上的 14 种地雀则很可能分化于一个最近共同祖先。另一个来自岛屿的、鸟类的例子是夏威夷群岛的吸蜜的管舌鸟科（Drepanididae），它们的适应辐射与群岛上的半边莲科（Lobeliaceae）的适应辐射之间存在协同进化关系（Raikow，1976；Sibley and Ahlquist，1982）。此外，还有更大量的来自昆虫与植物的例子，其中主要是副新翅类（Paraneoptera）和完全变态类（Holometabola）的昆虫。

8.3　种群遗传动态

不论是对于生态位隔离种化，还是对于地理隔离种化，都需要了解种群遗传动态的情况。种群遗传动态的研究可粗略分为种群间和种群内两部分，其中，与分类学家关系更为密切的是种群间的问题。对于种群间关系的研究，可能用到的分子标记包括 DNA 序列、单核苷酸多态性（single nucleotide polymorphism，SNP）、短的串联重复序列（short tandem repeat，STR，如微卫星，Meng *et al.*，2008）、多等位基因（multi-allelic）、扩增片段长度多态性（amplified fragment length polymorphism，AFLP）和距离矩阵（distance matrix）等。其中以微卫星和单核苷酸多态性最为常用，DNA 序列次之。可能用到的软件数量非常多，其中仅较为常用的就有 20 余种（Excoffier and Heckel，2006）。

在 DNA 序列内部，最为常用的分子标记来源与高级阶元分子系统发育所用的一样，一般也来自线粒体基因组和核 rDNA 簇。所不同的是，种群遗传研究中一般采用线粒体基因组控制区、rDNA 长度高变区以及 ITS 这些进化速率较高的片段。在此，我们将 DNA 序列适于解决的问题及相应的软件列于表 8.1 中，表 8.1 中的对勾表示在同类软件中可能会有更好的表现。其中 Arlequin、DnaSP（DNA Sequence Polymorphism）和 MEGA（Molecular Evolutionary Genetics Analysis）均为多种用途的综合性软件；IM（Isolation with Migration）的优势功能侧重于估算两个种群的分异时间和分异之后两者之间的迁移情况，LAMARC（Likelihood Analysis with Metropolis Algorithm using Random Coalescence）的优势功能侧重于估算一系列种群的大小在历史上的变动情况，Migrate 的优势功能侧重于估算有效种群大小和一系列种群之间的迁移速率。Arlequin、IM、LAMARC 和 Migrate 中都使用或整合了贝叶斯方法，但是其间所设计的马尔可夫链的运行方式有所区别。应该说，各软件的持续发展中往往伴随着借鉴，或向着相同方向独立研发而形成的趋同进步，所以在使用初期，对于同一项分析试用不同软件，还是更为稳妥的方案。在根据不同软件的假设、算法、数据类型、结果输出的特点形成各自使用感受之后，再做进一步选择。如果遇到不同软件的数据格式转换问题，除了利用上述软件本身自带的输入输出功能之外，还可以借助于 PHYLIP 充当格式转换的程序。关于分子钟的内容，将在第 14 章中进行介绍。

表 8.1　适合 DNA 序列解决种群遗传问题的软件

用途	软件	主要文献
统计描述	Arlequin	Excoffier and Lischer, 2010
	DnaSP√	Librado and Rozas, 2009
	MEGA	Tamura *et al.*, 2011
中性检验	Arlequin, DnaSP, MEGA√	
种群结构	Arlequin√, DnaSP, MEGA	
种群大小	IM/IMa2	Nielsen and Wakeley, 2001
	LAMARC√	Kuhner, 2006
	Migrate√	Beerli and Palczewski, 2010
种群涨落	Arlequin, DnaSP, IM, LAMARC√, Migrate	
分异时间	DnaSP, IM√, LAMARC, Migrate	
迁移速率	DnaSP, IM√, LAMARC, Migrate√	

要点与问题

物种形成与地理因素之间的关系。

进一步阅读的建议

Futuyma D. 1999. Evolution. 2nd ed. Sunderland, MA: Sinauer Associates Inc.

参考文献

Beerli P, Palczewski M. 2010. Unified framework to evaluate panmixia and migration direction among multiple sampling locations. Genetics, 185: 313-326.

Carson H L. 1986. Sexual selection and speciation. *In*: Karlin S, Nevo E. Evolutionary Process and Theory. Orlando, FL: Academic Press: 391-409.

Coyne J A, Orr H A. 1989. Two rules of speciation. *In*: Otte D, Endler J A. Speciation and Its Consequences. Sunderland, MA: Sinauer Associates Inc: 180-207.

Coyne J A. 1992. Genetics and speciation. Nature, 355: 511-515.

Engel S R, Hogan K M, Taylor J F, *et al*. 1998. Molecular systematics and paleobiogeography of the South American sigmodontine rodents. Mol Biol Evol, 15: 35-49.

Excoffier L, Heckel G. 2006. Computer programs for population genetics data analysis: a survival guide. Nat Rev Genet, 7: 745-758.

Excoffier L, Lischer H E L. 2010. Arlequin suite ver 3.5: A new series of programs to perform population genetics analyses under Linux and Windows. Mol Ecol Resources, 10: 564-567.

Futuyma D J, Mayer G C. 1980. Non-allopatric speciation in animal. Syst Zool, 29: 254-271.

Gause G F. 1934. The Struggle for Existence. Baltimore: Williams and Wilkins.

Gottlieb L D. 1974. Genetic confirmation of the origin of *Clarkia lingulata*. Evolution, 28: 244-250.

Kuhner M K. 2006. LAMARC 2.0: maximum likelihood and Bayesian estimation of population parameters. Bioinformatics, 22: 768-770.

Lessa E P, Fariña R A. 1996. Reassessment of extinction patterns among the Late Pleistocene mammals of South America. Palaeontology, 39: 651-659.

Lewis D A. 1962. Catastrophic selection as a factor in speciation. Evolution, 16: 257-271.

Librado P, Rozas J. 2009. DnaSP v5: A software for comprehensive analysis of DNA polymorphism data. Bioinformatics, 25: 1451-1452.

Mayr E. 1942. Systematics and the Origin of Species. New York: Columbia University Press.

Mayr E. 1954. Change of genetic environment and evolution. *In*: Huxley J S, Hardy A C, Ford E B, Evolution as a process. London: Allen and Urwin: 156-180.

Mayr E. 1963. Animal Species and Evolution. Cambridge, MA: Harvard University Press.

Mayr E. 1982. The Growth of Biological Thought: Diversity, Evolution, and Inheritance. Cambridge, MA: Belknap Press of Harvard University Press.

Meng X F, Shi M, Chen X X. 2008. Population genetic structure of *Chilo suppressalis* (Walker) (Lepidoptera: Crambidae): Strong subdivision in China inferred from microsatellite markers and mtDNA gene sequences. Mol Ecol, 17: 2880-2896.

Nelson G J, Ladiges P Y. 1995. TASS. MSDos Computer Programs for Systematics. New York and Melbourne: Published by the authors.

Nielsen R, Wakeley J. 2001. Distinguishing migration from isolation: A Markov chain Monte Carlo approach. Genetics, 158: 885-896.

Raikow R J. 1976. The origin and evolution of the Hawaiian honeycreepers (Drepanididae). Living Bird, 15: 95-117.

Sclater P L. 1858. On the general geographical distribution of the members of the class Aves Zool J Linn Soc, 2: 130-145.

Sibley C G, Ahlquist J E. 1982. The relationships of the Hawaiian honeycreepers (Drepanididae) as indicated by DNA-DNA hybridization. Auk, 99: 130-140.

Simpson G G. 1944. Tempo and Mode in Evolution. New York: Columbia University Press.

Simpson G G. 1977. Too many lines: The limits of the Oriental and Australian zoogeographic regions. Proc Am Phil Soc, 121: 107-120.

Tamura K, Peterson D, Peterson N, *et al*. 2011. MEGA5: Molecular evolutionary genetics analysis using maximum likelihood, evolutionary distance, and maximum parsimony methods. Mol. Biol. Evol., 28: 2731-2739.

Templeton A R. 1996. Experimental evidence for the genetic transilience model of speciation. Evolution, 50: 909-915.

Templeton A R. 1997. Out of Africa? What do genes tell us? Curr Opin Gen Dev, 7: 841-847.

第 9 章　物种地理分布格局：地质与生态

对于目前物种分布地理格局的研究而言，第四纪更新世（Quaternary：Pleistocene）这 200 万年左右以来的阶段所受到的关注更多，具有特殊的意义。这样的一个时间尺度大体上对应着现生物种的分化历程。

这个时期内包含有冰期和间冰期的交替，以及相应的海平面降低和海平面上升的交替；包含着青藏高原的隆起；包含着人类这个物种的形成历史，包含着与人类种植、养殖相关的物种或种群分化历史，也包含着因人类的活动所造成的物种分布地的改变、外来物种引入地的物种分布状态改变以及新的分布阻限的形成等各类事件。

在这个时间尺度与阶元级别的研究中，生态生物地理学和谱系生物地理学都发挥着重要的作用；相比之下，在对更大时间尺度、高级阶元的研究中，谱系生物地理学发挥着主导作用。

有些分类学家设想，如果某个类群在一个区域的物种数量比在其他区域要明显得多，那么该区域可能是“起源中心”，这个类群可能是从该区域散布开的。然而这个设想基于这样一个未明确提出的前提，即不论环境条件怎样，新种以一种稳定的速度出现。

然而事实上，物种形成的速度取决于由自身特点和环境变化所共同决定的生态机会；一个类群完全可能首先在一个区域出现，但是缺少分支进化的机会，后来通过某种途径进入另外一个区域，并在那里发生迅速的物种形成，如下面将会介绍到的丽鱼的适应辐射。或许我们可以称之为“分化中心”，但是必须意识到那和“古老”、“起源”之间未必存在因果关系。

9.1　物种分异与地质历史的协同

对于物种-种群水平的谱系生物地理学来说，分布格局的形成机制主要通过扩散-隔离机制进行解释。生物可以通过跨越走廊通道/廊道（corridor，如陆桥）、过滤通道（filter，如某一环境因子的狭窄地带）和抽奖式通道（sweepstake route，如海洋）三种不同难度的障碍进行扩散。随后由于阻限（barrier）的存在导致中间分布群的缺乏，形成隔离，继而由于遗传交流的减少、断绝和所处环境的不同形成分化。

扩散理论代表方法为累进规则，该理论认为相对年轻的成员位于分类群地理边缘。对于不具有足够主动飞行能力的动物来说，海洋、山脉、大沙漠、荒漠是最重要的几种阻限，前两者一般由板块的分离、碰撞造成，后两者则更直接地由气候或人为因素造成。

9.1.1　第四纪及其之前的历史梗概

在亚洲，喜马拉雅山脉-青藏高原和北温带沙漠一般被视为两个最重要的阻限。事实上，亚洲的地质历史非常复杂，也可以说比其他几个大洲都复杂，因为形成亚洲的子版块数量较多，拼合过程比较复杂。

根据剑桥古地图中心的板块重演显示，参与现在亚洲形成的主要子板块数量在 10 个左右，如西伯利亚板块、哈萨克斯坦板块、蒙古板块、中国北方板块、中国南方板块、中南半岛/印度支那板块、西藏板块、印度板块、东南亚板块等。其中中国北方板块大体包括东北、华北以及西北的部分地区，中国南方板块大体包括东南、华南、西南、华中地区。

这些板块在 3.59 亿～2.99 亿年前时（石炭纪），互相之间的分离程度还比较高；在 2.99 亿～2.51 亿年前（二叠纪），除蒙古国、中国北方、中国南方、中南半岛、东南亚、青藏的部分板块、印度之外的亚洲板块，逐步拼合成今天的格局；至 2.15 亿年前的三叠纪诺立克期（Norian），中国北方、中国南方、中南半岛、东南亚已大体拼合成今天的相对位置格局；在 1.5 亿年前的侏罗纪蒂托期（Tithonian）到 1.4 亿年前的白垩纪凡兰吟期（Valanginian），除印度板块和部分东南亚板块外，亚洲板块已基本拼合到今天的相对位置；在新/晚第三纪（Neogene）中新世（Miocene）期间（2300 万～530 万年前），印度板块与亚欧板块逐步完全拼合，并随后不断北移至今。青藏高原分为祁连-柴达木、昆仑、巴颜喀拉、羌塘-昌都、冈底斯和喜马拉雅 6 个构造带，由北向南渐次变新，表明青藏高原是由冈瓦纳古陆北缘微陆块不断解体、北移、拼贴到欧亚大陆南缘，造成欧亚大陆不断向南增生而产生的。青藏高原的隆起主要发生在更新世以来的 200 万年左右，目前是生物地理学研究的热点地区之一（Huang *et al.*，2008）。

现生动物的世界动物地理区系的划分，最早开始于英国鸟类学家史克雷特，目前分为古北界（Palearctic）、新北界（Neoarctic）、新热带界（Neotropical）、非洲热带界（Afrotropical）、东洋界（Oriental）和澳洲界（Australian）等几个部分。

新北界与新热带界之间约以美国和墨西哥之间的沙漠为界；古北界与非洲热带界以撒哈拉沙漠为界；古北界与新北界之间在西部以冰岛和格陵兰岛之间的丹麦海峡为界，在东部以西伯利亚和阿拉斯加之间的白令海峡为界；古北界与东洋界之间以喜马拉雅山脉、中国长江和黄河之间广阔的过渡区域以及日本九州岛南部海域为界；东洋界与澳洲界约以韦伯线为界。

英国鸟类学家史克雷特在 1858 年的工作、英国生物学家华莱士在 1876 年的工作、英国赫胥黎（Thomas Henry Huxley，1825～1895 年）在 1868 年的工作、德裔荷兰籍动物学家韦伯（Max Carl Wilhelm Weber，1852～1937 年）、英国地理学家莱德克（Richard Lydekker，1849～1915 年）以及美国古生物学家迪科尔森（Roy Ernest Dickerson，1877～1944 年）在 1928 年的工作，形成了今天陆生动物区系划分方案；罗马尼亚鱼类学家巴那锐斯基（Petru M. Bănărescu）在 1990 年的工作奠定了陆地淡水动物的区系划分方案。

由于华莱士在划分东洋界与澳洲界界限时，主要是基于哺乳动物，而哺乳动物的跨海迁移能力在所有动物中较弱，韦伯随后对华莱士线（Wallace Line）的位置进行了调整，后人称韦伯线（Weber Line）；莱德克则指出了严格尺度上澳洲区系的西部界限，后人称为莱德克线（Lydekker Line）。Dickerson（1928）将华莱士线与莱德克线之间的区域称为华莱士区间（Wallacea）；Simpson（1953）同样表达了对于东洋界与澳洲界之间存在多条界限的忧虑。

赫胥黎曾经将华莱士线向北延伸的部分，修正到菲律宾巴拉望岛（Palawan）与民都洛岛（Mindoro）之间的民都洛海峡，因此华莱士线向北延伸的部分称赫胥黎线（Huxley Line）。

迪科尔森后来亦对华莱士线向北延伸的部分做过修正，因此赫胥黎线有时也叫迪科尔森线（Dickerson Line）。

关于在大的界（kingdom）/区（region）内部继续划分亚区的问题，华莱士曾将六大区各自进一步划分为 4 个亚区，但 Simpson（1953）和 Darlington（1957）均持不做进一步划分的观点。

在动物的六大区系之间，东洋区、非洲区和新北区这三个区均与古北区有较高的相似性。前两种情况被认为与其间的相连有关，后一种情况被认为与其间曾经的相连有关。在古北界的西端，直到约 3400 万年前的始新世末期，欧洲与格陵兰岛之间有图尔（Thulean）和德吉尔（de Geer）一南一北两条通路相连（McKenna 1983）；在古北界的东端，西伯利亚与阿拉斯加之间的最后中断始于更新世末期的距今 14 000～13 000 年前。此外，东洋区与非洲区之间有着较高，甚至更高的相似性，这被认为是两者之间互相扩散的结果，扩散发生在中新世期间非洲大陆与欧亚大陆连接之后，以及撒哈拉沙漠在 6000～3600 年前形成、继而扩张到并几乎覆盖阿拉伯半岛之前。此外，在冈瓦纳古陆分离的过程中，马达加斯加岛大约于 1.71 亿年前的侏罗纪巴柔期（Bajocian）与非洲分离，随后逐步远离非洲并与印度板块保持更近的距离，直到 8000 多万年前的白垩纪桑托期（Santonian）前后，才在印度北移的途中与印度板块渐远，而与非洲板块距离更近。

此外在海洋地理方面，瑞典动物学家埃克曼（Sven Ekman，1876～1964 年）在 1953 的工作，以及后来 Briggs（1974，1995）和 van der Spoel 和 Heyman（1983）等的工作，形成了今天海洋生物区系划分的方案。

在植物方面，瑞士植物学家德康多勒（Augustin Pyramus de Candolle，1778～1841 年）在 1820 年和 1838 年的工作、德国植物学家恩格勒（Heinrich Gustav Adolf Engler，1844～1930 年）在 1879 年的工作、英国植物学家古德（Ronald D'Oyley Good，1896～1992 年）在 1947 年的工作以及苏联裔美籍植物学家塔赫他间（Armen Leonovich Takhtajan，1910～2009 年）在 1978 年和 1986 年的工作，逐步形成了今天的植物区系的划分方案。

9.1.2 第四纪冰期与间冰期

冰期现象最早由瑞士地理学家马特尔（Pierre Martel，1706～1767 年）于 18 世纪开展了研究。大约 180 万年前的一次突然变冷，被认为是勒弗尔间冰期（Reuverian）的结束和普莱梯格勒冰期（Praetiglian，另译前梯格林冰期）的开始。这被作为晚第三纪和第四纪之间的界限，或者说上新世与更新世之间的界限。

冰川作用的特征是冰砾泥（boulder clay，另译砾泥、泥砾土、冰碛、冰川漂砾沉积等），是黏土、小的卵石和大的砾石的混合物；冰砾泥中的有机泥炭夹层、淡水沉积物以及其中可能含有的化石，则指示温暖的间歇。事实上，不只是冰砾泥中大大小小的石头带有擦痕和磨圆了的外观特征，冰川所经过的山谷区域也具有类似的特点。在冰川作用的前锋区域，石头在土壤表面往往变成石头条带，因此这些区域叫作“冰缘带”。在更新世的许多阶段，冰川覆盖了北美洲、欧洲北部和亚洲的多个部分；另外，在阿尔卑斯、喜马拉雅、安第斯、东非以及新西兰等相对低纬度的高山上，形成了若干独立的冰川作用中心。

由于氧同位素 ^{18}O 比 ^{16}O 更重，因此前者更容易留在海洋而后者更容易以水蒸气的形式迁往陆地；在冰川作用时期，后者会更多地被以冰的形式留在陆地上，这会造成海洋中 ^{18}O 的比例升高，而这种同位素比例变化的结果会留在有孔虫和其他浮游生物化石中。通过检视这些记录，可甄别出第四纪历史中频繁的、没有明显的简单规律的冰期与间冰期交替（Emiliani，1972；Tiedemann *et al.*，1994）。

表 9.1 中列出了北半球 5 个区域的冰期与间冰期对照情况；我们现在生活的全新世（Holocene）就被认为是一个间冰期。如果温暖的时期持续相对较短，或者达到的温度相对低，那么植被的恢复变化达不到相当于现在的温带的水平，这样的时期被称为小间冰期。在 11.5 万～1.2 万年前的末次冰期中，就包含了频繁发生的小间冰期；在小间冰期中，动物被认为能够作出扩散的反应，而植物则不能。除了冰期与间冰期的交替之外，在 100 万～70 万年前，还发生了 5 次地磁的逆转。由于化石沉积中的颗粒可以被磁场磁化，地磁逆转为确定化石沉积的年代提供了重要的参考信息。

表 9.1 北半球 5 个区域的冰期与间冰期对照

时期	阿尔卑斯	北美洲	西北欧	不列颠	中国	年代（千年前）
间冰期	全新世	全新世	全新世	全新世	全新世	11.7～
末次冰期	维尔姆 Würm	威斯康星 Wisconsin	威赫塞尔 Weichselian	德文斯 Devensian	大理	100～11.7
间冰期	里斯-维尔姆 Riss-Würm	桑加蒙 Sangamonian	艾米 Eemian	伊普斯维奇 Ipswichian	庐山-大理	130～100
冰期	里斯 Riss	伊利诺伊 Illinoian	萨勒 Saalian	沃尔斯顿 Wolstonian	庐山	380～130

续表

时期	阿尔卑斯	北美洲	西北欧	不列颠	中国	年代（千年前）
间冰期	民德-里斯 Mindel-Riss	雅茅斯 Yarmouth	荷斯坦 Holstein	豪克斯 Hoxnian	大姑-庐山	410～380
冰期	民德 Mindel	堪萨斯 Kansan	埃尔斯特 Elster	盎格鲁 Anglian	大姑	480～410
间冰期	恭兹-民德 Günz-Mindel	阿夫顿 Aftonian	“Cromerian Complex”	克劳默 Cromerian	鄱阳-大姑	780～480
冰期	恭兹 Günz	内布拉斯加 Nebraskan	Menapian-Bavelian?	比斯托 Beestonian	鄱阳	约 780

? 表示不同学者间尚存争议

第四纪冰期的开始与受影响的因素，可能来自于地球自身和地球的天文学特点两个方面。在地球自身活动有以下 3 个方面。

(1) 火山喷发形成的大量灰尘被认为同时具有阻挡太阳短波辐射和形成降水结核两个方面的作用，这两种作用都有利于冰川发育。

(2) 作为板块移动的结果，南极陆块在约 1500 万年前的冰盖发育，以及北冰洋由于巴拿马地峡封闭、受墨西哥湾暖流影响的减弱，而在 500 万～300 万年前结冰，冰帽被认为具有反射太阳短波辐射的作用，对冰川发育起到正反馈作用。

(3) 甲烷与二氧化碳的浓度与温度之间存在明显的相关性，但是尚难确定其间的因果关系，如果温室气体浓度是因，那么温室气体浓度改变的原因需要进一步解释。

洋流循环被认为是重要因素之一，也就是说，如果洋流循环的变化导致深层富营养海水上涌并铺散到洋面，浮游生物的大量生长将使得光合作用从大气中抽取到海洋的碳增加，这会有助于冰川发育（Sigman and Boyle，2000）；反之，则利于冰川消退，但是这只解释了二氧化碳的作用。

此外，结合第一点火山喷发的因素考虑，不难发现火山活动是不利于光合作用的，所以似乎不同因素之间的相对影响力值得生态学家进一步分析评价。

在地球的天文学特征方面，相关设想最早由苏格兰科学家卡罗尔（James Croll，1821～1890 年）提出，后来由南斯拉夫物理学家米兰科维奇（Milutin Milankovich，1879～1958 年）在 20 世纪 30 年代发展为理论。其中大体涉及三个方面：①地球绕太阳运行的椭圆轨道变化周期是 10 万年，椭圆程度的升高导致冬夏两季太阳短波辐射作用的差异水平升高；②地轴相对于太阳的倾角变化周期是 4 万年左右；③地轴的摆动周期是 2.1 万年左右，后两点同样影响太阳短波辐射的效果。全部三个周期的存在，都在对沉积物的分析中得到了证实（Hays *et al.*，1976），并且研究显示 10 万年的周期作用在最近 200 万年尤其显著。地球冰盖冰川量本身被认为是这个周期作用的放大因子。

冰期环境的主要特点是寒冷和干旱，与末次冰期中冰川作用最强的时期相比，事实上现代沙漠和黄土区域的面积要小得多；不过两个时期沙漠的大体位置基本一致，如北非、阿拉伯半岛、蒙古国、澳大利亚、墨西哥和南美巴塔哥尼亚等。这其中包含重要而有趣的信息，以北非为例，这个区域在全新世之前是大面积沙漠，在全新世早期是大面积草原，在全新世中期以后至今再次形成大面积沙漠，这提示了阻限在非常近期的不稳定性。

在冰期，向阳面的、海洋性的、热带附近的、相对封闭的一些区域，可以为喜暖物种发挥避难所的作用；在间冰期，高海拔生境和受扰动区域则更多地成为耐寒物种的避难所。冰期的热带环境中，虽然没有冰川作用，但是环境也会向着干冷的方向发生显著变化，使得植物区系中的雨林有所衰退，分布破碎化，而耐寒耐旱种类有所扩张。对于大多数雨林来说，连续不受扰动的历史被认为是不存在的；不过雨林的片段化可能通过使物种形成隔离，而发展雨林的物种多样性。当然，在整体偏干燥的背景下，也有若干多雨的阶段和地区。例如，非洲的昆虫纲半翅目划蝽科划蝽属（Insecta：Hemiptera：Corixidae：*Corixa*），目前只存在于向南延伸到肯尼亚大裂谷（Rift Valley）的几个分散的产地，但是由于在欧洲的广布，因而被确信曾经广布于北非草原星罗棋布的湖泊中，也就是现在的撒哈拉沙漠。末次冰期所造成的孑遗分布格局甚至是人类地方性语言分化的影响因素之一（Rogers *et al.*，1991）。

末次冰期在大约 2 万年前达到极限，随后开始变暖，至 1 万年前左右彻底结束。其中，仍然夹杂着一些冷却时期，如 1.08 万～1.07 万年前的新仙女木事件（Younger *Dryas*，YD，另译幼多瓣木事件），这提示我们气候能够变化得多么迅速。

全新世期间，海平面总的上升幅度可能高达 100m；其中在 10 000～6000 年前的阶段可能上升最为迅速，造成了西伯利亚与阿拉斯加、英格兰和欧洲大陆以及台湾岛和海南岛与中国大陆的隔离。海南岛在地质历史上可能长期与大陆相连，在更新世的某个时期才与大陆断裂分离，并且在末次冰期中可能再度通过陆桥相连，再加上海峡宽度较窄，因此与大陆之间的扩散联系可能更为密切。

当前的全新世间冰期在地球历史上，甚至在第四纪历史上，都是一个十分短暂的事件，但是已经可以看到世界各大区系中的变化巨大，变化速度如此之快。这提示我们，生物可以对十分迅速而重大的气候变化作出迅速的反应。

通过孢粉学研究发现，在 8000～5500 年前存在一个较为温暖的时期，许多乔木和灌木的扩散分布速度可以达到每年 300m，栎树甚至可以达到每年 500m。在全新世的前半阶段，喜温物种向北分布的界限比今天的要远得多。

在全新世的后一半时期，通过对氧同位素（Dansgard *et al.*，1975）、沼泽泥炭生长速率（Barber *et al.*，2000；Blackford，2000）、树木年轮（Payette *et al.*，1989）、湖泊盐度（Laird *et al.*，1996）等的研究，发现在距今 500～400、2800～2500、4450 以及 5400 年前，存在 4 个相对寒冷的“小冰期”。

9.1.3　人类的扩散迁移及其影响

1. 更新世后半期

最近 1 万年左右的历史是不同寻常的，智人（*Homo sapiens*）这个物种迅速上升到生态统治地位，改变着整个地球的物质能量循环模式和气候。目前在地球上，几乎没有一种生境或一个生态过程，是不曾受过人类影响的。生物地理学家不得不特别重视区分人为的和自然的影响。在北非沙漠的重新形成和北方森林的衰退过程中，可能掺杂了自然界和人类活动的双重影响。在农业区域中，人类的影响无疑是最大的。

关于人类对物种分布所产生的影响，应该从时间角度区分为两个阶段：一个是在若干次“走出非洲”的过程中的影响，另一个是最后一次走出非洲之后至今的影响。人类的祖先在进化过程中，至少曾经 3 次走出非洲，一次是直立人（*Homo erectus*）阶段，一次是早期智人（archaic/early *Homo sapiens*）阶段，一次是晚期智人（modern *Homo sapiens*）阶段；此外在更早的能人（*Homo habilis*）时期中可能也存在过。

直立人（俗称猿人，中文注意区分于人猿或类人猿），距今 180 万～50 万年，大体对应于更新世的卡拉布里亚期（Calabrian），从中国部分的化石记录看，大体上对应于鄱阳-大姑间冰期。直立人属于旧石器文化早期，亚非欧皆有发现；成年时期的直立人已基本失去树栖特征，可以奔跑，猎取大型动物；可能已具母系氏族的雏形。直立人时期是人类语言的萌芽时期（Wildgen，2004）。

早期智人距今 50 万～10 万年前，从中国部分的化石记录看，相当于庐山冰期及其前后的间冰期。庐山虽然是一个冰期，但是其中包含了温度、时长不亚于其前后的间冰期的小间冰期，如 34 万～31 万年前和 26 万～23 万年前的时期。此外，考虑到化石只说明了最晚可能发生的时间，因此在使用相同进化阶段的化石记录考虑扩散时间时，应更多考虑相对较早的化石记录。早期智人属于旧石器文化中期，亚非欧均有发现，母系氏族，可狩猎大型兽类，制作兽皮衣服，会取火。早期智人时期是人类语言的发展时期。

晚期智人距今 10 万～1 万年，从中国部分的化石记录看，相当于大理冰期。在大理冰期中的 8 万～4 万年前，是一个相对温暖的阶段。晚期智人属于旧石器文化晚期，在亚洲、非洲、欧洲均有发现，各地的化石记录已分别具有现代亚非欧人类的特征分异，除石器、骨器、角器外还能制造长矛等复合工具，已会使用陷阱和摩擦取火，会捕鱼，开始创作洞穴壁画（如克罗马农人）。在这一时期，由于人类生活从试探性到计划性的转变，个体之间的有效交流变得更为重要，语言能力有了进一步发展。

总的来说，目前的证据显示，在更新世后期的间冰期以及冰期中的温暖时期，发生过 3 次或者更多的“走出非洲”；而其中晚期智人在末次冰期的温暖时期的最后一次“走出非洲”，奠定了全新世人类的分布格局。此外，基于线粒体和人类 Y 染色体两种分子标记的研究结果，均支持全新世人类分布格局奠定于末次冰期。这也就意味着，人们熬过了 2 万年前左右第四纪冰川作用的最高峰时期。

人类在末次冰川时期的扩散与狩猎，与北美洲、欧洲等动物区系中大型哺乳动物和不会飞的鸟类的绝灭之间，存在一定相关性。不同物种的绝灭时间不同，与拥有相对先进的狩猎技术的人类种族的进化（在非洲）或者迁入（在非洲以外）有关。在大型动物绝灭的过程中，人类活动至少是关键因素之一。

2. 全新世

全新世时期，人类对地理环境与分布格局的影响十分巨大，可以说是地球历史上最关键的影响因素之一。这些影响涉及很多方面。例如：①农牧业中的种植和驯化；②人类与病媒动物传播的疾病；③对植被的大量破坏；④贸易、战争、科研等活动的间接影响。

目前对其驯化历史已经有一定了解的生物涉及了谷物、豆类、块茎类、蔬菜、水果等方面的植物，以及反刍类、马科、狗、兔、猪、象以及家禽等动物。比较认可的独立驯化中心在各大洲均有分布（表 9.2）。可以看出植物的种植在各大洲都有，而动物的驯养主要源于亚洲大陆，这其中兼有地域广阔、适于驯化的物种和环境较为丰富等方面的因素。其中部分品种的驯化很可能在末次冰期前后就开始了，如狗，这是因为捕猎的生活方式要早于驯养；此外，狗可能存在一个以上的驯养起源地。

表 9.2 驯化中心与驯化物种

驯化中心	植物和动物
美国中东部	植物：南瓜、向日葵、黄叶柳（marsh elder）、菠菜、甜菜
中美洲	植物：南瓜、玉米、豆角、辣椒
南美洲	植物：葛、旧大陆棉、红薯、马铃薯、花生、木薯、辣椒、番茄、菠萝、可可
	动物：羊驼
非洲	植物：非洲稻、珍珠黍、高粱、咖啡
	动物：猫、驴
中东	植物：小麦、大麦、黑麦、燕麦、亚麻、苜蓿、胡萝卜、豌豆、蚕豆
	动物：欧洲家牛、骆驼、绵羊、山羊
中亚	植物：苹果、梨、豌豆、洋葱、大蒜
	动物：马、牦牛
中国	植物：水稻、大豆、小米、芡实、柠檬、柑橘、桃、杏、茶、萝卜
	动物：黄牛、狗？
印度和东南亚	植物：甘蔗、旧大陆棉
	动物：水牛、象、家禽、猪
巴布亚新几内亚	植物：香蕉、芋头、山药

当晚期智人在非洲生活时，已经会面对很多今天常见的由病媒生物传播的疾病（表 9.3）。在这些疾病中，也会呈现地理因素所造成的差异。①由于舌蝇属在非洲和阿拉伯半岛的局限分布，昏睡病没有传播到亚洲等其他地方。②随着人类向北进入欧亚大陆定居，形成了一些新的病媒传播途径。例如，老鼠传播的 *Orientia* 导致斑疹伤寒，由老鼠和跳蚤传播的鼠疫杆菌（*Yersinia pestis*）导致鼠疫。③当人类由寒冷的东西伯利亚通过白令陆桥进入北美洲，继而通过巴拿马地峡进入南美洲（并不排除还存在由南太平洋的海路进入的可能性，Meltzer，1997）后，摆脱了原先的病媒途径，所遇到的与非洲等地类似的疾

病，实际上是由其他的近缘病原体独立传播的。例如，南美锥虫病和非洲昏睡病的病原体分别是锥虫属的不同物种，病媒动物是锥猎蝽亚科（Triatominae）；南美利什曼病和非洲利什曼病的病原体分别是利什曼原虫属的不同物种，病媒动物是罗蛉属（*Lutzomyia*）；④人类的水利、灌溉、采矿、伐木、筑路等工程，通过改变病媒生物生境的方式，改变了疾病发生的地理格局。例如，恶性疟原虫（*Plasmodium falciparum*）的影响逐渐取代了间日疟原虫（*Plasmodium vivax*），前者渐多，后者渐少。

表 9.3　人类疾病与病媒动物

病媒	病原体	疾病
按蚊属 *Anopheles*	疟原虫属 *Plasmodium*	疟疾
伊蚊属 *Aedes*	黄热病毒	黄热病
多个属的蚊子	血丝虫属 *Brugia* 和吴策丝虫属 *Wuchereria*	象皮病
白蛉属 *Phlebotomus*	利什曼原虫属 *Leishmania*	利什曼病
斑虻属 *Chrysops* 蚋属 *Simulium*	尾丝虫属 *Onchocerca*	河盲症
舌蝇属 *Glossina*	锥虫属 *Trypanosoma*	昏睡病
双脐螺属 *Biomphalaria* 钉螺属 *Oncomelania*	血吸虫属 *Schistosoma*	血吸虫病

在人类对植被的改变方面，全新世期间人类砍伐森林的总面积，可能相当于目前美国陆地国土的面积。从不同因素对鸟类绝灭的影响程度看，占第一位的就是栖息地的破坏，其次是因欧洲人的殖民以及全球贸易等因素造成的外来入侵，直接捕猎只是最次要的因素。工业革命以来，全球的面貌改变速度空前地加快，植被进一步减少，温室气体排放大幅增加。在最近的近期，城市化进程大大加快，而城市与同面积的植被相比，一方面吸收太阳辐射的效率更高，另一方面自身释放的热量也更多，对全球变暖的影响力高达每年 0.27℃（Levine 2003）。历史记录显示，1970 年之后全球明显持续变暖。虽然太阳黑子数量变化周期等因素也有影响，但是人类至少应该把自身所产生的不利影响尽量降低。高纬度陆地冰盖、北冰洋冰原、内陆高海拔冰川都在不断消解，海平面在不断上升，洋流循环正在受到海水盐度和密度变化的影响。洋流循环的变化将导致极端气候现象（厄尔尼诺、拉尼娜）的程度加重、频率加快。更糟糕的是，有的模型预测，如果在下一个百年，大气二氧化碳浓度从现在的 360ppm（parts per million，百万分之一）升高到 750ppm 的话，海洋运输带（热盐循环）将濒于关闭（Stocker and Schmittner，1997）。除了碳元素-温室气体，氮、硫等元素在地球化学循环中的格局也在改变，汽车尾气的光化学烟雾以及重金属等的污染后果也在日益凸显。

总的来说，在工业化与城市化进一步发展和全球变暖的背景下，植被片段化、等温线向高纬度移动、极端气候影响加剧、人员与货物交流增加，这些现象都会进一步发展。而这对动物地理分布无疑会产生影响。例如，对于野生动物资源与农林牧渔潜在种质资源的认识、保护与利用难度加大，目前重要有害动物的分布地与发生规律的变化，潜在有害动物成为主要有害动物，以及外来入侵动物发生威胁的概率和程度升高。要应对这些问题，需要动物分类学家作出更多的努力。核电与核武器试验等因素亦不容忽视。

人类通过农业和医学去关心自身的生存是必要的，但是却远不充分。人们必须意识到，农业所面对的产量、质量，与医学所面对的癌症等方面的问题，在一个更大的背景下，是受困于人类当前生存发展模式下的全球自然生态环境恶化。在生态、物种和遗传这三个生物多样性水平中，物种多样性是其余两者的载体。不重视物种多样性研究，既不利于人类认识生命现象、也不利于更加合理地利用自然资源。所以，站在不同学科相互配合的角度考虑人类的可持续发展，就应该对农业、医学和进化-生态领域给予同等的重视。

9.2　阶元级别与分布格局形成机制的解释

9.2.1　扩散理论

20 世纪中期以前，历史生物地理学中对于大范围及间隔分布的形成，亦主要依靠远距离扩散（long distance dispersal）结合隔离分化进行解释，即物种迁移之前地域间已经分离。不难发现，如果将扩散理论用于属以下的阶元级别、相对近期的物种分异事件，还是比较合理的，因为物种分化发生在大型地质变迁之后，物种分化和板块构造等大型地质变迁之间相关性较弱。但是如果将扩散理论用于解释属以上分类单元、相对早期历史上形成的分布格局，合理性则大大降低，因为假定一条扩散路线，而不考虑类群分化与地质历史之间的协同关系，这导致扩散理论孤立于地球历史之外。

9.2.2　泛生物地理学

20 世纪中后期兴起的泛生物地理学（panbiogeography）逐渐开始强调板块与地质历史改变对于分布格局形成的重要性，并进一步强调隔离分化（vicariance）机制的贡献，即物种随所分布地域的分离而分离。分隔理论中以分布轨迹的概念取代了扩散路线，认为某一分类群的分布地标注在地图上形成的一条轨迹是该类群在空间中固有的分布位置；所谓的“扩散路线”并非物种从一个分布区到另一个分布区迁移并且破碎化了的分布区，而是代表了先前分类群的分布范围，“扩散”是近缘类群占有不同分布区的原因。分隔理论可以较好地解释几个不相关的单系类群具有一致分布形式的客观现象。具有一定重叠程度的轨迹形成一般轨迹，最有意义的一般轨迹包含有最大数量的生物有机体和最具生物多样性的生物类群以及被确认的化石，这些一致的分布显示了祖先区系的现代格局，具有统计学和地理学上的重要意义，从一般轨迹到间断的分布之间应该与某些地质历史改变相对应。一般轨迹的一个著名例子是跨太平洋基线，其中包括南美洲、塔斯马尼亚、澳大利亚和新西兰。在这 4 个分布区中具有相同间断分布格局的类群涉及淡水鱼、蚯蚓、软体动物、鸟类、哺乳类、昆虫、苔藓和有花植物。轨迹的局限性在于其本身只是相关分布地的几何连线，并且在思想上与方法上不区分“分化中心”和“起源中心”。

9.2.3 分支生物地理学

泛生物地理学与分支分析学的结合，形成了分支生物地理学。其中由特有现象画出的分布区是生物地理分析的假设单元，特有分布区的概念定义在分类群、其间的系统发育关系假设及各自确切分布的一个恰当尺度上。在对分类群作了分支分析之后，以分类群的分布区替代相应分类群，并且把多个分类群的分布分支图结合成一般分布区分支图。由此产生特有分布区与生物区系间关系的一般假说，该假说可以与相关的、独立的地质信息相比较以期确认。可以看出，分支生物地理学最重要的特点在于确信分类群系统发育关系对于生物地理学研究而言是基础，是根本，而这一点是扩散学说所不具备的。

隔离分化的模式，通过障碍的出现分裂了祖先物种分布区的范围，来解释间断分布，不同分布区中的分类群与其间障碍物的年龄相同；扩散模式通过穿越预先存在的障碍的扩散来解释间断分布，障碍物的存在早于分类群的扩散。迈尔指出，现代生物地理学家常犯的错误有两个：一个是未能认识到不同的高等分类单元是在不同的地质时期建立了它们现存的地理分布格局；另一个是未能认识到一个分类单元的地理分布格局深受其自身散布能力的影响。因而当一个专家根据他所熟悉的单一类群来进行综合概括时，容易得出不牢靠的结论。由此明确了一个重要问题，单靠分布资料本身不足以明确判断间断分布隔绝是由隔离分化还是由扩散导致。

因此当面对一个具体的分布时，首先关心的不应该是其起因，而应该是这一分布是否符合这个分布区中的其他分类群所显示的一般分布格局。通过包括化石在内的不同分类群分布形式之间的比较，可以估计一个分布区分支图的通用性，即检验生物区系共享一个历史的一般结论的可信性。理论上，将每一个特有分布区汇总到一个一般分布格局的情形是可能的，不过这一过程会受到我们对世界理解程度的影响，如对绝灭、广布分类群的扩散和分类群的限制性分布等情况的了解程度。要使生物有机体和分布区之间的比较令人满意，则需要分布区分支图能够与分类群分支图相比较，这是比泛生物地理学中的轨迹分析更为严格的技术。最终，对那些不适应一般格局的分类群分布，将采用扩散、环境因子等解释/假设（参见下文“假设 2”），这些解释中的因素也被称为生物地理噪声或生物地理同源可塑性。

在高级阶元水平，比较经典的工作开始于瑞典昆虫学家布伦丁（Lars Brundin，1907～1993 年）在 1966 年发表的南半球分布的摇蚊的研究。他在首先得到类群分支图后，将其转换为地理分支图。其中基于以寡脉摇蚊亚科（Podonominae）为主体类群的研究结果显示，非洲的属位于基部分支、最先趋异，随后依次是新西兰、南美洲和澳大利亚的属，而这与冈瓦纳古陆分裂的顺序一致。

广/冗布、缺失分布区、意义不明确的信息等问题可以采用成分分析来解决（Nelson and Plantnick，1981）。Brooks 简约性分析（Brooks parsimony analysis，BPA）是在对寄生物-寄主关系的研究中建立的方法，该方法假设当几个寄主具有同一种寄生物时，那些寄主就是单系的，反之亦然。如果将寄生物-寄主之间的关系类比于分类群-分布区，那么该假设就可以帮助处理广布的问题，该假设在生物地理学研究中习惯称为假设 0（Nelson and Plantnick，1981）；但是对于缺失分布区，在 BPA 中缺少数据。即便如此，我们依然很难判断广布的原因是由于扩散还是没有响应隔离事件，除非有其他广布分类群的信息，这种情况才有可能改善。Nelson 和 Plantnick（1981）提出的和谐/和解分析和三区论证（three item statements）可以帮助明确广布的原因，软件 COMPONENT 2.0（Page，2001）可以通过成分分析与和谐分析的比较实现这一目标。在分析的过程中，可以预先或不预先采取种化、扩散、绝灭等假设，分别被相应地称为假设 1 和假设 2。在假设 0、假设 1 和假设 2 三者中，被认为最恰当的是假设 2，因为其中虽然不预先存在某些假设，但是也决不排除这些假设为真的可能性，所以是一个一般程序。后来 Rosen（1988）发展出特有性简约分析（parsimony analysis of endemicity，PAE）。

在全球的气候带尺度上，生物存在若干分布形式。比较有代表性的如非热带分布和泛热带分布。前者是指分类群的成员在南半球和北半球都出现，尤其是南部区/南温带和北部区/北温带，但在热带地区却不出现，如七鳃鳗、鱼类中的银汉鱼（atherinopsine silverside fishes）、昆虫中的步甲（carabid beetles）和摇蚊（nonbiting midges）等以及植物中的岩高兰属（*Empetrum*）等；后者是指分类群的成员出现在所有热带地区而在南部和北部的寒温带却不出现，如鱼类中的丽鱼（cichlids）、鸟类中的日鹏（sungrebes）、两栖类中的无肺蝾螈（plethodontid salamanders）、植物中的肉豆蔻（nutmegs）等。在分支生物地理学出现之前，没有人怀疑气候是造成这种分布格局的最关键因素。

然而有趣的是，研究逐步发现非热带分布的分类群在南部和北部的成员往往互为姐妹群关系，如植物中的假山毛榉属（*Nothofagus*）和昆虫中的摇蚊科（Chironomidae）。这些系统发育发现对分布格局的解释有什么新的启示呢？板块构造学说内部包含两种对地球历史的不同解释：一种认为现今的大陆板块是联合古陆依次解离形成的，称为联合古陆假说；另一种认为现今的大陆板块经历过小陆块的解离与拼合。例如，太平洋两侧生物区系之间关系密切，暗示相应的小陆块曾经作为一个陆块群存在，称为太平洋洲假说。分支生物地理学发现，泛热带分布的陆生分类群较好地支持联合古陆假说，而非热带分布类群和环太平洋分布类群则倾向于支持太平洋洲假说，并认为太平洋的形成是自侏罗纪开始的。如何协调理论上的矛盾以使之能够反映唯一的共同的历史呢？已有的资料显示，泛热带分布的类群相对年轻，而非热带分布的类群相对古老，它们确实对应于不同的地质事件。该分布格局和地质演化假设需要更多的系统发育关系研究去检验（Humphries and Parenti，1999）。

另外一个有趣的现象是，基于分子序列估计的类群分异时间，往往比化石或基于形态的分支生物地理学研究所给出的答案要早很多。例如，经典的化石证据认为鸟类的多样性分化发生在大约 6500 万年前白垩纪与第三纪的更替时期，而分子证据则显示鸟类可能早在早白垩世就已出现早期的多样性分化（Cooper and Penny，1997；Cracraft，2001）；在这个例子中，分子序列的结果与人们对板块分裂历史的认识相一致。又如，基于形态特征的分支生物地理学研究显示，侧颈龟的分异与冈瓦纳古陆间的分裂顺序一致，而分子序列的研究则显示侧颈龟的分异时间早于冈瓦纳古陆的分裂，现代的物种是早期广布类群在广泛绝灭后的孑遗（Noonan，2000）；在这个例子中，提供了不同于扩散和隔离的第三种生物地理分布格局形成机制，即种化→扩散→广泛绝灭后的孑遗。考虑到已经绝灭的物种占地球上曾经存在过的物种的绝大多数（Novacek and Wheeler，1992），这很可能提示了一个普遍的规律，也就是孑遗形成的现生类群的冈瓦纳分布是不能用来支持冈瓦纳古陆曾经联合的证据的，化石类群的冈瓦纳分布才能作为比较好的证据。当代的生物地理学研究，呈现出以更新世前后为研究主体，综合利用化石区系、分子钟、多类群比较、板块间连通与隔绝关系变动、气候以及生物学特点等多方面的信息的趋势。

9.3　生态因子对物种分布的限制

生态位建模（niche modeling）是指利用计算机算法，根据模型中的环境参数（温度、海拔、风压、洋深、冰霜期、化学水质等），将相应数据图层叠加成地理空间中的分布，然后根据输入的已知物种分布信息预测潜在的实际分布地理区域。因此也叫作物种分布建模（species distribution modeling，SDM）。很显然，这类工具对于珍稀物种保护和外来入侵物种防治，以及预测各物种在未来气候变化过程中可能的分布变化趋势等应用研究，具有比较重要的参考价值。

模型预测的成功性会受到一些因素的影响。例如：①模型自身的本质属性、复杂性、准确性；②环境数据图层的质量；③输入数据的规模和可靠性；④地理隔离和生物生态因子的影响。在目前，模型大致包括相关性模型（correlative/statistical models）和机理模型（mechanistic/causal models）两类，后者考虑了物种受生理因素影响而出现的种群大小变化，比前者在准确性上可能略好一些，计算量也更大。环境数据图层一般来自于某些国家或国际组织的各种公用数据库，如物种分布、气候、地形、遥感、土壤、海洋，不是各个分类学研究组自已有能力提高质量的。研究者自身应该努力提高的是输入数据的规模和可靠性；其中规模的扩大一条，除了各单位收藏，还可以参考其他单位收藏、大型考察汇报和互联网数据库中的数据。地理隔离和生物生态因子的影响，则需要了解相关的背景知识。

目前主流的建模程序基本都是采用相关性模型，如表 9.4 中所列，其间的区别是所采用的算法不同。其中 GARP 的遗传算法是通过折刀法等方法对环境限制条件的组合进行随机调整，将各种环境条件不同随机组合下的结果进行叠加，生成最终合意结果；随后因与相对环境适配（relative environmental suitability，RES）结合，进一步发展出 Lifemapper 和 Aquamaps，焕发出新的生机。Maxent 因采用了最大熵值算法（与贝叶斯方法相通），而在准确性上相较于其他算法有一定程度的提升。目前，Lifemapper 等平台上已经支持使用者自己开发模型；而开源建模（OpenModeller）项目中已经将生态位因子分析、遗传算法和最大熵值等算法整合到一个软件中，并且具有多操作系统版本，可以访问其网站下载 http://openmodeller.sourceforge.net/。

表 9.4　几种物种分布建模的相关性模型

程序	算法	物种数据类型	参考文献
Biomapper	生态位因子分析（ecological niche factor analysis，ENFA）	presence and background	Hirzel *et al*. 2002
Biomod	多种算法	presence and absence（or pseudo-absence）	Thuiller 2003
GARP	遗传算法（genetic algorithm，GA）和 generalized linear model（GLM）	pseudo-absence	Stockwell and Peters 1999
Maxent	最大熵值原理（principle of maximum entropy）	presence and background	Phillips *et al*. 2006

要点与问题

1. 第四纪（约 200 万年前）以来，世界范围内重要的地理变化事件有哪些？
2. 高级阶元和种级阶元生物地理学研究的关键区别是什么？

进一步阅读的建议

Humphries C J，Parenti L R. 1999. Cladistic biogeography：Interpreting patterns of plant and animal distributions. 2nd ed. Oxford：Oxford University Press.

Humphries C J，Parenti L R. 2004. 分支生物地理学. 张明理译．北京：高等教育出版社．

Cox C B，Moore P D. 2010. Biogeography：An ecological and evolutionary approach. 8th ed. Oxford：Blackwell Publishing，Ltd.

Cox C B，Moore P D. 2007. 生物地理学——生态和进化的途径．赵铁桥译．北京：高等教育出版社．

参 考 文 献

Barber K，Maddy D，Rose N，*et al*. 2000. Replicated proxy-climate signals over the last 2000 years from two distant UK peat bogs：new evidence for regional palaeoclimate teleconnections. Quaternary Sci Rev，19：481-487.

Blackford J J. 2000. Palaeoclimatic records from peat bogs. Trends Ecol Evol，15：193-198.

Briggs J C. 1974. Marine Zoogeography. New-York：McGraw-Hill.

Briggs J C. 1995. Global Biogeography. Amsterdam：Elsevier.

Brundin L. 1966. Transantarctic relationships and their significance as evidenced by chironomid midges. With a monograph of the subfamilies Podonominae and Aphroteniinae and the austral Heptagyiae. Kunglica Svenska Vetenskapsakademiens Handlingar，11：1-472.

Bănărescu P. 1990. Zoogeography of Freshwaters. Vol. 1. General Distribution and Dispersal of Freshwater Animals. Berlin und Hamburg：Verlag Paul Parey.

Cooper A，Penny D. 1997. Mass survival of birds across the Cretaceous/Tertiary boundary. Science，275：1109-1113.

Cracraft J. 2001. Avian evolution, Gondwana biogeography and the Cretaceous-Tertiary mass extinction event. Proc R Soc Lond B, 268: 459-469.

Dansgard W, Johnsen S J, Reeh N, *et al*. 1975. Climatic changes, Norsemen and modern man. Nature, 255: 24-28.

Darlington P J. 1957. Zoogeography: The Geographical Distribution of Animals. J. New York: Wiley and Sons.

de Candolle A. 1820. Essai élémentaire de géographie botanique. Dictionaire Des Sciences Naturelles, 18: 359-422.

de Candolle A. 1838. Statistique de la famille des composées. Paris: Treuttel et Würtz, 1828-1838.

Dickerson R E, Merrill E D, McGregor R C, *et al*. 1928. Distribution of life in the Philippines. *In*: Brown W H, McGregor R C. Monographs of the Bureau of Science Manila, Philippine Islands 21, Pps. 1-322, plates 1-42. Manila: Bureau of Science Manila.

Ekman S. 1953. Zoogeography of the Sea. London: Sidgwick & Jackson.

Emiliani C. 1972. Quaternary paleotemperatures and the duration of high temperature intervals. Science, 178: 398-401.

Engler A. 1879. Versuch einer Entwicklungsgeschichte der Pflanzenwelt, Vol I. Leipzig: Wilhelm Engelmann.

Good R. 1947. The Geography of Flowering Plants. London: Longmans.

Hays J D, Imbrie J, Shackleton N J. 1976. Variations in the Earth's orbit: pacemaker of the Ice Ages. Science, 194: 1121-1132.

Hirzel A H, Hausser J, Chessel D, *et al*. 2002. Ecological-niche factor analysis: How to compute habitat-suitability map without absence data? Ecology, 83: 2027-2036.

Huang X L, Lei F M, Qiao G X. 2008. Areas of endemism and patterns of diversity for aphids of the Qinghai-Tibetan Plateau and the Himalayas. J Biogeogr, 35: 230-240.

Humphries C J, Parenti L R. 1999. Cladistics biogeography: interpreting patterns of plant and animal distribution, 2nd ed. Oxford: Oxford University Press.

Huxley TH. 1868. On the classification and the distribution of the Alectoromorphae and Heteromorphae. Proc Zool Soc Lond, 6: 249-319.

Laird K R, Fritz S C, Maasch K A, *et al*. 1996. Greater drought intensity and frequency before AD. 1200 in the Northern Great Plains, USA. Nature, 384: 552-554.

Levine J S. 2003. Burning domestic issues. Nature, 423: 28-29.

McKenna M C. 1983. Cenozoic paleogeography of North Atlantic land bridges. *In*: Bott M H P, Saxov S, Talwani M, *et al*. Structure and Development of the Greenland —Scotland Ridge, Pps. 351-399. New York: Plenum.

Meltzer D. 1997. Monte Verde and the Pleistocene peopling of the Americas. Science, 276: 754-755.

Nelson G J, Ladiges P Y. 1995. TASS. MSDos Computer Programs for Systematics. New York and Melbourne: Published by the authors.

Nelson G J, Plantnick N I. 1981. Systematics and Biogeography: Cladistics and Vicariance. New York: Columbia Univ Press.

Noonan B P. 2000. Does the phylogeny of pelomedusoid turtles reflect vicariance due to continental drift? J Biogeogr, 27: 1245-1249.

Novacek M J, Wheeler Q D. 1992. Introduction: Extinct taxa accounting for 99. 999% of the Earth biota. *In*: Novacek M J, Wheeler Q D. Extinction and Phylogeny. New York: Columbia Univ Press: 1-16.

Page R D M. 2001. COMPONENT 2.0. http://taxonomy. zoology. gla. ac. uk/rod/cpw. html 2011-12-31

Payette S, Filion L, Delwaide A, *et al*. 1989. Reconstruction of tree-line vegetation response to long-term climate change. Nature, 341: 429-432.

Phillips S J, Anderson R P, Schapire R E. 2006. Maximum entropy modeling of species geographic distributions. Ecological Modelling, 190: 231-259.

Rogers R A, Rogers L A, Hoffmann R S, *et al*. 1991. Native American biological diversity and the biogeographic influence of Ice Age refugia. J Biogeogr, 18: 623-630.

Rosen B R. 1988. From fossils to earth history: Applied historical biogeography. *In*: Myers A A, Giller P S. Analytical Biogeography. London: Chapman & Hall. 437-481.

Sclater P L. 1858. On the general geographical distribution of the members of the class. Aves Zool J Linn Soc, 2: 130-145.

Sigman D M, Boyle E A. 2000. Glacial/interglacial variations in atmospheric carbon dioxide. Nature, 407: 859-869.

Simpson G G. 1953. Evolution and Geography. Eugene: Oregon System of Higher Education.

Simpson G G. 1977. Too many lines: The limits of the Oriental and Australian zoogeographic regions. Proc Am Phil Soc, 121: 107-120.

Stocker T F, Schmittner A. 1997. Influence of CO_2 emission rates on the stability of the thermohaline circulation. Nature, 388: 862-865.

Stockwell D R B, Peters D P. 1999. The GARP modelling system: Problems and solutions to automated spatial prediction. International Journal of Geographical Information Systems, 13: 143-158.

Takhtajan A L. 1978. The Floristic Regions of the World. Moscow: Soviet Sciences Press.

Takhtajan A L. 1986. The Floristic Regions of the World. Berkeley: UC Press.

Thuiller W. 2003. Biomod-optimizing predictions of species distributions and projecting potential future shifts under global change. Global Change Biology, 9: 1353-1362.

Tiedemann R, Sarnthein M, Shackleton N J. 1994. Astronomic timescale for the Pliocene Atlantic $d^{18}O$ and dust flux records of Ocean Drilling Program site 659. Paleoceanography, 9: 619-638.

van der Spoel S, Heyman R P. 1983. A Comparative Atlas of Zooplankton: Biological Patterns in the Oceans. Utrecht: Bunge.

Wallace A R. 1876. The Geographical Distribution of Animals. London: Macmillan.

Wildgen W. 2004. The Evolution of Human Language: Senarios, Principles and Culture Dynamics, p4. PA: John Benjamins Publishing Company.

第四部分

系统发育

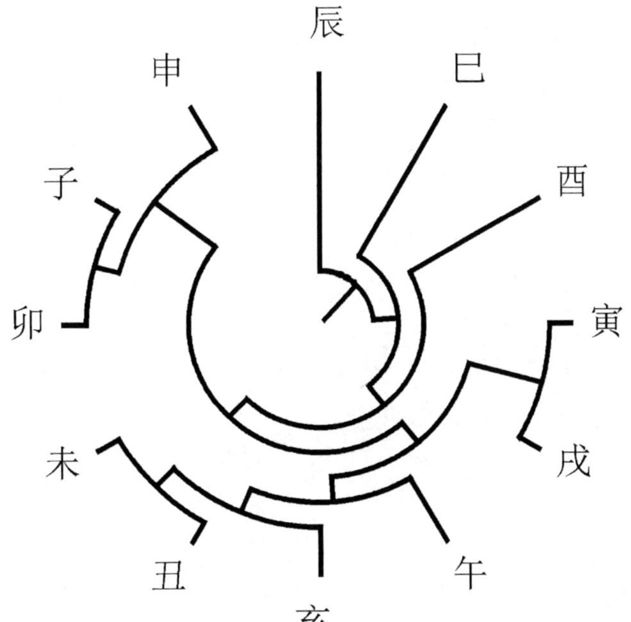

第 10 章　系统发育系统学与分支分析

德国昆虫学家亨尼希 Willi Hennig 最早于 1950 年提出系统发育系统学（Phylogenetic Systematics）的学说，用以尽量合理而规范地定义并建立物种或分类单元之间的亲缘关系。这一理论大大提高了生物系统学研究的系统性与科学性。系统发育的概念与相应研究方法，自 20 世纪 70 年代开始被逐步广泛接受，并迅速渗透到生物学的各个分支学科。因此，系统发育学（phylogenetics）在进化生物学领域占有核心地位，与之相应的方法论被称为分支分析（cladistics）。

从拉马克到达尔文，到迈尔（进化分类学派），再到亨尼希（分支分类学派，参见第 1 章），这是一个共同祖先思想不断增强的序列。所有非共同祖先的思想在系统发育系统学中被完全抛弃，共同祖先原则成了分支分类学中的唯一准则。将分类建立在基于共同祖先的系谱关系之上，提供了推断系统发育和建立自然分类的科学方法，成为比较生物学研究的核心。分类与进化谱系研究由此完美地融合，分类学的科学性因简约和规范而被提升。

10.1　相似与同源

为了尽量合理地进行分类，需要观察生物有机体的大量性状，以获取足够的信息用于研究。然而，当可利用的性状数目的大量增加提供了新的信息时，并不足以解决关于亲缘关系的重要争论，因为如何处理数据是个问题。例如，数值分类学派对于性状的量化，是通过大量不加权特征所得到的总体相似度，去反映分类单元之间的近似程度。“相似”（similarity）是一个似是而非的原则，通过给各个分类单元“打总分”，以分值接近程度判断亲缘关系远近，是缺少恰当的生物学基础的。亲缘关系需要更加明确的定义。

如果我们把“相似”这个词所描述的对象，从生物有机体个体的整体及其所代表的相应分类单元上移开，改为用其描述某一个特征、结构，并且将相似区分为同源相似和非同源相似的话，那么这种意义上的相似才变得切实、有意义。这个时候，对于分类单元之间关系的评价，不再由相似，或者说特征集合打分的接近程度给出，而是由对分支图拓扑结构中各节点的支持率或支持数值给出。

系统发育系统学理论中，最重要的思想之一，就是对于同源（homology）原则的恪守。但是同时，同源概念也是相对复杂、常常令人很伤脑筋的。例如，翼龙的翼、鸟的翅、蝙蝠的翼，作为前肢讲是同源的，但是作为飞行器官——翅则不同源；鱼龙的鳍状前肢、企鹅的鳍状前肢、鲸类的鳍状前肢，作为前肢讲是同源的，但是作为游泳器官——鳍则不同源。目前主要的形态结构同源概念至少有 5 种。①历史的观点：系统发育起源的特征（Darwin，1859）或后裔特征继承自共有祖先的相应特征（Mayr，1982）。②结构组织（structural organization，Geoffroy Sanit-Hilaire，1824）。③发育起源（Roth，1984）。例如，人类两种典型性别的个体，各自生殖系统存在多处相对应结构，但形态未必相似，显示结构组织与发育起源意义上的同源。④生物学观点：发育约束（developmental constraints，Wagner，1989）。⑤信息的连续（van Valen，1982）。同功有时被进一步区分为Ⅰ型和Ⅱ型（Vogler and Purvis，2002），前者是指系统发育中的共有祖征和（或）独立起源，后者是指纯粹生态学意义上的同功，相当于趋同的概念。不同水平的同源间可能存在关联。只有当同源等同于共有衍征时，不同水平的同源概念才可能得到整合。

在分子进化领域，同源还可进一步区分为几种具体情况。例如，直同源（orthology）为源于物种分化的同源，副/并同源（paralogy）为源于基因倍增的同源(图 10.1)，寄生同源（xenology）为源于横向基因交流的同源。

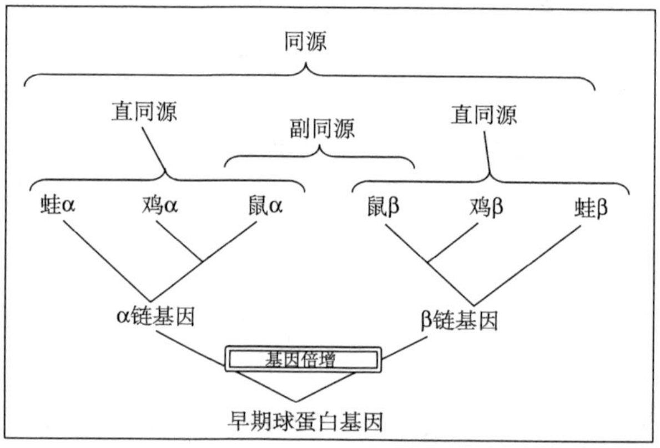

图 10.1　直同源与副同源（http://www.stanford.edu/group/pandegroup/folding/education/h.html）

10.2　类群相关概念

进行分支分析需要类群和性状两个方面的信息。进行分支分析的第一步，是选定了一个与某单系群相关的分类学或进化生物学问题。比较理想的情况是，这个类群的单系性较好，姐妹群（sister group）明确，但是其内部类群间关系尚不明确因而需要进行研究。这个时候情况是比较简单的，只需要选择该单系群内部低两个相对阶元水平的大部分单元，同时覆盖低一个阶元水平的全部单元，将其作为代表类群中的内群（in-group）即可；外群（outgroup）则选择包括已知的姐妹群在内的一个或多个外群。如果实际情况不能满足理想情况，比较稳妥的方案是调整研究范围使之接近理想情况。

如果一个分类单元包含了一个最近共同祖先的所有后裔成员（在实际操作的意义上一般是指所有现生的后裔），或者说如果一个分类单元包含且只包含源于一个共同祖先的所有后裔成员，这样的属性即单系性（monophyly），这样的分类单元即单系群

(monophyletic group)，有时一个单系群也被称为一个分支（clade）。如果一个分类单元未能包含源于一个最近共同祖先的所有后裔成员，这样的属性即并系性（paraphyly)，这样的分类单元即并系群（paraphyletic group）。曾经存在的多/复系群（polyphyletic group）概念已归入并系群概念。

由同一进化线系的分支产生出的两个类群，互称为姐妹群。

内群就是我们实际分析考察的对象类群，要求是一个单系群，其中所包含的代表类群叫作运算分类单元（operational taxonomic unit，OTU）。对于较内群整体低 1～2 个阶元层级而言，代表类群应尽量多；对于较内群整体低 2 个或更多阶元层级而言，代表类群应足够多，如果做理想化的考虑则是希望包含内群中所有的现生物种。外群是研究者为正确推断内群的系统发育关系，在其研究对象之外选取的与内群有一定亲缘关系的类群。它对判断性状的极性很重要，普遍认为最重要、最有比较价值的外群是内群的姐妹群，称为第一外群。在实际研究中，比较理想的情况是采用包括姐妹群在内的关系依次渐远的若干类群作为连续外群。

10.3 特征相关概念

在确定了类群之后，就需要确定用以表征类群特点的性状状态（character state）信息。对于基于形态特征的研究而言，是先选定若干同源性状/特征（character)，然后识别代表种或高级分类单元整体的性状状态；对于基于分子序列的研究而言，比对结果中的每一列即相当于一个同源性状，其中的碱基或氨基酸残基即相当于性状的状态。有了不同代表类群各自的若干性状状态信息后，就得到了一个矩阵，基于这个矩阵，基于不同原则中的不同算法就可以得到相应的分支图。

性状是识别生物和进行谱系分析的单位，存在于分子、细胞、显微构造、宏观形态等多个结构层次，可以来源于化石或现生生物有机体的不同发育阶段。从本质上说，所有的系统发育研究所得到的分支图都是“特征”的图而不是“类群”的图，只不过每一项系统发育研究都希望或者力求使所建的特征演化分支图能够代表客观的类群分支进化历史。由此决定了特征选取的原则，即尽量多，并且对于基于形态特征的研究而言，尽量来自于生物有机体的不同部位，以期提高一组特征对于生物有机体类群的代表性。

10.3.1 性状选取与性状状态

可比较的性状是很多的，在确定谱系关系时，选择哪些性状和选择多少性状进行比较，对于最终结果有很大影响。

每项性状可以有两个或多个可能的状态。例如，脊椎动物的“有性生殖方式”这项性状有卵生与胎生两个可能状态，羊膜动物“皮肤附属物”这项性状有毛、羽、鳞等可能状态。

系统学术语把一项性状的不同状态在进化上的顺序叫作性状状态的极性/化（polarization)。极性是如何确定的呢?确定性状极性可通过化石记录和胚胎发育等方面的知识，不过目前普遍使用外群比较。事实上，性状的极性在目前并不是进行分支分析所必需的。这其中的原因在于，在分支分析研究的初期，在外群置根尚不普遍的时候，需要用性状状态的极性给出树的极性；但是后来外群置根成为给出树的极性的普遍方法，性状极性的确立就不再是必需的了。

所有的用于分支分析的性状都应该具有间断状态（discrete state)，对连续状态（continuous state）应该进行间断化处理。某结构质地或属性的差异、有或无、重复性结构的计数，这些一般形成间断状态；而质量、长度宽度等度量结果一般形成连续状态。状态编码（coding）可以是二态的，如 0 和 1，也可以是多态的，如 0，1，…，n；可以是加成性的（additive）或者说线性有序的（linearly ordered)，也可以是非加成性的（non-additive)。以某特征的三个状态 0，1，2 为例，如果它们之间是加成性的关系，那么 0～1 和 1～2 的改变量都是 1，而 0～2 的改变量是 2；如果它们之间是非加成性的关系，那么 0～1 和 0～2 以及 1～2 的改变量则都是 1。

10.3.2 性状评价与性状加权

一个性状演变系列如果完全适合一个分支图，则它的一致性指数（consistency index，CI）是 1，而那些需要性状非同源进化解释的性状演变系列则具有较低的 CI 值，所以这个值与性状演变系列适合一个分支图所需的额外步数（性状的非同源进化特别假设）的比例有关。

性状演变系列的信息含量常被作为进行加权的合理基础，信息含量也就是进化所产生的分类单元的自然分群与性状之间的关联程度。分类学家常有意识或无意识地按照性状演变系列的完好性，即按照其揭示关系的能力将一个特定的权值赋予每一个性状演变系列。

性状加权，可区分为先验加权（*a priori* weighting）和后验加权（*a posteriori* weighting)。前者在考虑分类单元中的性状分布状况之前，就确定了加权的标准，目前较少使用。相反，事后加权取决于最初系统发育研究结果。有的学者认为加权带有很强的主观性因而不可取；然而，实际上加权是绝对的，是客观存在的，因为所谓的不加权只不过是认为“1：1：1：…”的加权是合理的而已（Kitching *et al.*，1998)。

连续加权是指，与一个等级系统一致的性状演变系列接受较高的权值，而那些与等级系统不一致的性状演变系列接受较低的权值。这种赋予性状演变系列不同权值的方法反复进行。一个数据矩阵被首先使用等权方法来发现最简约的分支图，随后将新的分支图与最初的分支图进行比较。若二者不同，CI 被重新计算，并作为新一轮分支图搜索的权值。这个过程一直进行到分支图的形式在不同重复间没有区别为止。如果顺利，将产生单一的或至少比初始分析时数量少的分支图。MacClade 等软件可以帮助非常方便地进行连续加权分析。

10.3.3　性状的区分

在进行分支分析之前，不同的同源性状是被同等对待的；在进行分支分析之后，还可以进一步区分，其中一类来自较远的共同祖先，这种性状称为共有祖征（symplesiomorphy），共有祖征缺少指示谱系关系的价值；另一类则来自最近的共同祖先，或者说两个姐妹群具有其最近的共同祖先第一次出现的性状，这种性状称为共有衍征（synapomorphy）。如果衍征只出现在某一个分类单元，则称之为自有衍征（autapomorphy）。共有衍征和自有衍征具有相对性，与代表类群选取有关。以茸毛和乳腺特征为例，对于探讨哺乳类、鸟类及其他羊膜类动物间关系而言，这两个特征是哺乳类的自有衍征；对于探讨原兽类、后兽类、真兽类和蜥形类之间的关系而言，这两个特征是前三者的共有衍征。

共有祖征、趋同（convergence）与平行（parallel evolution）之间是什么关系呢？设想两个类群，它们不是姐妹群，如果某特征在这两个类群中状态一样且继承自之前的某个共同祖先，这就是共有祖征；如果某特征在这两个类群各自演化历史上，从旧有的相似状态达到现在的新的相似状态，这就是平行，一般举的例子都是有袋类与有胎盘类动物各自适应辐射后分别形成了某些体形与生态位类似的类群，其他例子少见，虽然也可说属于非同源相似的范畴，但应该说这两类动物各自的最近共同祖先之间亲缘关系还是很近的；如果某特征在这两个类群各自演化历史上，从旧有的不同状态达到现在的相似状态，这就是趋同，一般举的例子都是体形或结构形状的相似，往往能够找到相应的生态位。趋同的概念比较接近于非同源相似，但是后者是一个更普适的概念，并非所有非同源相似都可称为趋同或平行。当然，由于特征状态逆转的可能性，以及特征状态改变的连续性等因素，概念的区分有时会较为困难。总的来说，趋同与平行往往使用于有限的例子，非同源相似则是更广泛存在的情况，使用起来一般比较稳妥。

10.4　树图相关概念

对于基于形态特征的分支分析，一般使用简约原则和最大简约法，即搜索树长/步长最小的分支图作为最优结果（当最简约树不止一棵时则进行严格合意或多数合意得到相应的合意树），以靴带（bootstrap）值评价各个分支/节点指示客观单系的可能性。有的分支分析研究中还会建立先验或后验的加权体系，从直觉上说，后验的更客观。也就是从等权加权得到的分支图开始，对于其中与分支图拓扑结构相吻合的特征给予更高的权值，再进行分支分析，重复这一过程直到分支图拓扑结构不再改变为止。

除了基于最简约结果讨论问题之外，常见基于比最简约结果长一两步的合意结果讨论问题的做法，这一做法的合理性在于大家公认简约法可能会低估实际进化改变量，对于分异程度较高的分子序列尤其如此。与之相应地，针对简约原则，还有一种用于评价各个分支/节点指示客观单系的稳健性的参数，就是布莱默支持指数（见第 13 章）。

10.4.1　Hennig 论证

早期手动建立的分支图（区分于依赖计算机算法程序的建树过程）多采用 Hennig 论证（Hennig argumentation）及 Zandee 和 Geesink（1987）所建立的遵循 Hennig 论证的包含/排除规则（inclusion/exclusion rule）。Hennig 论证表达为共有衍征是确定内群最近共同祖先关系的唯一证据，共有祖征、自有衍征、趋同和平行进化的性状不能为最近共同祖先关系提供正确的证据。

在具体操作上，分别按照每一个性状演变系列中的共有衍征确定单独的分支图，然后判别这些分支图是否能够完全包含（分支图在逻辑上一致）或者排除（逻辑上不一致）。将逻辑上一致的来自不同性状演变系列的分支图结合成一个分支图（有关分类单元相互关系的系谱假说）。如果由各性状演变系列形成的所有分支图在逻辑上完全一致，就将来自不同性状演变系列的共有衍征信息结合到一个单一的系谱关系假设中去。如果由某些性状演变系列确定的分支图在逻辑上不一致，则分别将它们与那些由其他性状演变系列确定的逻辑上一致的分支图结合起来，这种不同的组合构成两个或者多个不同的关系假说，这种互相排斥的假说也就排除了引起逻辑上不一致的共有衍征信息。这些互相竞争的假说可以用分支图的比较方法来解决。

Hennig 论证虽然使用了多个性状演变系列的信息，但回避了来自不同性状演变系列的信息在建立分支图时可能相互矛盾的事实；当数据矩阵中包含了许多非同源现象时，这个方法执行起来很困难。系统发育系统学的效力之一就是解决不同分类学家对不同特征的相对重要性认识不同且难以弥合的情况，这些情况会导致不同的分类见解长期僵持，无从评价与判别。但是手动建树的过程对于特征演变系列进行的区分尚不能完全达到客观对待不同特征的效果。在后来的分支分析方法中，如果遵循尽量多地从生物有机体身体不同部位总结特征的原则，使用后验加权而不是先验加权，则可以更好地达到靠着可重复的量化分析评价、解决意见冲突的效果，因为后来的分支分析对以代表类群和特征形成的特征状态矩阵进行整体进化改变量的计算。由此，对特征进行定性不再是一件先验性的工作，而是一项后验性的分析。并且，由于推断系统发育关系的工作越来越多地依靠分子序列信息，对形态特征进行定性与构建系统发育树之间的关系变得更加互相独立。

10.4.2　简约原则与树长

在以形态性状为信息来源的分支分析中，推断分支进化（cladogenesis）谱系关系最简单的方法是根据它们之间的表型相似程度聚类并排列谱系，即以相同性状的数目指示相似程度，将相同性状最多的种类聚在一起。但是局部最优并不意味着整体最优，在简约原则（criteria of parsimony）下，所有可能的谱系关系中，所涉及的进化改变事件数目最少的谱系被认为是最可信的，即树长（tree length，所有性状状态转换次数总和）最短的分支树为最优。简约性原则建立在这样一个假设的基础之上，即重复进化的可能性小是普遍的客观实际情况。简约原则有多种具体的优化方法可以应用，包括 Wagner 简约、Fitch 简约、Dollo 简约和 Camin-Sokal 简约等。Wagner 简约就是性状多态有序编码，Fitch 简约就是性状多态无序编码，Dollo 简约是指衍征状态只能起源一次，Camin-Sokal 简约是指衍征状态不能向普遍存在的祖征状态方向逆变。

10.4.3　树的搜索

树的搜索大致分为精确/全局性方法（exact algorithm/ global method）和启发式/局部/贪婪方法（heuristic/local/ greedy method），前者包括彻底（exhaustive）搜索和分支界限（branch-and-bound）方法，后者包括分步相加（stepwise addition，SA）、分支互换（branch swapping）、星形分解（star decomposition）和简约渐进（parsimony ratchet）（Nixon，1999）等。分支互换中又包括近邻互换（nearest-neighbor interchange，NNI）、子树嫁接（subtree pruning and regrafting，SPR）和二分重连（tree bisection and reconnection，TBR）等几种方式，其中 NNI 计算量最小，TBR 计算量最大。

由 N（$N\geqslant 3$）个运算分类单元（optional taxonomic unit）可以导出的二分支无根树的数目为

$$T(N)=\prod_{i=3}^{N}(2i-5)$$

按照一般的建树、选树流程，当 $N\geqslant 13$ 时，单台微型计算机由于计算量的限制已无法利用精确搜索的算法进行选树。由于计算能力的限制，研究者总是不得不在单元数量与计算时间和算法精度之间取得平衡——如果一定要使用精确算法，单元数量就不能选得太多；如果一定要对很大数量的单元进行分析，就只有选择节省时间的启发式算法。在倾向于选择对越来越多的单元进行分析的今天，问题就变成了两个方面：一个是如何提高启发式算法的准确性和效率；另一个是如何提高计算能力。由于当算法的效率提高到一定水平后，效率的提高与准确性的提高之间将成为不可调和的矛盾，也由于在保证准确性前提下的算法效率提高是一个对于生物学家来说比较缓慢的过程，因而对于软件的使用者来说，问题就变成了另外两个：一个是如何利用现有算法实现比较准确的系统发育推断；另一个是哪些主流算法计算效率比较高或者有并行计算的版本。考虑到算法与数据相结合的合理性，针对在单机上进行计算的、基于形态学性状的分支分析，目前基本上使用启发式搜索中效率较低、准确性较高的算法，并至少重复 3 次，如果所找到最简约树的步长和合意树拓扑结构没有变化，那么基本上就在算法的准确性与效率之间取得了平衡。有时会出现靴带法节点可信性计算缓慢的情况，这种情况出现的最根本原因是矩阵内部本身系统发育信号较弱，而靴带法是一个对各性状的等概率重抽样过程，这将导致出现等简约的中间树的可能性大大增高，使计算陷入停滞不前的境地。如果不能改善矩阵本身的情况的话，可以考虑尝试以折刀法（jackknife，见下文）代替靴带法。

10.4.4 树的合意

合意一般是指对于由最大简约法得到的一个以上的同等简约结果所进行的树的叠加，得到其中的共有结果。最常见的合意方法如严格合意（strict consensus）和多数合意（majority rule consensus）。一般认为严格度越高，可信性越高，但信息损失也越高。除了这种最直接的合意外，其实靴带法和贝叶斯法（Bayesian method，见第 13 章，有学者认为根据英语中的发音，翻译成贝斯更恰当，但是由于数学界中通行的中文翻译是贝叶斯，因而本书作者建议使用贝叶斯这一翻译）的结果也是一种树的叠加，区别在于靴带法和贝叶斯法的“合意”值带有统计意义，而这是直接合意所缺乏的。

10.4.5 树的评价与检验

除早期的同等简约树数量之外，树的测度与评价存在很多量化指标，如表征数据矩阵与分支树之间吻合程度的整体一致性指数（ensemble consistency index，CI）、表征性状间一致性的整体保留指数（ensemble retention index，RI）以及重标度整体一致性指数 RC（rescaled ensemble consistency index，RC＝CI×RI）。这些指标都在 0～1 的区间内取值，极为笼统而粗糙地讲，取值高相对好，因为这意味着数据中的非同源相似弱；然而如果认为取值低就不好则是一种偏见，因为非同源相似和树的可信性之间没有必然联系，如这些值一般会随着 OTU 数量的增多而升高。除 CI、RI 和 RC 之外，还有数据决定性（data decisiveness，DD）和分支图树长分布（distribution of cladogram lengths，DCL）等其他指标。同样地，由于这些指数仅对整体进行评价，其中所含的有效生物学信息相当有限。

目前最常用的检验/评价树的方法是靴带法（bootstrap，指皮靴后部的一条小带子，它可以使人方便地把靴子穿起来，进而引申为付出一点努力引导自己去取得更大更有意义的成果，就英文词汇而言，不宜翻译为鞋带）。靴带法最早由 Felsenstein（1985）引入分支分析，其基本过程是：对矩阵中的性状随机取样建成新的矩阵，直到新的矩阵具有与原先矩阵相同的规模为止，取样过程的结果就是一些原有性状不再出现在新的矩阵中，而有些性状可能被取用了 2 次、3 次甚至更多，这相当于一次随机加权（丢掉的性状可看作加权为零）。取样至少重复 1000 次，建立这 1000 个矩阵各自最简约分支图的＞50％合意树，某一分支在所有重复中出现的次数与重复次数的比值即为靴带法检验值。有学者认为，从统计学角度看，＞95％才是有意义的，但是另一些学者指出，支持率高的指标可以经验性地定在 70％。由于要考察所选性状（样本）能够代表真实信息（总体）的本意在这一过程中变成了从自身生成假的新矩阵，而不是求助于原矩阵之外的信息，因而和皮靴后部的小带子一样，这种做法是从自身出发，付出一点努力引导自己，因而靴带法也被译为自展检验。

由于受到内群选取需要满足单系性、矩阵应足够大、矩阵中性状选择的随机性、启发式算法的有效性、分支图拓扑结构对称性、进化速率在各支间的均衡性等因素的干扰，自展法存在一定的假阴性可能。假阴性的来源如：①自展检验具有零和（zero-sum）属性，即每次进行重抽样的过程中，列与列之间的关系是竞争性的，因此某一局部的高支持率与其他局部的低支持率之间可能存在关联；出于同样的原因，如果承载系统发育信号的列占少数，在重新抽样中被选中的可能性也比较低；②树形对自展检验结果有影响，不对称的树形比对称的树形更易得到高的支持率；③包含类群多的分支由于被拆散的机会更多而不容易得到高的支持率。可以说，高的自展值一般用来支持相应分支的单系性，但是低的自展值却很难用来否定相应分支的单系性。当比较形态学的研究可以提供更多有价值的信息、可以更合理地确定高级分类单元的性状状态，当换用其他的评价方法，当进行分子系统发育研究后，相应分支的单系性很可能得到好的支持。

折刀法与靴带法类似，由 Lanyon（1985）引入分支分析研究。折刀法与靴带法的不同在于，新矩阵的建立过程中按指定数量随机去掉性状或类群，新矩阵均小于原有矩阵。在折刀法的重抽样过程中，列与列之间的竞争关系有所减弱。折刀法在实际应用中的效果略优于自展法，被认为在一些情况下可以用来削弱长支吸引（long branch attraction）现象。对于分子序列数据，有意见认为用于 4～5kb 的足量数据才比较有效。和靴带法类似，折刀法也存在易受干扰和假阴性可能等局限性。除靴带法和折刀法外，还有分支稳定性指数（clade stability index，CSI）等其他树的评价指标。

在如何看待树的评价的问题上，有一种观点认为不论靴带法与折刀法的结果如何，最简约树及其某种形式的合意树依然是最可取的拓扑结构。原因在于，虽然这样的结构不具有统计学意义，但是其中非同源相似的事件最少。有鉴于此，坚守该观点的研究者，对于靴带法或折刀法给出的分支可信性数值，会采取仅将其中与最简约树拓扑结构一致的部分的数值标到最简约树的合意结果中，而不是直接采用靴带法、折刀法给出的分支图。在实践中要不要采取这种观点，似乎要取决于一个研究者是更看重简约法，还是更看重统计学。

10.4.6　若干问题

树、系统发育图/谱系图、分支图（cladogram）这些术语经常被当作近义词甚至同义词使用。应该说，一方面其间有着明确的区别，而另一方面如果不做严格区分似乎的确不会引起严重危害。在狭义上，树即是进化树，是客观的分支进化历史。分支图是只重视分支进化、重视树的拓扑结构推断的图；系统发育图则包括了前进进化和分支进化两个部分。有时将系统发育图称为系统发育树（phylogenetic tree），强调其是我们对于任一特定类群而言，根据一套数据得到的最有解释能力的分支图，是从对众多分支图所进行的一系列完善工作中得到的一个最贴近该类群自然历史的推断，并且带有对分歧时间、进化速率与变异量等方面的关注。在分支生物地理学中探讨进化格局时，认为分支图是不与具体分类群进化历史相联系的一般性格局的概括，与系统发育树相比不需要特定的假设。尽管某个分支图或系统发育图的部分甚至全部能够体现真实的进化历史，但是从本质上讲，不超出合理的推断。一个图往往只有在局部能体现真实的进化历史，而对真实进化历史的认识往往基于对系统发育所用信息量、信息质量（如系统发育信号强度）、高的节点评价指标以及与相关研究结果之间的一致性。不过在实际表述中，说“树”比较简单，其实际含义是指树状图。

树状图使得人们对生物有机体以及性状进化历史可以做直观而明确的分析。例如，探讨类群的单起源与多起源问题，探讨性状的单起源（共有衍征）与多起源（非同源相似）问题，结合生态位信息探讨非同源相似特征的趋同等。

不过树状图本身还存在一些理论争议，其中最重要的恐怕要数二分支与多分支的问题。在 Hennig 的理想中，进化历史应该完全被解析为二叉树，然而包括寒武爆发等适应辐射的事实却大量存在。有学者建议将分支图中的多分支情况区分为硬的多分支（hard polytomy）和软的多分支（soft polytomy）两种情况。前者用来指自然历史上真实发生的多分支进化事件，这种情况很可能用任何数据都无法有效进行解析；后者是指由于数据或方法等技术因素的限制而未能被有效解析为二分支的（unresolved）情况。不过从已发表的研究看，虽然多分支很可能意味着适应辐射，但是适应辐射也会被用于指相对短的时间内发生的大量连续的二分支进化事件。需要注意的是，多分支或未被解析的状态与并系是完全不同的概念，不应被混淆。

10.5　主　干　种

最早明确阐述主干种意义的是 Seidlitz（1876），他为解释海克尔生物发生律而将物种演化与真实的树木分枝形式相类比。主干种被定义为系统发育树中两次相邻分支事件之间的部分，对应于分支分析术语中的节点间隔（internode），相当于种上分类单元（Hennig，1966）、进化分类学派与分支分类学派所共同强调的“共同祖先”，也可在概念而非实际操作的角度上被视为一个或一连串的几个时间种（chronospecies）——严格地说，时间种概念由于过度强调可识别的形态特征，因而不属于系统发育系统学的概念体系，在实践中的人为因素可能多于客观因素。

主干种概念在系统发育系统学中是比较核心的，在 Hennig 之前的德语区学术界已有相当程度的理论研讨（Willmann，2003），在 Hennig 的著作中占有较大篇幅，但是其在几十年来的分支分析实践中受到的重视和与之相关的研究成果都相当有限。近年来的一些文献显示，一些学者已逐渐认识到重新强调这一概念的重要性（Mayr，1998；Rieger and Ladurner，2001；Willmann，2003）。需要强调的是：①主干种定义中并不包括“延续的主干种”（living/surviving stem species），即后裔姐妹群中因不等分裂而与主干种性状一样的分类群；②应区分主干种与主干类群（stem group）的概念，后者偏指在分支图上先于某一分类群的主干种而分支出去的类群，可能为并系群。

以下内容包含了 Hennig 在系统发育系统学中关于主干种的部分表述。主干种等同于种上分类单元，当新物种形成后，主干种即不再在分裂以后的时间中存在，而只在分裂前的时间中存在，但这并不意味着死亡，而是改变了在时间-空间中的存在形式。一个非主干种的物种要么在产生分裂并成为主干种之前灭绝，要么作为潜在的主干种持续存在。由此，系统发育物种概念（phylogenetic species concept）、单系物种概念（monophyletic species concept)、自有衍征物种概念（autapomorphic species concept）和分支物种概念（cladistic species concept）——事实上这些物种概念因为过度强调了特征的可识别性而与系统发育系统学强调遗传关系的理念并不吻合——都可以被归于潜在的主干种。

主干种概念的应用在理论和实践上都有重要价值，在将主干种的概念引入诸如单系、并系等概念后，会使对于这些概念的理解更为确切（Bechly，2005）。例如：①单系群（monophyletic group）就是一个主干种以及由其所产生的全部后裔分类群的总合，否则就是并系群（paraphyletic group）；②一个二分裂主干种的两个后裔分类群互称为姐妹群（sister group）；③主干种临分裂前的性状状态为与其相对应的单系群的性状状态提供蓝图（groundplan），其中主干种在线系进化（phyletic）过程中产生的衍征（apomorphy）将成为与其相应单系的内部成员的共有衍征。由此，进化图景便易于直观地设想和分析，如果能够进一步结合化石进行研究则价值尤为突出。从以上叙述中不难发现，系统发育系统学处处强调理论上的血缘关系，以至于系统发育树可以被看作家谱（pedigree）。

系统发育树上的每一个分支点都是一次种化事件（speciation event）。产生新物种的唯一方式是通过主干种的分裂，而不能是随时间的表型渐变。在这里，我们不妨谈到时间种概念在理论与实践的衔接上所遇到的困难。时间种主要是在古生物学研究中，依据不同地层中被认为属于同一进化线系的不同化石形态所得到的认识。问题就在于，如何判定某些化石所代表的历史上的生物有机体属于同一未分支的进化线系，还是属于两个或更多亲缘关系较为接近的不同类群？在时间种概念较为盛行的年代，系统发育系统学的思想尚不普及。在今天，我们可以把所有化石类群一致性地处理为运算分类单元，然后考察其进化改变；不再需要在缺乏有力而明确的证据时，强行猜测一个化石到底位于进化树的树叶上（对应于物种灭绝）还是树干上（不对应于物种灭绝）。现在争议最弱的时间种例证，或许就是南方古猿、直立人、能人和智人这一线系了。

10.6　分支图与分类系统

分类是利用大量的性状将群体/类群不断集合成群的过程，其实用目的是起到信息储存和检索系统的索引作用，但是真正的理想境界在于建立符合自然历史中亲缘联系的分类系统，即自然分类。迈尔指出，大多数哲学家的方法和认识论错误在于，认为生物的分类与非生物的分类原则上基本类似。

共有衍征和以单系群为基础的进化谱系是建立自然分类的依据，即便如此，仍存在大量的细节困难。在不违反单系原则的情况下，仍可能存在多个分类系统有待选择。不过，无论如何，基于大量案例的研究实践显示，分支分析对于现当代经典分类学而言都是具有重要应用价值的（Liu *et al.*，2005；Liu and Yang，2006），甚至有发展成为固定组成部分的趋势。

10.6.1 Hennig 的同等级别法

Hennig 本人强调，对姐妹群予以相同的分类等级。然而，当我们研究的范围涉及许多物种时，如果某一支系上的每一个单系类群都要有一个相应的林奈阶元级别，我们会感到林奈阶元级别远远不够用。这是一些生物系统学家在林奈阶元级别框架内又提出许多前缀（如总、超、亚、次等）及族等分类阶元的主要原因，同时也是 Hennig 提出数字前缀系统的部分原因。经过长期讨论与实践，目前基本不采用该法。这不是一个原则是否符合客观历史的问题，而是这个原则在实践中可行性的问题。

10.6.2 Wiley 等（1991）提出的三个规则

规则 1：只有单系类群被正式分类；

规则 2：所有分类将与调查者所接受的系统发育假设在逻辑上一致；

规则 3：不管使用任何约定，每一个分类必须能表达分类单元之间的姐妹群关系。

10.6.3 9 个约定

这些约定并不完全具有同等地位，其中有的可以同时使用。例如，把约定 3 和约定 4 结合起来用效果就很好。

约定 1：使用林奈等级系统。

约定 2：建立一个分类或修改现行分类时，应该做最小的分类决定，即①在建立一个新的自然分类时，不使用多余的分类单元名称；②当修改一个现行分类时，在能够反映系统发育关系的前提下，尽可能将那些人们熟知的分类单元名称保留在它们传统的级别上。

约定 3：在一个包含一些单系群的不对称系统发育树上，形成不对称部分的分类单元可以被赋予相同阶元级别，并以它们的分支顺序进行排列（Nelson，1972），它常常被称作顺序约定（sequencing convention）或者排列约定（listing convention）。在这样的一个分类排列中，同一级别上的第一个分类单元是其后所有分类单元的姐妹群。这是非常有用的，因为在建立分类时，分类学家虽然不对每一个单系群（由结点所代表）进行命名，但仍希望他所建立的分类能够表达分类单元之间的姐妹群关系（规则 3）。使用本约定，可以保持最小阶元级别和相关名称的数量，也可以在将一个非系统发育的分类转变为一个系统发育的分类时，减少分类学上的变化。

约定 4：在系统发育树上构成多分支的分类单元被安排在相同的级别上，但要注明位置可变（*sedis mutabilis*）。如果使用约定 3，当系统发育树上有多分支结构时，就必须使用本约定。这样做不仅可以保留约定 3 表达的系统发育树不对称关系，而且可以区别那些相互关系不明确的分类单元。

约定 5：关系没有完全确定的单系分类单元将以不确定的位置（*incertae sedis*）安

置在等级系统的一个水平上，在这个水平上，其他分类单元的系统发育关系已经得到解决。

约定 6：一个单系性质未知的类群，可以被包括在一个系统发育分类中，把它的名称放在关闭的双引号内，在包含这种类群的上一级分类单元之后用 *incertae sedis* 标记。Wiley 等（1991）建议谨慎使用这个约定，特别是不要用这个约定处理发生在系统发育树中部的多分支结构。并系类群加双引号。

约定 7：本约定实际上是对化石类群和现生类群应用约定 3、约定 4 和约定 5，把我们对化石类群和现生类群的相互关系的理解结合起来，将两种分类单元放到一个系统发育分类中，使它们不再相互分离。所不同的只是在化石类群前面标记剑号 †（有时代以加上一个“古 plesion”字的方式）。

约定 8：在一个分类中，系统发育树上的主/基干种或者叫祖先种放在圆括号中，根据具体情况将其置于所产生的分类单元或者包含基干种后裔的分类单元旁边。如 Hennig（1966）所认识到的那样，基干种等同于种上分类单元，这些种上分类单元包括了它们的后裔。

约定 9：一个杂种起源的分类单元，可以通过在这个分类单元学名旁边的括号里放入它的亲种的名字来标记。如果一个分类排列中某个分类单元被进行了这样的标记，它在一个分类排列中就不像非杂种起源的分类单元那样具有分支顺序的内涵。

10.7 树的其他用途

在 Hennig 的理想中，亲缘系统是生理系统、生态系统等其他所有生物学系统的参照系。这一理想在今天至少已经部分地变为现实。当我们有了一个可信的系统发育图时，其他各方面在历史上的进化改变都有可能通过树图进行研究。例如，在生理医学方面，可以是基因的复制和新功能的出现，可以是基因的复制、丢失造成的基因簇结构改变，可以是基因族成员之间的关系及基因族形成历史，基因组大小和结构的改变，代谢酶系的改变，异速生长，身体发育模式建成等，还可以回溯病毒、原核生物、原生生物等各种病原体的起源与进化改变历程；在生态学方面，可以是行为与生理约束的协同适应、协同种化，交配系统，对第二性征的性选择等。

10.8 分子系统发育

在生物大分子信息方面，最早的分子系统学（molecular systematics）研究可以追溯到 20 世纪初 Nuttall（1904）所发表的血清学研究，根据其中的血清蛋白沉淀试验结果，与人类亲缘关系最近的动物依次是类人猿、旧大陆猴（Old World monkeys）、新大陆猴（New World monkeys）和灵长目中的其余类群。分子系统学的真正成型，是在 50 年代中期到 70 年代早期，一方面是蛋白质分析的分子生物学实验技术的发展，另一方面是序列比对等数据处理技术逐步建立，还有就是系统发育系统学的思想和分支分析的方法逐步深入人心。在随后30余年的时间中，出现过很多层面的信息，可以用于分类学研究的各个方面。随着时间的推移，序列信息由于成本低、效率高、选择多、易于建立数学模型进行描述等特点，已成为所有分子信息类别中最为常用的。在随后各章的分子系统学部分，均以分子序列为主进行介绍。

在动物分子系统发育的研究中，目前使用最多的序列是两类：一类是核基因中的rDNA基因簇或者其中的部分基因片段，另一类是线粒体基因组或者其中的部分基因片段。其他基因使用的频率相对要低很多，如编码肽链延长因子、组蛋白、核糖体蛋白、肌动蛋白、肌球蛋白等细胞基本活动相关的基因，编码甘油-3-磷酸脱氢酶、甘油-6-磷酸脱氢酶、离子通道等细胞信号通路活动相关的基因，编码淀粉酶、乙醇脱氢酶、储存蛋白、磷酸葡萄糖异构酶、磷酸烯醇式丙酮酸羧激酶、黄嘌呤脱氢酶、醛缩酶等代谢活动相关的基因，编码乙酰胆碱酯酶、多巴胺脱羧酶等神经活动相关的基因，编码抗菌肽、免疫球蛋白等免疫活动相关的基因，编码Hox蛋白发育调控相关的基因等。

在每一个rDNA重复单元中，各基因的排布次序为18S rDNA、ITS1、5.8S rDNA、ITS2和28S rDNA，动物的rDNA极少见含有内含子的情况。一般来说，18S和28S用于高级阶元系统发育，并且前者更为常用，ITS用于物种及种群问题研究。S是指沉降系数（sedimentation coefficient），也就是说18S rDNA与28S rDNA的名称分别衍生于18S rRNA和28S rRNA。需要指出的是，这些沉降系数最初基于对若干模式生物的研究，但是后来发现rRNA的规模变化程度可能非常高。从rDNA的数据长度看，动物中最短（比较接近普遍长度）和最长的18S可以相差2kb左右，28S的差异相对小，但是也非常可观。所以实际上不同类群中rRNA的大小可能相差很多，沉降系数也就可能比18S大很多。这或许是为什么一些人更偏爱核核糖体小亚基DNA（small subunit of nuclear ribosomal DNA，SSU nrDNA）或核核糖体大亚基DNA（large subunit of nuclear ribosomal DNA，LSU nrDNA）这两个名称的原因，在动物中分别用以指18S和28S。不过后一种称谓也并非完美，因为核核糖体大亚基中含有28S、5.8S和5S三种RNA，尤其5.8S还与28S共同形成二级结构。

在线粒体基因组方面，一般都是共价闭合环状，含有13个编码蛋白质的基因、22个编码tRNA的基因和12S rDNA、16S rDNA。不过也有例外，在结构方面，也有线性的，甚至在昆虫的虱目（Phthiraptera）中存在断裂成18个小型环状染色体的情况（Shao *et al.*，2009）（在植物中，多个小环是更为常见的现象），在鱼孢子纲（Ichthyosporea）[①] 的寄生变形毛菌（*Amoebidium parasiticum*）中，甚至存在多个线性的小型染色体的情况（Lang *et al.*，2002）；在基因数量方面，编码蛋白质和编码tRNA的基因数量都有可能存在小幅变化。每个细胞里可能含有很多线粒体，每个线粒体中可能含

① 虽然该类群目前尚不属于后生动物，但是其与其他一些类群一起、与后生动物共同构成一支单系，系统发育地位介于真菌与后生动物之间，比真菌与后生动物的关系更为密切。考虑到真菌和后生动物的阶元地位都是“界”，未来如果不把后生动物的范围扩大来包括鱼孢子纲等类群，那么这些小类群有不得不被提升为界的可能。比起永久的阶元地位待定和提升为界，扩大后生动物的范围恐怕是最值得接受的，人们不得不作出选择。

有很多线粒体基因组，因此线粒体基因组并非单拷贝，至少不是核基因意义上的单拷贝。在线粒体的所有基因中，*COI* 是最常用的。线粒体的 12S 与原核生物的 16S 和真核生物核基因的 18S 同源；线粒体的 16S 与原核生物的 23S 和真核生物核基因的 28S 同源。一般来说，当发现 GenBank 中的某个动物物种只有一个序列记录的时候，这个记录都来自于核基因组 rDNA 或线粒体基因组，尤其是 18S 或 *COI*，这从一个侧面反映出这两个分子标记的使用频率。

在高级阶元的系统发育重建方面，尤其是模式生物的系统发育研究方面，已经进入核基因组时代，其中比较典型的代表，如 Ciccarelli 等（2006）对原核生物系统发育的研究，Qiu 等（2006）对植物系统发育的研究，Burki 等（2007）利用 EST（expressed sequence tag，表达序列标签）对真核生物系统发育的研究，Hallstrom 等（2007）对哺乳动物系统发育的研究，Shedlock 等（2007）对羊膜动物系统发育的研究，果蝇 12 基因组团队（*Drosophila* 12 Genomes Consortium），Clark 等（2007）对果蝇基因组进化的研究，Dunn 等（2008）利用 EST 对后生动物系统发育的研究，Hackett 等（2008）对鸟类系统发育的研究等。

10.9　不同信息来源结果的整合

10.9.1　古 DNA 和古蛋白质

古 DNA（ancient DNA，aDNA）和古蛋白质也称分子化石，可以有多种来源。例如，在脊椎动物中可以来自皮肤附属物、粪便、唾液、尿液（Morin and Woodruff，1996）；在无脊椎动物中可能来自于蛹、卵；在植物中可能来自于叶、花、种子、孢粉（Soltis and Slotis，1993）。古 DNA 的长度一般为 100～400bp，一方面可以直接反映历史，对于系统发育、古种群遗传、古生物地理、古生态、分子进化速率、濒危物种保护、家养动物的驯化历史等方面的研究极具价值；另一方面也存在局限性，主要是数据的零散和规模影响了信息的整体系统性。

在保存条件上，一般对于琥珀中（迅速隔绝氧气）和骨骼、牙齿中（矿物吸附保护作用）来源的信息认可程度较高，此外还有沥青、冻土、沉积环境等；在保存年限上，一般对于第四纪以来的信息认可程度较高，尤其是 10 000～50 000 年前的样品。

古 DNA 的提取一般采用硅土法（silica）。研究过程中的污染，是难以克服却又必须克服的问题。在实验设计上，除灭菌、负对照（negative control）等常规降低污染及结果假阳性可能的方法外，如果样品数量相对丰富的话，可以通过不同重复之间的一致性提高可信性，如在同一种群不同标本个体上取样、在同一标本个体的不同部位取样、在同一或不同实验室进行若干次互相独立的实验等；此外还可以引入暗样测试法（blind test），将采样与实验室工作进行隔离（Yang *et al.*，1996，1997）。除实验方案外，古 DNA 实验室在样品保存、人员着装、物品进出、气流和紫外光源等各方面均有特殊要求。

除古 DNA 外，近年来古蛋白质方面的工作也有开展，其中比较具有代表性的研究成果，是 Asara 等（2007）利用质谱法对美洲乳齿象（*Mammut americanum*）（16 万～60 万年前）和霸王龙（*Tyrannosaurus rex*）（6800 万年前）的胶原蛋白片段所进行的研究。

10.9.2 超级树

超级树（supertree），即子树的叠加，从集合论的角度看，相当于子集合并为并集（union，U）。当前计算机技术的进步是以几何级数的速度发展的，然而分支分析中分支树拓扑结构的数目随着运算分类单元数目的增加亦呈几何级数方式增长；因此，面对地球上众多的物种，仍然无法预期十分理想地建设完全树/生命树（universal tree，or tree of life，TOL）的可能性。此外，由于分类学家的独立工作的传统（Pennisi，2003），目前已经存在大量对于构建完全树有价值但是却又相当零散的系统发育树。因此，将一组分支树适当地组合成更大规模的树的技术对于完全树的构建十分必要（Springer and de Jong，2001），这就是超级树技术。这一概念最早由 Gordon（1986）提出，这方面的研究近年来发展迅速（Sanderson *et al.*，1998；Wilkinson and Thorley，1998），成为进化生物学与分类学中的一个前沿领域。

超级树是一个相对的概念，本身并无规模上的特征（Sanderson *et al.*，1998），它的建立有两种方法（Novacek，2001），一种是直接对已有树的拓扑结构通过矩阵表征简约分析（matrix representation with parsimony analysis，MRP）的方法进行合意，这些树的数据来源（即各子树中的阶元和特征选取）和计算方法可以不尽相同；另一种则是要将子树的矩阵联合成超级矩阵（super-matrices），然后由对超级矩阵的计算得到超级树，这种方法称为全证据解析（total evidence solution）。曾经认为后一种方法是更为严谨的方法，不过有研究（Bininda-Emonds and Sanderson，2001）显示，子树之间分类单元重叠度的高低（每一棵子树至少要有两个分类单元与其他子树重叠）对两种方法的准确性高低均有相应的显著影响，并且当在前一种方法中引入加权分析的时候，其构建超级树的准确性（与已有的标准树的拓扑结构接近的程度）要高于第二种方法。此外，有证据表明超级矩阵法可能会由于数据不足而产生引起误导的结果（Malia Jr. *et al.*，2003）。除上述 2 种方法之外，还有四部法（Quartet），这 3 种方法的关键区别在于如何形成用于构建超级树的数据矩阵。

由于哺乳类 α 级分类学研究基础较好，已有数据比较充足，目前超级树的工作在以哺乳类为对象的研究中开展得较为深入（Purvis，1995；Kirsch *et al.*，1997；Bininda-Emonds *et al.*，1999；Liu *et al.*，2001；Springer and de Jone，2001；Jones *et al.*，2002；Bininda-Emonds，2003），此外在鸟类（Kennedy and Page，2002）、锥虫（trypanosomatid）（Stothard，2000）、原核生物（Daubin *et al.*，2002）和化石类群（恐龙）（Pisani *et al.*，2002）以及植物（Weiblen *et al.*，2000）中也有了部分工作。近年来，超级树技术在算法上不断完善（Gupta and Nishimura，1998；Böcker *et al.*，1999；Böcker *et al.*，2000；Semple and Steel，2000；Bryant and Steel，2001；Goloboff and Pol，2002；Bininda-Emonds，2003），目前已经有多款软件，如 Clann、Quartet

Suite、RadCon (Thorley and Page, 2000)、Rainbow (Chen *et al.*, 2004)、SuperTree (Salamin *et al.*, 2002) 等。

虽然如有的学者所指出的，超级树无非就是某种意义上的合意，但是超级树技术并不完全是系统发育研究中由于分子数据不足而发展起来的修补策略，而是一条能够最大程度整合不同层次系统发育信息的思路和方法。超级树研究对于描述性系统学 (descriptive systematics)、进化模型 (evolutionary models)、进化模式① (evolutionary patterns)、支系形成速率 (rates of cladogenesis) 以及生物多样性与保护生物学 (biodiversity and conservation) 等进化生物学的多个方面的研究都有重要意义 (Bininda-Emonds *et al.*, 2002)。目前超级树技术仍存在一些较大的困难。例如，整合 (amalgamation or assembling) 结果的不唯一性 (Steel *et al.*, 2000; Böcker, 2002) 以及实际分析中不得不面对的子树之间数据来源的非独立性 (nonindependence) 和子树之间拓扑结构不相容的问题等 (Bininda-Emonds *et al.*, 2002)，均有待解决。

由于计算能力方面的进步，单次分析中能够包含的 OTU 将越来越多，因此将超级树技术用于能够逐步获得某一项或某几项系统发育标记完整信息的类群的意义比较有限。以某一现生类群为例，如果某些形态特征和（或）分子标记在这一类群能够逐步获得全部同源信息，那么超级树技术将只是作为解决问题的一项临时方案。然而，一些原因使得超级树技术将成为常规分析中的必备技术。例如，对于越高级的分类单元而言，①其自然历史中包含化石种类的机会越多，而从化石中获得一些分子序列的信息毕竟是相当有限的，化石类群所携带的形态特征也是十分有限的；②形态分化与特化越强烈，可用于高级分类阶元系统发育分析中的特征数量更加有限；③变异量合适的共有同源分子序列越显得有限，这意味着即使对现生类群而言，单靠少数几个分子序列和理想的计算能力可能亦无法解决问题。

10.10　基于形态信息与基于分子信息的分支分析研究

以氨基酸序列比对算法的建立为标志，分子系统学诞生 40 余年来，已迅速地渗透到生物学各个领域的研究中，为人类更加科学地认识自然历史与生命现象作出了重要的贡献。分子与形态之争早已被认为是无意义的争论 (Hillis, 1987; Sytsma, 1990; Wiens and Hillis, 1996)。不过直到现在，只采用形态信息和只采用分子信息的研究者之间的相互不理解，仍未完全消除，尤其是基于形态特征的研究受到的重视偏低。应该说，一方面分子系统学的作用不应受到夸大或贬低，另一方面基于形态特征的系统学研究的价值不应受到贬低，其作用不可替代。对于这样的认识，作者试着提供以下理由。

(1) 基于分子信息的分支分析在技术细节上存在大量不同于传统分支分析的特点，生物大分子信息使得分类学研究多了一些选择。分子特征的优点在于信息量大、易于确定同源。分子系统学数据是现代比较分析的基础 (Vogler and Purvis, 2002)。由于分

① 进化模型指特征的进化，侧重小进化的范畴；进化模式侧重与地球历史相关的大进化范畴。

子信息自身的特点，基于分子信息的研究中可以更好地建立一些进化模型，并在此基础上更好地运用一些数学手段，从定量分析的角度讲，比基于形态的分析更具优势。通过选取不同的分子标记，分子系统学在整体上比形态学、解剖学、细胞和染色体学有着更大的类群适用范围（简而言之，从个体间差异到生命起源的各个不同水平）。近年来，虽然还是有一些学者坚持分子与形态特征的联合分析（Baker and Gatesy，2002），这种情况在实际研究中也在不断出现，但是可能出于数据异质性的考虑，将分子序列和形态特征两类信息编入一个矩阵进行分析的报道较 20 世纪 90 年代后期似有明显减少，分子系统学的问题倾向于在这个领域之内加以解决。分子系统学早期出现的基于同一或不同分子标记得到不相一致的结果，其原因已逐步被明确，如不完整的类群选取、所选分子标记的不合适的进化速率、过短的片段选取、比对结果的错误以及不同算法的不同特点等。因此，推断结果上的暂时矛盾不能作为否定分子系统学价值的理由。

（2）不同水平特征的进化规律并不绝对——形态特征中也存在中性进化，分子特征中也存在选择压力。如果结合 40 亿年的生命进化史进行考虑，多细胞有机体的“形态特征”这个层次，只是在最近 6 亿年左右才开始出现的。随着遗传与环境之间有机体结构与功能层次的增多，越接近核酸的层次选择压力越间接，越接近形态的层次选择压力越直接。或许我们可以简练地说，进化的历史就是核酸（遗传物质）与环境（生态因子）互动的过程——在最初核酸是裸露的，直接受环境影响；后来环境对核酸的影响要通过蛋白质；再后来中间又间隔了细胞，对于多细胞生命有机体中间又间隔了组织和器官，对于动物而言中间还间隔了行为，对于人类而言中间还有被科学技术改变的生活方式。由此，自然选择可以在不同的水平上发生作用（Lewontin，1970；Wilson，2006）。在此过程中，核酸始终具有固有的由于化学本质而产生的变异，有时这种变异受到与生态的互动历史的约束，但是受现实生态的影响却越发间接了。以前所谓进化上“高级”的物种也许被描述为“在生理-生态上具有更为复杂的级联放大机制”更为恰当。也就是说，对于生命与环境直接接触的界面而言，当遗传物质与环境之间的关系变得越来越间接的时候，一方面环境对遗传物质、对生命造成的影响可能得到了缓冲，但是另一方面在遗传物质水平对于环境的反应、适应也受到了限制，因而结构和功能层次复杂的生物有机体需要与之水平相当的生理-生态级联放大机制发挥作用。核酸是生命形式的遗传物质基础，与基于形态信息的分支分析相比，分子系统学研究可以更直接地与遗传学、基因组学和分子发育生物学等方面的研究相结合。但是另一方面，形态特征是进化-发育（Evo-Devo）研究和行为学研究中不可或缺的一环，对古生物化石的分析所得到的有价值信息基本完全是形态特征（图 10.2，彩版）。

（3）分子信息绝非万能药（panacea），和基于形态性状的分支分析一样，分子来源信息的分支分析结果也是一个性状评价体系，最终的物种树应该通过不同方面来源信息分析结果间的相恰来确定。虽然宏观结构与机制需要借助微观结构与机制来进行认识，微观的结构与机制并不能代替宏观的结构形式本身。过度还原的思维不可取，我们可能用超弦（superstring）去解释生命乃至社会现象么？

（4）正如序列比对对于分子系统发育分析具有根本性的影响一样，形态特征矩阵也是形态学分支分析的基础。形态特征理解上的困难，一方面来自于比较形态学的研究相

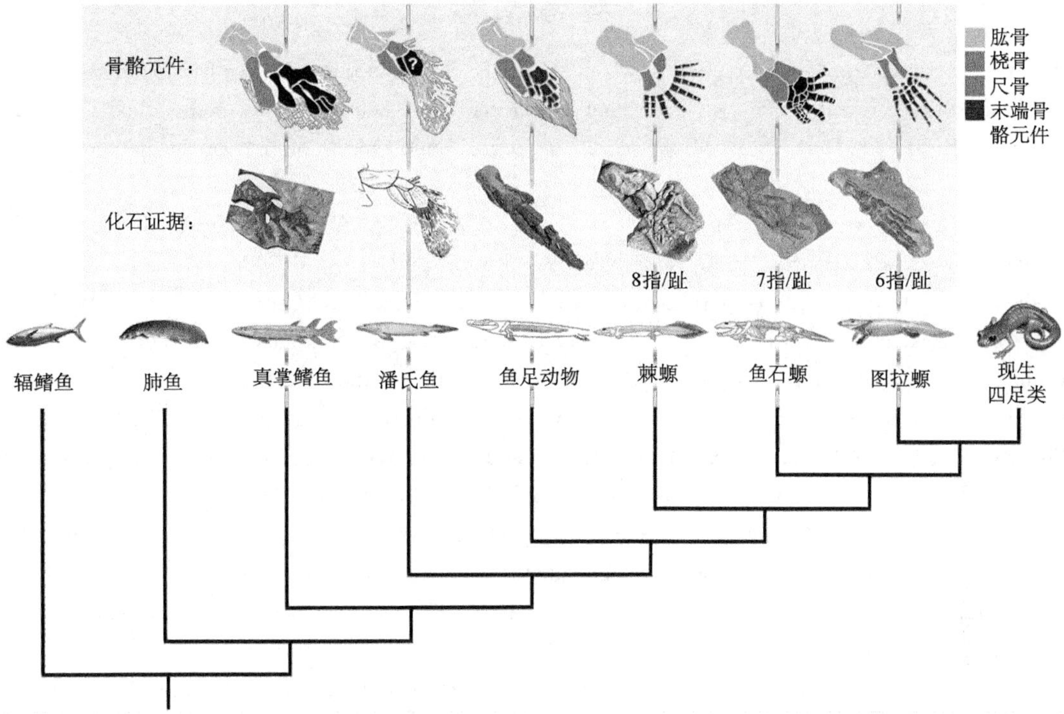

图 10.2　从鱼类的鳍到四足动物的四肢（Padian，2010）（彩版）

对薄弱，对其多态性的了解不足；另一方面来自于尚未了解清楚的复杂的遗传-发育背景，此外地质历史上一些大规模的绝灭事件可能使得对于形态性状进化规律的辨认更加困难。比较形态学研究基础的薄弱往往成为特征选取的主观性以及状态判定不够确凿的主要根源，这成为制约形态学分支分析发展的重要因素。因此，增强形态特征矩阵自身的可靠性以及通过电镜、激光共聚焦等技术拓展可用形态特征来源，成为提高形态特征分支分析结果可信性的重要任务。

要点与问题

1. 区分相似与同源。
2. 了解分支分析的过程中涉及类群、性状和树形图三方面的概念。
3. 了解分类系统与分支图拓扑结构之间的关系。

进一步阅读的建议

黄大卫．1996. 分支系统学概论．北京：中国农业出版社．

钟扬，李伟，黄德世．1994. 分支分类的理论与方法．北京：科学出版社．

Kitching I J, Forey P L, Humphries C J, *et al*. 1998. Cladistics. 2nd ed. Oxford: Oxford University Press.

参考文献

Asara J M, Schweitzer M H, Freimark L M, *et al*. 2007. Protein sequences from Mastodon and *Tyrannosaurus Rex* revealed by mass spectrometry. Science, 316: 280-285.

Böcker S, Bryant D, Dress A W M, *et al*. 2000. Algorithmic aspects of tree amalgamation. J Algorithms, 37: 522-537.

Böcker S, Dress A W M, Steel M A. 1999. Patching up X-trees. Ann Combinatorics, 3: 1-12.

Böcker S. 2002. Exponentially many supertrees. Appl Math Lett, 15: 861-865.

Baker R H, Gatesy J. 2002. Is morphology still relevant? *In*: DeSalle R, Giribet G, Wheeler W C. Molecular Systematics and Evolution: Theory and Practice. Berlin: Birkhäuser: 163-174.

Bechly G. 2005. Glossary of phylogenetic systematics, with a critic of mainstream cladism. http://www.bernstein.naturkundemuseum-bw.de/odonata/glossary.htm. 2011-12-31.

Bininda-Emonds O R P, Sanderson M J. 2001. Assessment of the Accuracy of Matrix Representation with Parsimony Analysis Supertree Construction. Syst Biol, 50: 565-579.

Bininda-Emonds O R P, Gittleman J L, Purvis A. 1999. Building large trees by combining phylogenetic information: A complete phylogeny of the extant Carnivora (Mammalia). Biol Rev, 74: 143-175.

Bininda-Emonds O R P, Gittleman J L, Steel M A. 2002. The (super) tree of life: Procedures, problems, and prospects. Annu Rev Ecol Syst, 33: 265-289.

Bininda-Emonds O R P. 2003. Novel versus unsupported clades: Assessing the qualitative support for clades in MRP supertrees. Syst Biol, 52: 839-848.

Bremer K. 1988. The limits of amino-acids data in angiosperm phylogenetic reconstruction. Evolution, 42: 795-803.

Bremer K. 1994. Branch support and tree stability. Cladistics, 10: 295-304.

Bryant D, Steel M. 2001. Constructing optimal trees from quartets. J Algorithms, 38: 237-259.

Burki F, Shalchian-Tabrizi K, Minge M, *et al*. 2007. Phylogenomics reshuffles the eukaryotic supergroups. PLoS ONE, 2: e790.

Chen D, Eulenstein O, Fernandez-Baca D. 2004. Rainbow: A toolbox for phylogenetic supertree construction and analysis. Bioinformatics, 20: 2872-2873.

Ciccarelli F D, Doerks T, von Mering C, *et al*. 2006. Toward automatic reconstruction of a highly resolved tree of life. Science, 311: 1283-1287.

Clark A G, Eisen M B, Smith D R, *et al*. 2007. Evolution of genes and genomes on the Drosophila phylogeny. Nature, 450: 203-218.

Darwin C. 1859. On the Origin of Species by Means of Natural Selection or the Preservation of Favored races in the Struggle for Life. London: John Murray.

Daubin V, Gouy M, Perrière G. 2002. A phylogenomic approach to bacterial phylogeny: Evidence of a core of genes sharing a common history. Genome Res, 12: 1080-1090.

Davis J I. 1993. Character removal as a means for assessing the stability of clades. Cladistics, 9: 201-210.

Davis J I. 1995. A phylogenetic structure for the monocotyledons, aserred from chloroplast DNA restriction site variation, and a comparison of measures of clade support. Syst, Bot, 20: 503-527.

Donoghue M J, Olmstead R G, Smith J F, *et al*. 1992. Phylogenetic relationships of Dipsacales based on rbcL sequences. Ann Mo Bot Gard, 79: 672-685.

Dunn C W, Hejnol A, Matus D Q, *et al*. 2008. Broad phylogenomic sampling improves resolution of the animal tree of life. Nature, 452: 745-749.

Faith D P. 1991. Cladistic permutation tests for monophyly and non-monophyly. Syst Zool, 40: 366-375.

Felsenstein J. 1985. Confidence limits on phylogeneties: An approach using the bootstrap. Evolution, 39: 783-791.

Geoffroy Sanit-Hilaire E. 1824. Note complémentaire sur les prétendus osselets de l'ouie des poisons. Mém Mus Nat Hist, Paris, 11: 253-260.

Goloboff P A, Pol D. 2002. Semi-strict supertrees. Cladistics, 18: 514-525.

Gordon A D. 1986. Consensus supertrees: the synthesis of rooted trees containing overlapping sets of labeled leaves. J Classif, 3: 31-39.

Gupta A, Nishimura N. 1998. Finding largest subtrees and smallest supertrees. Algorithmica, 21: 183-210.

Hackett S J, Kimball R T, Reddy S, *et al*. 2008. A phylogenomic study of birds reveals their evolutionary history. Science, 320: 1763-1768.

Hallstrom B M, Kullberg M, Nilsson M A, *et al*. 2007. Phylogenomic data analyses provide evidence that Xenarthra and Afrotheria are sister groups. Mol Biol Evol, 24: 2059-2068.

Hennig W. 1966. Phylogenetic Systematics. Urbana: Oniversity of Illinois Press.

Hillis D M. 1987. Molecular versus morphological approaches to systematics. Annu Rev Ecol Syst, 18: 23-42.

Jones K E, Purvis A, MacLarnon A, *et al*. 2002. A phylogenetic supertree of the bats (Mammalia: Chiroptera). Biol Rev, 77: 223-259.

Kennedy M, Page R D M. 2002. Seabird supertrees: Combining partial estimates of Procellariiform phylogeny. Auk, 119: 88-108.

Kirsch J A W, Lapointe F J, Springer M S. 1997. DNA-hybridisation studies of marsupials and their implications for metatherian classification. Aust J Zool, 45: 211-280.

Kitching I J, Forey P L, Humphries C J, *et al*. 1998. Cladistics (2nd ed.). Oxford: Oxford University Press.

Källersjö M, Farris J S, Kluge A G, *et al*. 1992. Skewness and permutation. Cladistics, 8: 275-287.

Lang B F, O'Kelly C, Nerad T, *et al*. 2002. The closest unicellular relatives of animals. Curr Biol, 12: 1773-1778.

Lanyon S M. 1985. Detecting internal inconsistencies in distance data. Syst Zool, 34: 397-403.

Lewontin R C. 1970. The units of selection. Annu Rev Ecol Syst, 1: 1-18.

Liu F G R, Miyamoto M M, Freire N P, *et al*. 2001. Molecular and morphological supertrees for Eutherian (Placental) mammals. Science, 291: 1786-1789.

Liu X Y, Yang D. 2006. Phylogeny of the subfamily Chauliodinae (Megaloptera: Corydalidae), with description of a new genus from the Oriental Realm. Syst Entomol, 31: 652-670.

Liu X Y, Yang D, Ge S Q, *et al*. 2005. Phylogenetic review of the Chinese species of *Acanthacorydalis* (Megaloptera, Corydalidae). Zool Scr, 34: 373-387.

Malia M J Jr., Lipscomb D L, Allard M W. 2003. The misleading effects of composite taxa in supermatrices. Mol Phylogenet Evol, 27: 522-527.

Mayr E. 1982. The Growth of Biological Thought: Diversity, Evolution, and Inheritance. Cambridge: Harvard University Press.

Mayr E. 1998. Two empires or three? Proc Natl Acad Sci USA, 95: 9720-9723.

Morin P, Woodruff D S. 1996. Noninvasive genotyping for vertebrate conservation. *In*: Smith T, Wayne R. Molecular genetics approach in conservation. New York: Oxford University Press: 298-313.

Nelson G. 1972. Phylogenetic relationships and classification. Syst Zool, 21: 227-231.

Nixon K. 1999. The parsimony ratchet, anew method for rapid parsimony analysis. Cladistics, 15: 407-414.

Novacek M J. 2001. Mammalian phylogeny: Genes and supertrees. Curr Biol, 11: R573-R575.

Nuttall G H F. 1904. Blood Immunity and Blood Relationship. Cambridge: Cambridge University Press.

Padian K. 2010. How to Win the Evolution War: Teach Macroevolution! Evo Edu Outreach 3: 206-214.

Pennisi E. 2003. Modernizing the tree of life. Science, 300: 1692-1697.

Pisani D, Yates A M, Langer M C, *et al*. 2002. A genus-level supertree of the Dinosauria. Proc R Soc Lond B, 269: 915-921.

Purvis A. 1995. A composite estimate of primate phylogeny. Philos Trans R Soc London Ser B, 348: 405-421.

Qiu Y L, Li L, Wang B, *et al*. 2006. The deepest divergences in land plants inferred from phylogenomic evidence. Proc Natl Acad Sci USA, 103: 15511-15516.

Rieger R, Ladurner P. 2001. Searching for the stem species of the Bilateria. Belg J Zool, 131 (Supplement 1): 27-34.

Roth V L. 1984. On homology. Biol J Linn Soc, 22: 13-29.

Salamin N, Hodkinson T R, Savolainen V. 2002. Building supertrees: An empirical assessment using the grass family (Poaceae). Syst Biol, 51: 134-150.

Sanderson M J, Purvis A, Henze C. 1998. Phylogenetic supertrees: Assembling the trees of life. Trends Ecol Evol, 13: 105-109.

Seidlitz G. 1876. Beiträge zur Descendenz-Theorie. Pps. 96-97. Leipzig: W. Engelmann.

Semple C, Steel M. 2000. A supertree method for rooted trees. Discrete Applied Mathematics, 105: 147-158.

Shao R, Kirkness E F, Barker S C. 2009. The single mitochondrial chromosome typical of animals has evolved into 18 minichromosomes in the human body louse, *Pediculus humanus*. Genome Res, 19: 904-912.

Shedlock A M, Botka C W, Zhao S, *et al*. 2007. Proc Natl Acad Sci USA, 104: 2767-2772.

Siddall M E. 2002. Measures of support. *In*: Desalle R, Giribet G, Wheeler W C. Techniques in Molecular Systematics and Evolution. Pps. 80-101. Basel: Birkhäuser Verlag. .

Soltis P S, Slotis D E. 1993. Ancient DNA: prospects and limitations. New Zeal J Bot, 31: 203-209.

Sorenson M D, Franzosa E A. 2007. TreeRot, version 3. Boston, MA: Boston University.

Springer M S, de Jone W W. 2001. Which Mammalian Supertree to Bark Up? Science, 291: 1709-1711.

Steel M, Dress A W M, Böcker S. 2000. Simple but fundamental limitations on supertree and consensus tree methods. Syst Biol, 49: 363-368.

Stothard J R. 2000. Future trypanosomatid phylogenies: Refined homologies, supertrees and networks. Memorias Do Instituto Oswaldo Cruz, 95: 523-526.

Sytsma K J. 1990. DNA and morphology: Inference of plant phylogeny. Trends Ecol Evol, 5: 104-110.

Thorley J L, Page R D M. 2000. RadCon: Phylogenetic tree comparison and consensus. Bioinformatics, 16: 486-487.

van Valen L V. 1982. Homology and causes. J Morphol, 173: 305-312.

Varón A, Vinh L S, Bomash I, *et al*. 2009. POY 4. 1. 1. American museum of natural history. http://research. amnh. org/scicomp/projects/poy. php

Vogler A P, Purvis A. 2002. Comparative methods and evolution. *In*: DeSalle, R, Giribet G, Wheeler W C. Molecular Systematics and Evolution: Theory and Practice. Berlin: Birkhäuser: 225-236.

Wagner GP. 1989. The biological homology concept. Annu Rev Ecol Syst 20: 51-69.

Weiblen G D, Oyama R K, Donoghue M J. 2000. Phylogenetic analysis of dioecy in monocotyledons. Am Nat, 155: 46-58.

Wenzel J W, Siddall M E. 1999. Noise. Cladistics, 15: 51-64.

Wiens J J, Hillis D M. 1996. Accuracy of parsimony analysis using morphological data: A reappraisal. Syst Bot, 21: 237-243.

Wiley E O, Siegel-Causey D J, Brooks D R, *et al*. 1991. The compleat cladist: A primer of phylogenetic procedures. Lawrence: Museum of Natural History, University of Kansas.

Wilkinson M, Thorley J L. 1998. Reduced supertrees. Trends Ecol Evol, 13: 283.

Willmann R. 2003. From Haeckel to Hennig: The early development of phylogenetics in German-speaking Europe. Cladistics, 19: 449-479.

Wilson R A. 2006. Levels of selection. *In*: Matthen M, Stephens C. Handbook of the Philosophy of Science. vol. 2: Philosophy of Biology. New York: Elsevier: 155-176.

Yang H, Golenberg E M, Shoshani J. 1996. Phylogenetic resolution within the Elephantidae using fossil DNA sequence from American mastodon (*Mammut americanum*) as an outgroup. Proc Natl Acad Sci USA, 93: 1190-1194.

Yang H, Golenberg E M, Shoshani J. 1997. A blind testing design for authenticating ancient DNA sequence. Mol Phylogent Evol, 7: 261-265.

Zandee M, Geesink R. 1987. Phylogenetics and Legumes: A desire for the impossible ? *In*: Stirton C H. Advances in Legume Systematics 3. Kew: Royal Botanic Gardens: 131-167.

第11章　分子系统学的实验部分

几十年以来，曾经被用于分类学研究的分子生物学信息是多种多样的。例如，染色体核型、染色体带型、同工酶、DNA杂交、随机扩增多态性DNA（random amplified polymorphic DNA，RAPD）、限制性酶切片段长度多态性（restriction fragment length polymorphism，RFLP）、扩增片段长度多态性（amplified fragment length polymorphism，AFLP）、简单串联重复序列（各种卫星）、序列信息、细胞器基因组结构，以及核基因组结构中的内含子插入缺失、反转录座位子（retroposon）/反转录转座子（retrotransposon）、基因重复等。

与微卫星、RAPD、同工酶和DNA杂交等方法相比，序列信息和限制性酶切位点分析可以更好地将种群遗传学与系统发育研究结合起来。从近年来的趋势看，序列由于具有遗传信息载体基本单位（核苷酸）、易于与分子进化信息整合、易于建立进化模型、潜在信息量巨大等优点，而在分子系统学各个方向的研究中都有普遍应用（Hillis *et al.*，1996；Rokas and Holland，2000）。例如，在①基因进化研究中；②种群遗传与种群生态研究中，在种群结构、交配制度、杂交现象、地理变异等方面；③物种问题研究中，在物种隔离、渐渗杂交、协同种化、物种鉴定等方面；④系统发育研究中，从界直到种之间的各个阶元水平的亲缘关系问题。因此在下文和本书第二部分的介绍中，都将以序列为主，结合少量的基因组结构信息内容。

在目前来说，分子序列的获取主要包括三部分内容，即核酸提取、序列扩增和序列测定。虽然一般的实验室只进行前两部分工作，第三步的测序由生物技术服务公司完成，但是不同的目标序列与数据要求会影响到测序方式。也就是说，虽然一般的研究者不亲自进行测序，但是应该了解测序样品的具体要求，在此基础上调整实验设计，得到测序所需样品。

对于一个要对DNA进行提取和扩增的实验室来说，最少应具备以下设备装置：4℃冰箱、pH计、超净工作台、电源、分析天平、烘箱、计时器、计算机、加热搅拌器、−20℃冰箱、琼脂糖凝胶电泳、热循环仪、水浴装置、台式高速冷冻离心机、托盘天平、微波炉、无离子水水源、小型台式离心机、摇床、自动灭菌锅、紫外透射仪。在有条件的情况下，可以配备真空冷冻离心机、纯水装置、−80℃冰箱、通风橱、制冰机、分光光度计、定量紫外透射分析仪。

在一个实验室中，有三个基本原则非常重要，即物归原位、洁净卫生、轻拿轻放，这些原则同样也适用于利用干制标本所进行的形态学研究。在分子系统学实验室中，物归原位的意思是指，一个实验室在最初或经大家协商后形成了物品摆放相对固定的秩序，每个实验人员在进行实验后都有义务将各种用品放回原位，除非实验之间连接紧密，那么最后一个使用完某仪器的实验人员就承担相应义务。这有两个意义：一个是在实验者之间形成默契，避免东西乱放不易寻找；另一个是维护仪器使用寿命。例如，弹簧原理的移液器，恢复满量程、零负荷的状态有利于减轻弹簧疲劳，利于移液器的精准状态长期维持，这对每个实验者都有利。洁净卫生其实也是一种物归原位，一个实验室在最初投入使用时肯定是被打扫干净了的，仪器也是新的，这种状态有必要长期维护。这也有两个方面的意义：一个是直接的意义，即避免实验结果被真菌等污染，如水浴锅底部、离心机的孔槽和密封圈、电泳槽的电泳液等；另一个是仪器寿命，试想如果 PCR 仪的变温模块被 PCR 管中的体系溶液污染腐蚀，那对于实验室的财产和实验者的实验进度、时间成本都会产生很大不利影响。轻拿轻放同样重要，这不仅对于实验操作和精密仪器适用，对于大型仪器设备同样适用。一般来说，没有人会在使用电子天平称取药品的时候动作过重，但是对于冰箱冰柜、大型离心机等大型设备，经常出现门被重重碰上的情况，在爱护实验室的人眼中，完全可以说那就是摔上去、砸上去的。姑且不论动作过重可能造成的机械损伤，就算是密封条寿命缩短、效果下降，那也会对实验过程产生不利影响。这三个基本原则是可以体现一个实验者、一个实验室最基本素养的方面。

对于使用干制标本来说，上述原则更易理解，但是很多青年的研究者重视不够。以昆虫干制标本为例，物归原位包括标本插回时在标本盒中归位，研究者短时离开时标本盒必须回复盖好的状态，标本盒每晚必须回到标本室过夜、放回原位；研究者每晚离开时显微镜应盖好罩子，升降调回最低的位置以避免轴承长时间承重。洁净卫生就更容易理解了，如显微镜目镜避免落尘，标本盒内、标本盒周围、标本室都不应该存在食物残渣，避免标本因其以外的因素引致霉变、虫噬、鼠咬。轻拿轻放也很容易理解，如动作过大过重可能会破坏标本、破坏显微镜。这些原则做得到不到位，是能够在最基本层面反映一个标本室被使用的状态和使用者工作的精神面貌的。和干制标本相比，浸制标本的有序保存同样重要，但是所要付出的努力更大。

11.1　核酸提取

一般来说，核酸提取操作中以 DNA 的提取更为常见，即基因组 DNA 提取，这个提取的过程中不区分核基因组和线粒体基因组，因此提取产物中同时包括两种基因组。在更为复杂的情况中，实验材料取自动物身体的不同器官部位，基因组 DNA 提取产物还有可能包括体内甚至细胞内共生微生物的基因组。

这就涉及针对实验目的的取材，脑、精巢或卵巢、肝、肾、心、肌肉、全血、血清、骨骼、牙齿、羽毛、鳞片、毛发、皮肤、爪或指甲、乳汁、毒液（蛇或蜥蜴的毒牙、蜘蛛的螯肢、蝎子的尾刺、蜂的螯针/产卵瓣）、胃含物、粪便等，都有可能成为 DNA 的来源。如果是一般的基因组 DNA 提取，选用肌肉组织比较常见，尤其是在昆虫中。其优点是易于解剖、易于排除共生物/寄生物干扰，此外对于线粒体基因研究而言，肌肉组织是富含线粒体的组织之一。如果是研究需要涉及体内乃至细胞内共生物，那么则需针对含有共生物的器官或组织进行取材。

在进行真正的实验之前，研究人员要确保实验后可以留下与所生成的数据相对应的证据标本（voucher specimen）。证据标本与浸制样本和所生成的数据一起，应该共同被包含在一个计算机数据库中。对于节肢动物而言，在准备提取 DNA 所用材料的过程中，应有效避免污染，如体表、体内寄生物。

11.1.1 DNA 的提取

目前比较常用的 DNA 提取方法为十六烷基三甲基溴化胺（cetyltrimethylammonium bromide，CTAB）法和聚苯乙烯二乙烯基苯（Chelex®100）法，前者是一种表面活性剂，用来打破细胞膜；后者是一种高分子树脂，可以去除非核酸有机物，可以螯合部分金属离子。

总的来说，DNA 提取原理涉及两个关键点：一个是要打破细胞间连接和包括细胞膜在内的所有包裹核酸的膜结构，使得核酸得以释放到溶液中；另一个是要把蛋白质和核酸分开，以避免蛋白质对于核酸的扩增和长期保存发生不利影响。对于打破细胞间连接这一步，如果是肌肉组织的话，就需要打破，一般是用液氮；如果是细胞培养的产物或血液等样品，则没有打破细胞间连接的必要。对于打破膜结构这一步，有化学的和物理的两种方案，化学的方案就是加入 SDS（sodium dodecyl sulfate，十二烷基磺酸钠）、CTAB、DTAB（dodecyltrimethylammonium bromide，十二烷基三甲基溴化铵）中的一种或两种表面活性剂/去污剂，利用其与极性溶液和非极性脂类分子的双亲和活性将成分以磷脂为主的细胞膜打破；物理的方案是煮沸，不过这种方法一般仅与 Chelex® 100 配合使用。对于把蛋白质与核酸分开这一步，比较典型的方案是针对核酸偏极性而蛋白质偏非极性的特点，先由蛋白酶 K（proteinase K，ProK）进行降解，使染色体中包裹着核酸的蛋白质变短并松脱，再由有机溶剂氯仿-异戊醇（chlorophora-isoamyl）进行所谓“抽提”，即通过相似相溶的原理使得蛋白酶消化后的混合液中的肽链更多地溶解于有机溶剂，然后将两相溶液进行分离；比较新颖的方案则是利用 Chelex® 100 吸附非核酸有机物的特点，将脂类和蛋白质通过树脂吸附、离心形成沉淀的方式去除。

总的来说，CTAB 法普适性强，但是耗时相对长；Chelex® 100 法更加高效、灵敏，但是有时效果不好。例如，以昆虫全虫体为材料时，无法将复眼或几丁质表皮中的色素吸附并以沉淀的形式带出，这很可能会影响到后续 PCR 的顺利进行。此外还可考虑试剂盒，试剂盒成本相对较高，效果却并不一定更好，如果资金和实验材料数量都比较充裕的话，值得考虑。在各种不同方法的操作中都需要注意的是，剧烈的机械振荡会造成 DNA 的断裂，而实验中使用的有机溶剂亦具化学剪切力（这是 SDS-酚-氯仿-异戊醇方法越来越少被使用的原因之一，因为酚会促进 DNA 与蛋白质等其他细胞组分的结合，并且氧化后的酚对 DNA 的化学剪切作用较强），因此所有的操作（尤其混匀）要温和。下面基于从小块肌肉组织中提取全基因组的 CTAB 法，介绍溶液配制、基本实验方案和调整实验方案。

1. 溶液配制

1）浓缩储备液（concentrated stock solution）

（1）0.5mol/L 乙二胺四乙酸（ethylenediaminetetraacetic acid，EDTA），pH 8.0。

将 186.1g 二水合乙二胺四乙酸（EDTA · $2H_2O$）加入 800ml 无离子水中，以磁力搅拌器（magnetic stirrer）搅拌辅助溶解，以约 20g NaOH 固体调 pH 至室温下检测为 8.0，以无离子水定容至 1L，灭菌备用。注意全部 EDTA · $2H_2O$ 固体的溶解需要在 pH 为 8.0 时。EDTA 是金属离子螯合剂，可以去除 Mg^{2+}，抑制核酸酶的活性。

（2）5mol/L NaCl（sodium chloride，氯化钠）。将 292g NaCl 加入 800ml 无离子水中，以无离子水定容至 1L，灭菌备用。

（3）1mol/L Tris · HCl。将 121.1g 三羟甲基氨基甲烷（Tris）加入 800ml 无离子水中，用约 42ml 浓盐酸（concentrated HCl）调 pH 至室温下检测为 8.0，以无离子水定容至 1L，灭菌备用。溶液应为无色透明，否则说明 Tris 碱的质量有问题。Tris · HCl 是为提取过程提供 pH 环境的缓冲液。

（4）10×TE。取一定量配制好的 1mol/L Tris · HCl（pH 8.0）和 0.5mol/L EDTA（pH 8.0）溶液配制成 Tris · HCl 和 EDTA 终浓度分别为 100mmol/L 和 10mmol/L 的溶液，室温保存。

（5）50×TAE（Tris-acetate-EDTA）。将 242.2g Tris 碱、57.1ml 冰醋酸（glacial acetic acid）和 100ml 0.5mol/L EDTA（pH 8.0）溶液加入 800ml 无离子水中，以无离子水定容至 1L，Tris · Ac 和 EDTA 的终浓度分别为 2mol/L 和 0.05mol/L。TAE 是用于电泳（electrophoresis）检测基因组 DNA 或 PCR 产物过程的 pH 缓冲液。

2）工作液

（1）1×TE。将 10×TE 储备液取一定量，加 9 倍体积无离子水进行稀释。Tris · HCl 和 EDTA 终浓度分别为 10mmol/L 和 1mmol/L 的溶液，室温保存。

（2）2×CTAB 提取缓冲液。将 20g CTAB、100ml 1mol/L Tris · HCl、40ml 0.5mol/L EDTA 和 280ml 5mol/L NaCl 加入到 500ml 无离子水中，以磁力搅拌器加热搅拌，最终于室温下加无离子水定容至 1L；四者的终浓度分别为 2%（*W/V*）、100mmol/L、20mmol/L 和 1.4mol/L。在使用 CTAB 缓冲液时，可以按每 1ml 缓冲液对应 2μl 的比例加入 β-巯基乙醇（β-mercaptoethanol），后者作为还原剂具有一定的抗氧化作用；功能类似的还有交联聚乙烯基吡咯烷酮（polyvinyl polypyrrolidone，PVPP），可以按照 0.1%的质量体积比直接配制到缓冲液中。

（3）蛋白酶 K 溶液 20mg/ml。购买自试剂公司的蛋白酶 K 一般来自白色念珠菌（*Tritirachium album*），溶液中一般还含有 20mmol/L Tris · HCl（pH 7.4）、1mmol/L $CaCl_2$ 和 50%甘油（glycerol）。不过事实上钙离子的作用在于帮助蛋白酶消化角蛋白等较难降解的蛋白质，在这种情况下，钙离子的作用实际上会因 EDTA 的存在而无法发挥。所以可以考虑购买蛋白酶 K 的粉末，自己配制成浓度相同的溶液；如果认为有必要的话，还可以使溶液中含有 5mmol/L EDTA 和 0.5% SDS 以进一步提高酶活性（如果后面还想继续分离线粒体 DNA 的话，需要涉及去除 SDS 的步骤）。蛋白酶 K 溶液需要在 −20℃ 保存，使用时的终浓度为 100μg/ml，如果含有 SDS 的话，可以低至 50μg/ml。

（4）24∶1（*V/V*）氯仿-异戊醇（chloroform-isoamylalcohol）。将氯仿和异戊醇按 24∶1 的体积比混合，4℃保存。

（5）1%（W/V）溴化乙锭（ethidium bromide，EB）。将 1g 溴化乙锭加入到 100ml 无离子水中，在磁力搅拌器上搅拌若干小时辅助溶解，溶液室温避光保存；随着实验使用量的不同，可以调整每次配制的溶液体积。使用时的终浓度为 0.5μg/ml，该荧光染料可以嵌入核酸，使用的目的是为了便于在紫外光下观察 DNA 条带的位置；在该染料存在的情况下，线状双链 DNA 的电泳迁移率将降低近 15%。荧光染料可能致癌，请小心操作并妥善处置实验室垃圾，至少要尽到有害垃圾的告知义务。

（6）1×TAE。将 50×TAE 储备液取一定量，加 49 倍体积无离子水进行稀释。

（7）6×溴酚蓝溶液（bromphenol blue solution）。如果是自己配制，早期的方案一般是溴酚蓝与蔗糖的终浓度分别为 0.25%（W/V）和 40%（W/V），4℃保存，载样时的工作浓度为 1×。商品化的溴酚蓝溶液往往还含有与溴酚蓝同浓度的二甲苯青 FF（xylene cyanol FF），并且以 30%（V/V）甘油取代蔗糖，这样的好处是可以延长电泳缓冲液的使用时间，避免短期内就会滋生微生物。溴酚蓝的作用在于目测观察样品电泳的前沿位置，蔗糖或甘油的作用在于通过较高的溶液密度，使得点样时 DNA 样品可以自然沉在点样孔中。该溶液一般会随着购买 DNA 分子质量标记（DNA Marker）或 *Taq* 酶而赠送。

2. 实验方案

（1）用 1ml 枪头或 0.5ml 小型离心管自制研磨棒。

（2）将 2×CTAB 在水浴锅中预热至 60℃。

（3）用滤纸吸去浸制标本体表的液体。如果是昆虫等节肢动物的话，解剖虫体，取胸部肌肉组织或足等其他肌肉组织。如果要用一把镊子处理多个样品的话，一定要注意有效避免不同样品之间的污染。

（4）用 1×TE 简单润洗肌肉组织。如果虫体是一次性使用的话，也可将这一步和上一步顺序对调，以期润洗过程中对残余乙醇的去除更充分。

（5）将肌肉组织转入 1.5ml 离心管中，加液氮研磨。如果一次实验要做多个样品，那么这一步和后续的离心管都可考虑用记号笔在管壁上进行标记。

（6）加入 550μl 已预热的 2×CTAB，加入 2～3μl 蛋白酶 K 和 1μl β-巯基乙醇。从这一步起，一直到 PCR 操作过程都要跟随负对照。

（7）65℃水浴 1h，或 60℃水浴 4h，或 55℃水浴过夜。不时加以轻轻混匀；水浴的过程是为了使蛋白酶 K 充分发挥作用。

（8）加 550μl（与上述提取混合液等体积）4℃氯仿-异戊醇，轻轻混匀，与其他离心管中的样品或负对照体系一起配平，放入离心机中 6000r/min 离心 5min。将偶数个管成对地放在离心转子相对称的孔位中，不过如果配平是所有离心管统一的，而不只是对称放置的两个存在平衡关系，事实上奇数个管也可以进行离心，但是要求操作者足够细心，以一个 24 孔离心机离心 3 个管子为例，只需将 3 个管子按等边三角形顶点的方式放置即可，两两间空余的孔位是 7 个，5 个管子可以被视为“2＋3”，7 个管子可以被视为“4＋3”，依此类推。不过需要注意的是，23 个管子和 1 个管子都是不能进行离心的，并且奇数个管子的离心是不符合经典操作规范的，只适合在足够细心的情况下使用。

(9) 取上清液 525μl 至新的 1.5ml 离心管中，加等体积 525μl 4℃氯仿-异戊醇，配平，6000r/min 离心 5min。比 550μl 少取 25μl 是为了避免吸取到两相液体交界部分的物质。

(10) 取上清液 500μl 至新的 1.5ml 离心管中，加入 1ml 无水乙醇，－20℃沉降 30min。如果是新鲜标本的话，沉降甚至可以简化到室温 10min；如果基因组完整性可能因标本保存状况不佳或时间过长而下降较多的话，沉降时间也可长至过夜。

(11) 放入低温离心机在 4℃以 13 000r/min 至离心机的最高速度的范围内离心 10～15min，取沉淀，小心地弃去上清液；如果基因组完整性可能因标本保存状况不佳或时间过长而下降较多的话，可以使用较高的离心速度和更长的离心时间。需要指出的是，真正对离心过程发生作用的是离心场，或者说离心加速度，也就是一般以重力加速度 g 为单位的参数，而不是离心的角转速（ω）。离心加速度与角转速、转子半径和倾角都有关系，只不过一般大家使用的多是台式冷冻离心机加 24 孔转子，不同厂家的转子规格也大同小异，再加上不同类群 DNA 大小本身的差异造成对于 DNA 提取过程有效的离心力本身存在一定的弹性范围，所以操作规程（protocol）往往只给出了角转速，并且通常奏效，但是如果实验人员彻底忽视了这个问题，使用相同转速在小很多或大很多的离心转子上进行操作，都有可能对提取效果带来很大的不利影响。一般来说，分子质量与沉降系数呈正相关，但是不成正比，因为沉降系数还受到分子形状和折叠致密程度等因素的影响。有兴趣的读者可以在源头上，通过沉降系数与沉降速度-角转速-转子半径之间的关系、沉降速度与沉降距离-沉降时间之间的关系，深入考虑各步骤角转速与离心时间的设定。由于保存状况不佳的标本中，核酸和蛋白质等不同组分都会存在一定程度的降解，分子质量变小，因此除蛋白质和沉降 DNA 的步骤都会倾向于使用更高的离心力。理解了这些，也就会理解为什么针对不同材料的操作规程之间何以存在巨大差异。

(12) 加入 500μl 70%～80%乙醇，用与上一步同样的条件离心一次，取沉淀，小心地弃去上清液。这一步的作用是洗涤，如果标本质量足够好的话，这一步也可以省略。

(13) 室温晾干，或在冷冻离心干燥机中，离心并抽真空干燥。

(14) 视样品量向其中加入 50～100μl 1×TE，使终浓度控制在 1μg/μl 左右，4℃静置过夜，或 45～55℃溶解 5～15min，温度越低，完全溶解所需的时间越长。考虑到核酸量是未知的，可以先加少量 1×TE，如 20μl，完全溶解并测 OD 值后再补足溶液体积。

(15) 按 0.7%～1%的质量体积比，在锥形瓶中将一定量的琼脂糖粉末加入一定体积的 1×TAE 缓冲液中，摇匀后放入微波炉中加热 1～2min；

(16) 借助手套等隔热装备取出锥形瓶，按照 0.5μg/ml 的终浓度加入 1% EB，充分摇匀后倒入已准备好（插好挡板和梳子）的凝胶槽中。

(17) 待 0.5～1h 后琼脂糖凝胶凝固充分。将凝胶槽放到电泳槽中，带点样孔的一侧要靠电源负极（因为碱性环境下核酸带负电），电泳槽中的 1×TAE 的液面应高出胶面一定高度（电泳液应定期更换），轻轻拔出梳子，取 2～3μl 基因组 DNA 样品溶液置于洁净的表面（如新的一次性手套），加入 1/5 体积的 6×溴酚蓝蔗糖溶液，用枪头充分吸吹混匀后，点到样品孔中（如果加多个样注意不要混淆，因为这时一般已经不做标记了），按照每厘米 5V 左右的强度加电压（乘以电泳槽两极之间的长度即可确定总电压值），其余样品在－20℃保存；注意不要忘记 DNA 分子质量标记和负对照。

（18）当溴酚蓝前沿达到距胶边缘 1cm 时，停止电泳，将胶取出在紫外透射仪中观察样品条带的集中度和完整性，并拍照，功能强大的紫外透射仪可以定量分析样品的 DNA 浓度。一般来说，靠近目标条带周围的拖尾（smear）是目标 DNA 的降解，泳道上很长的背景性拖尾是残余蛋白质、污染外源 DNA 或程度较高的目标 DNA 降解。

11.1.2 线粒体基因组的纯化分离

出于避免核内假基因干扰等需要的考虑，有时要对线粒体基因组进行纯化分离。这一过程可以在提取全基因组 DNA 的基础上进行，可以接着上述全基因组 DNA 提取的第（7）步之后进行，也可以在从细胞分离线粒体的基础上进行，通过 CsCl（氯化铯）密度梯度离心或脉冲场电泳实现；此外还可通过柱层析法、DNase 法、碱变性法、Triton 法、高盐沉淀法等方法实现。CsCl 对样品总量要求偏高，并且会受到相同沉降系数核 DNA 的干扰；脉冲场电泳法提取效率偏低，并且易受到 DNA 聚合现象的干扰（Lang and Burger，2007）。近年来甚至出现了用光纤镊子夹取线粒体中单个基因组的报道（Reiner *et al.*，2010）。CsCl 密度梯度离心的操作步骤如下。

（1）量取全基组 DNA 溶液的体积，按照每毫升对应 1～1.1g 的比例，缓慢加入充分研磨的 CsCl 粉末；可以握在手心中给予一定温度，并轻轻摇动。

（2）如果是接着全基因组 DNA 提取的第(7)步做的，并且蛋白酶 K 中含 SDS，则需在 84 000*g*（相当于 SS34 型转子的 20 000r/min）离心 10min，SDS 会与蛋白质以及其他细胞碎片在液体顶部形成固态析出，用枪头小心地吸取出析出物。如果是用全基因组 DNA 提取产物，则直接进行下一步。

（3）按照 5μg/ml 的终浓度加入双苯酰亚胺（bisbenzimide），混匀，转入超高速离心管，封口，配平。荧光染料存在潜在的致癌风险，应小心操作并妥善处置实验垃圾。

（4）根据离心机和转子型号的不同，设置不同的离心速度和离心时间，对于垂直或近垂直转子，时间为 8～16h，如贝克曼（Beckman）NVT65 型转子；对于角转子时间可能长至 48h，如贝克曼 SW55Ti 型转子。注意离心机应在程序结束后自然停止转动，不应使用“刹车”；垂直或近垂直转子不但可以达到较短的离心时间，还具有较高的条带分离能力。

（5）轻轻取出离心管，并用紫外灯检测条带。对于含量高于 100ng 的条带会显示出明亮的浅蓝色，对于动物而言一般会出现三个条带，最上面一个密度最低的是线粒体 DNA 条带，下一个是断裂下来的 rDNA 条带，再下一个是核 DNA 条带；对于含有质粒的基因组，质粒的条带一般出现在线粒体 DNA 和 rDNA 条带之间。

（6）用针把离心管顶部扎破，以免后续步骤受到负压的影响。

(7) 将连有 1ml 或更大容积枪头的针头扎入离心管中含有线粒体 DNA 条带的位置，将 DNA 缓缓吸入枪头，转入新的洁净离心管；如果还对其他 DNA 条带感兴趣，应该按照从上到下的顺序依次进行。

(8) 在得到 CsCl 溶液中的 DNA 后，可以继续进行回收（recuperation）操作，将 2 倍体积 1×TE 加入溶液中，混匀后在 19 000*g*（相当于贝克曼 SW50 Ti 型转子 40 000r/min）离心 6h 至过夜。

(9) 离心后，在明亮的浅蓝色条带的位置吸取几十微升转入小型洁净离心管。

(10) 加入两倍体积无水乙醇，室温沉降 10min，在台式冷冻离心机中 4℃以 13 000r/min（大约相当于 13 000*g*）至离心机的最高速度的范围内离心 10～15min，取沉淀，小心地弃去上清液。

(11) 加入 500μl、4℃、80%的乙醇，用与上一步同样的条件离心一次，取沉淀，小心地弃去上清液。

(12) 室温晾干，或在冷冻离心干燥机中离心并抽真空干燥。

(13) 视样品量向其中加入 50～100μl 1×TE，使终浓度控制在 1μg/μl 左右；如果认为有必要，可以通过直接电泳或限制性酶切后电泳检测。一般来说，每克湿重的组织细胞可以获得 0.1～4μg 线粒体 DNA。

11.1.3　RNA 的提取

对于线粒体基因组或 rDNA 簇中的基因而言，以 DNA 为模板进行扩增即可达到目的。但是对于大多数编码蛋白质的核基因来说，要获得全长的话，往往受到间隔区和内含子的限制，有时甚至于长片段 PCR（long-PCR）都不能解决问题。这时就需要考虑提取 RNA，然后通过反转录 PCR（RT-PCR）的方式获取 cDNA。

提取 RNA 最经典的方法是异硫氰酸胍（guanidinium isothiocyanate，GITC）-酚-氯仿法，其原理主要是利用 *N*-十二烷基肌氨酸钠（sarkosyl）或其他去污剂破坏细胞膜，利用异硫氰酸胍抑制 RNase 的活性，同时以 β-巯基乙醇破坏二硫键的作用辅助抑制，利用乙酸-乙酸钠形成的酸性环境使分子质量较大的 DNA 析出，利用酚-氯仿溶解蛋白质，在这里出现酚主要是利用酚的酸性。细心的初学者不难发现，RNA 提取中是没有用到蛋白酶 K 的。这是因为没有必要去给染色体中被蛋白质包裹的 DNA“松绑”了，被蛋白质包裹的 DNA 在 RNA 提取过程中会更容易析出，更倾向于进入有机相或两相交界的位置。

对于 RNA 提取而言，各大试剂公司都有试剂盒产品，有的可以对低至 10mg 的组织样品进行处理。RNA 提取的全过程，最重要的就是避免各种引入 RNase 活性的可能，包括佩戴并及时更换口罩、手套，以避免呼吸和手指的影响；用焦碳酸二乙酯（diethypyrocarbonate，DEPC）处理枪头、离心管；用 75%乙醇擦拭桌面、移液器、避免使用移液器上的褪枪头装置。

1. 溶液配制

（1）4mol/L GITC（2,3,4,6-四-乙酰基-β-D-吡喃葡萄糖异硫氰酸酯）变性溶液。将47.26g异硫氰酸胍、5g sarkosyl（*N*-十二烷基肌氨酸钠，*N*-月桂酰肌氨酸钠）放入10ml 250mmol/L 枸橼酸钠缓冲液，用柠檬酸调pH至7.0，加无DNase和RNase活性的无离子水定容至100ml，65℃水浴至充分溶解；不能冷冻或高温灭菌。除自制GITC溶液外，还可选择购买商品试剂Trizol，其工作原理与GITC-酚-氯仿法类似。

（2）2mol/L 乙酸钠（pH 4.0）。将27.22g三水合乙酸钠溶于80ml水，用冰醋酸调pH至4.0，加水定容至100ml，灭菌备用。

（3）10%（*W*/*V*）SDS。将10g SDS溶于80ml ddH_2O，定容至100ml。

（4）RNA吸附缓冲液。0.5mol/L NaCl，10mmol/L Tris·HCl，1mmol/L EDTA，0.1% SDS；先将NaCl、Tris·HCl、EDTA配制成混合液并灭菌，取出待温度降至65℃时用10% SDS原液调SDS终浓度。

（5）RNA洗涤缓冲液。10mmol/L Tris·HCl，0.1mmol/L EDTA。

（6）RNA洗脱缓冲液。0.1mol/L NaCl，10mmol/L Tris·HCl，1mmol/L EDTA，0.1% SDS；先将NaCl、Tris·HCl、EDTA配制成混合液并灭菌，取出待温度降至65℃时用10% SDS原液调SDS终浓度。

2. 实验方案

下面以小型组织块为例，展开实验方案。

（1）将新鲜或液氮保存或液氮转−80℃保存的组织块切成5mm以下的大小，加液氮研磨。

（2）按照每100mg组织对应1ml的比例加入GITC，再加入β-巯基乙醇使终浓度为1%（约0.14mol/L），用枪头充分吸吹至少3次。

（3）按照每100mg组织对应0.1ml、1ml、0.2ml的比例，分别加入2mol/L乙酸钠、酸性酚（pH5.0）和氯仿，振荡混匀30s。

（4）冰浴15min；冰浴的目的是促进DNA析出。

（5）在4℃以10 000r/min离心20min。

（6）将上清液小心吸出转入另一洁净离心管。

（7）加入等体积100%异丙醇，混匀后在−20℃静置1h促进RNA析出、沉降。

（8）在4℃以14 000r/min离心20min。

（9）小心地弃去上清液，将RNA沉淀重溶于0.5ml GITC，并转移至1.5ml离心管。

（10）加入等体积100%异丙醇，混匀后在−20℃静置1h促进RNA析出、沉降；在4℃以14 000r/min离心10min。

（11）小心地弃去上清液，用70%～80%乙醇润洗RNA沉淀两次。

（12）室温晾干，或在冷冻离心干燥机中，离心并抽真空干燥。

（13）将RNA重溶于50μl 1×TE，−80℃保存备用；或重溶于5ml STE（NaCl-

Tris-EDTA) -0.5mol/L NaCl-200μg/ml 蛋白酶 K，用于 mRNA 的进一步分离。

(14) 利用含有 oligo (dT) 的树脂将带有 polyA 的 RNA（即 mRNA）从总 RNA 中筛选出来，需要先处理 oligo (dT) 树脂，用 50ml 0.2mol/L NaOH 在旋转器（rotating wheel）上洗树脂 30min，用 50ml pH7.4 0.5mol/L Tris·HCl 洗两遍树脂以进行中和，用 ddH_2O 洗 6 遍，用 50ml 吸附 RNA 用的缓冲液洗树脂以平衡离子浓度，离心去掉润洗缓冲液后再次用缓冲液悬浮。

(15) 将 0.25ml 树脂悬浮液加入到总 RNA 溶液中，在旋转器上处理 1h 以上使 mRNA 充分被吸附。

(16) 在 2000r/min 离心 1min 使树脂沉淀，弃去上清液，加 15ml 吸附缓冲液；重复两次以尽量除去残余 rRNA。

(17) 将树脂移入经 0.2mol/L NaOH 和几倍体积吸附缓冲液处理过的 BioRad 玻璃柱 econo-column，用 10ml 吸附缓冲液和 2ml 洗涤缓冲液先后清洗树脂。

(18) 用 1ml RNA 洗脱缓冲液将 mRNA 从玻璃柱中洗脱，收集洗脱出的溶液，加入 100μl 5mol/L NaCl 和 2.5ml 100%乙醇，使 mRNA 析出，−20℃静置沉降。

(19) 在 4℃以 14 000r/min 离心 10min，小心地弃去上清液，用 70%～80%乙醇润洗 RNA 沉淀两次，室温晾干，或在冷冻离心干燥机中，离心并抽真空干燥，将 mRNA 重溶于 50μl 1×TE，−80℃保存备用；可以取部分测 OD 值。

(20) 通过以下步骤可以使树脂再生：用 RNA 洗脱缓冲液清洗，用 0.2mol/L NaOH 清洗，离心沉淀去上清液后，用 0.5mol/L pH7.4 Tris·HCl 重新悬浮 15min，检测 pH，重复沉淀-悬浮的步骤直到 pH 稳定在 7.4，再次沉淀后用 ddH_2O 重新悬浮以去除盐分，最后沉淀并悬浮于无水乙醇中，−20℃避光保存。

一般使用电泳判断 RNA 的完整性，使用 A_{260}/A_{280} 判断 RNA 的纯度。如果对 RNA 样品在 200～300nm 范围内进行扫描，纯 RNA 的吸光度曲线比较平滑，A_{230} 和 A_{260} 是两个拐点，A_{300} 接近 0，A_{260}/A_{280} 和 A_{260}/A_{230} 都在 2.0 左右。如果没有扫描数据，也一定要测定 A_{260}/A_{230} 比值，因为该比值对所有影响酶反应的杂质的残留更敏感。测定时注意考虑设备的线形范围，A_{260} 应为 0.1～0.5。另外，以水溶液测定的 A_{260}/A_{280} 比值将比在 1mmol/L EDTA 中测定的偏低 0.3 左右；以 10mmol/L EDTA 溶液测定的比值将比在 1mmol/L EDTA 中测定的高 0.2 左右。

11.2　PCR 技术、纯化回收与克隆

所谓 PCR 技术，就是聚合酶链反应（polymerase chain reaction），是参照 DNA 在体内合成的原理而设计的 DNA 体外扩增技术体系。不少国内外教科书对于 PCR 的讲解，会带给人一种错觉，就是“DNA 体外扩增与 DNA 体内复制原理相同”。事实上，这里面有些微妙的差别。虽然看上去 DNA 在体外和体内的“复制”结果类似，但是 PCR 反应中的 *Taq* 酶是一种在古菌体内起修复作用的聚合酶，而不是在染色体复制/倍增（replication）过程中起作用的聚合酶。要知道，体内的 DNA 复制是受细胞周期调

控的，而修复性的合成作用则是有了酶、有了靶标、有了原料就可以随时进行的。PCR过程中的倍增效果实际上来自于热循环和引物的成对设计，这造成了“变性-复性-延伸”的反应循环；由于每一次合成的产物都会作为下一次合成的模板，因此形成了所谓链式反应。也就是说，如果没有热循环，或者引物只有一条，都很难形成链式效果。

事实上，在20世纪80年代初Kary Mullis（PCR技术的发明人）工作的领域是将寡核苷酸作为探针通过杂交标记目标DNA，此外将其作为引物进行DNA测序或cDNA合成。后来他开始使用成对的引物，并且加入来自大肠杆菌（*E. coli*）的DNA聚合酶Ⅰ大片段（即Klenow片段，保留了5′→3′的聚合酶活性），这使得DNA在体外的大量扩增成为可能。在将Klenow片段改换为*Taq*酶后，这种可能才真正成为现实，因为前者会在DNA高温变性步骤中失活，而后者不会。后者来自于水生栖热菌（*Thermus aquaticus*），最初由美国微生物学家Thomas D. Brock（1926～）于1965年从美国黄石国家公园pH中性偏碱的温泉中分离获得。较高温度下的催化活性还附加地带来了另一个好处，就是与复性温度区间拉开了距离，复性温度的升高提高了引物与模板结合的门槛，这样有利于较长的、特异性较高的引物与模板结合。

引物所起到的作用有两个，所有引物都会起到的作用是形成供*Taq*酶识别的靶标位点，即单链末端与双链的配对结合部；特异性引物所起到的作用是特异性地扩增某一片段。明白了前一点，就会明白为什么引物设计过程中3′端的设计非常重要，如果那个位置的碱基结合不牢的话，就影响到*Taq*酶对靶标位点的识别；明白了后一点，就会明白不是所有引物都能被用来进行特异性扩增，至少要达到一定的长度才会出现扩增的特异性。在此请注意区分特异性引物的非特异性扩增和随机引物的特异性扩增。如果在保守区段设计了分别长5nt（nucleotide，核苷酸）的特异性引物对，那么由于基因组中符合那两个5nt排列的目标序列可能很多，所以设计上特异的序列未必能够形成特异性扩增；如果随机生成了一个分别长15nt的引物对，那么由于基因组中符合那两个15nt排列的目标序列可能是唯一的，所以设计上随机的序列也可以形成特异性扩增。

有人或许会问，为什么复性过程中不是原先变性分开的互补长链之间再次配对呢？这是因为生物大分子也符合分子在溶液中运动的一般规律，即布朗运动（Brownian motion），由于引物或者说寡核苷酸的数量大大超过模板的数量，因此复性过程中引物率先与单链模板结合的机会更大。明白了这一点，就不难明白另外两个问题。一个是当引物浓度过高时，复性过程中会发生引物自连，所以过高的引物浓度是没有意义，甚至有害的。还有就是为什么链式反应在40个循环之后产物量无法继续有效增加，因为那个时候目标DNA的浓度已经较高，复性的过程中引物已经很难有机会结合上去，这是比所谓酶的疲劳、单核苷酸缺乏等解释更为基本的原因。由于同样的原因，基因组DNA的破碎可能会给PCR过程带来不利影响。

还有一个有时会被忽略的问题，就是引物合成是有合成效率的，合成过程本身的产物是含有不同长度引物的混合产物。也就是说，以一个长20nt的引物为例，产物中除了全长引物之外，还有缺少最后添加的1nt的长19nt的引物，还有缺少最后添加的2nt的长18nt的引物，……依此类推。如果每一步合成的效率是98%的话，最终真正20nt长的引物在混合产物中所占的比例约为68%。想一想那些只有几个核苷酸长度的引物会造成什么，这也就是为什么要对引物进行纯化的原因。现在生物服务公司一般有三种纯化方式：柱纯化（OPC）、聚丙烯酰胺凝胶电泳（PAGE）纯化和高压液相色谱（high-performance liquid chromatography，HPLC）纯化。不同的纯化方式会有不同的纯化效果，一般来说 HPLC 纯化所能达到的纯度最高，用户可以根据自己的需求进行选择。

11.2.1 一般的 PCR

对于不同片段的扩增来说，在方法上往往有或大或小的差异，这与片段的长度以及二级结构的情况、引物的长短和 GC%以及特异性等因素有关。一个 PCR 体系包括模板、缓冲液、单核苷酸、引物和 *Taq* 酶等。①一般应使反应体系中 Mg^{2+} 在高于 dNTP 浓度、低于 6mmol/L 的区间内，常用 1.5mmol/L 左右。②模板中 DNA 含量一般为 10～100ng 即可。③从试剂公司购买的缓冲液一般是 10×的浓度，在使用时按体系整体设计体积的十分之一取用。缓冲液中可以考虑添加牛血清白蛋白（bovine serum albumin，BSA）或明胶（gelatin），两者选一，有助于维持 *Taq* 酶的稳定；可以考虑添加 TritonX-100、NP-40、Tween-20，三者选一，帮助克服二级结构的干扰；可以考虑添加二甲基亚砜（dimethylsulfoxide，DMSO）或甘油（glycerol），两者选一，有助于准确的复性（annealing）。④4 种单核苷酸一般取终浓度各 0.1～0.2mmol/L。⑤引物一般取终浓度各 0.4～0.8μmol/L。⑥*Taq* 酶的合成效率为约 10^3 bp/min，错误率为每 20 个循环 1kb 有 1 个错误，一般取终浓度为 1～5U/100μl。

一个 PCR 反应程序一般包括初始变性（initial denaturation）、30～40 个“变性-复性-延伸”循环和最终延伸。在所有这些步骤中，最为关键的是复性（退火）温度，如果过高的话引物不易结合牢固；如果过低且引物未经有效纯化的话，长度较短的引物会形成目标序列以外的大量扩增。该温度的合理设定取决于引物的核苷酸组成和长度等因素，最准确的合适复性温度需要测定，粗略估算的经验公式为 T_m（℃）$=4\times N_{G+C}+N_{A+T}$，复性温度一般按照上下游引物中较低的一个 T_m 值，取低于其 4℃的温度。关于延伸步骤的温度，虽然多数引物（18～24bp）的 T_m 值都低于 72℃，但实际上在从复性温度升到 72℃的过程中，延伸已逐步开始，不需要担心升到 72℃后 *Taq* 酶要开始工作时引物已经掉下去了，因为复性之后酶已经结合上去，只不过到了 72℃后才开始最有效率地发挥作用。*Taq* 酶的合成速率主要取决于温度，在 37℃时约为 1.5nt/s，55℃时约为 24nt/s，70℃时大于 60nt/s；除温度之外，镁离子浓度、去污剂、模板二级结构、dNTP 浓度等也会影响合成速率。关于延伸步骤的时长，经验性总结一般为目标序列不足 500nt 时用 30s，目标序列长 500～1500nt 时用 60s，目标序列长于 1500nt 时用 90s。应该说，这样的时程设置很可能还存在相当多的冗余，由于延伸时程过长并无意义，甚至可能增多复制错误，并且不利于高温下酶活性的保持，所以各人可以考虑摸索更短的能奏效的时程。

对于 PCR 扩增效率，国内外很多教科书上的解释容易给人以误导，也就是认为最终获得的片段拷贝数，是初始拷贝数乘以 $2^{30\sim40}$。应该说，或许最终包含目标片段的核酸数量的确达到了这个量，但是“可分离的”目标片段数量绝不是这个计算方式。为什么呢？我们以一个单拷贝基因为例，事实上在第一轮反应循环之后，产物片段是比扩增目标要长的片段，也就是在 3′方向上的延伸存在冗余；在第二轮反应循环之后，才会出现真正达到扩增目标长度的片段，并且其数量最多和基因组中所含的数量一样多。所以，目标序列的产出效率绝不简单地是 $2^{30\sim40}$。对于 rDNA 等致同进化的多拷贝基因家族来说，产物生产的效率显然会高得多，但是可分离的、特定长度的目标片段数量也绝不是简单的指数增长。

引物设计涉及一些问题，如长度、3′端碱基状态、GC%和目标序列是否编码蛋白质。①引物的长度设计可以非常灵活，范围为 13～80nt，一般常用 18～25nt。②由于作为 *Taq* 酶的结合位点，3′端或近 3′端的配对牢固程度非常重要。3′端的 AG、GA 和 CC 配对会导致 PCR 产量是正常情况下的 1%，AA 配对会导致产量是正常情况下的 5%。在有把握的情况下，应该使 3′端的碱基状态是 C 或 G，因为三氢键的配对更为牢固，但是任何碱基连续出现三个或更长都不好，容易形成错配，尤其是 CCC 或 GGG 可能会错配得很牢固；在没有把握的情况下，可以考虑 3′端优先选用 T，因为 T 总是能形成相对比较牢固的配对。③GC 与 AT 尽量各占一半，但是对于线粒体，GC%低到 1/3 也很正常。④如果目标序列是蛋白质序列的话，一般选择已知氨基酸序列比对结果中有连续 5 个或更多保守氨基酸所对应的核苷酸区域。一个经常遇到的问题是，简并密码子（degenerate codon）会难以避免地导致出现简并引物（degenerate primers）。简并会稀释每一种真实引物的浓度，所以简并程度应该被尽量降低。第一，有的氨基酸的同义密码子个数是 2 个而不是 4 个，在有可能的情况下，应尽量多地使用这些位置的氨基酸所对应的核苷酸作为引物结合部位。第二，同义密码子被使用的频率是不一样的，可以通过比对大量近缘类群的同源序列作出判断。对于编码蛋白质的 DNA 序列，引物 3′端最好取在密码子的第二位，其次是第一位，与 3′端最临近的一个完整密码子的第三位用简并设计比较保险，并且最好是 2 个而非 4 个同义密码子之间的简并。

关于通用引物与类群专一性引物的使用问题，在一项研究的初期，为了尝试成功率往往选择通用引物，但是随着初步数据的获得，优化引物是值得的。假设每一个循环的产量可以提高 10%，那么最终产物的产量可以达到原先的 15 倍。

50μl 体系配制：

原始组分	组分体积	终浓度
ddH_2O	34μl	—
10×PCR 缓冲液	5μl	镁离子 1.5mmol/L
2mmol/L 每 dNTP	5μl	0.2mmol/L 每 dNTP
10μmol/L 引物 1	2μl	0.4μmol/L
10μmol/L 引物 2	2μl	0.4μmol/L
LA *Taq*（5U/μl）	0.1～0.2μl	1～2U/50μl
DMSO（HPLC 纯化）	1μl	
模板 DNA	1μl	可变

热循环程序设置：

温度与时长	循环数
94℃ 1～2min	1×
94℃ 30s ＋ 37～65℃ 30～60s ＋ 72℃ 30～90s	30～40×
72℃ 2～10min	1×
4℃保持	1×

观察热循环程序设置之后不难发现，最关键也最难把握的就是复性温度。一般来说，最常用的是 45～55℃，偏低的温度用于前期摸索，偏高的温度用于改进引物与模板的匹配程度后提高 PCR 表现。这就意味着，如果是做阶元级别偏低的工作，完全有可能使用对于绝大多数类群都适用的、并且匹配完美的引物，在这种情况下，应该使用较高的温度以尽量提高 PCR 的表现；如果是做阶元级别偏高的工作，总是很难形成普适性较强的引物，那么在兼顾实验效率与阳性结果的权衡下，不必对引物的专一性结合做过高的要求，可以考虑 48～50℃这样的温度范围。这个温度范围适用于长度为 20nt 的引物存在 1～5 个错配的情况，更少的错配用更高的温度，更多的错配用更低的温度。这同时还给了我们另外一个提示，就是在设计引物的过程中，综合考虑两条引物的情况，它们各自对于复性温度的要求不宜相差太多。

如果使用梯度 PCR 仪器的话，可以考虑对复性温度做空间上的梯度设计，这样可以有效帮助确定最佳的复性温度；如果使用非梯度 PCR 仪，也可以考虑通过时间上的梯度改变优化 PCR 的表现，这其中又分为上行（step up）梯度和下行（touch down）梯度。上行梯度的目的在于先给匹配程度可能不佳的引物以机会，待通过 3～5 个循环形成一定量的初期 PCR 产物后，再提高温度进行针对初期 PCR 产物的扩增，如 5 个 45℃复性循环＋35 个 55℃复性循环。下行梯度的目的在于先使匹配程度较高而结合位点可能不很专一的引物，形成较为专一的 PCR 产物，然后再逐步降低温度放大产量，如 60℃→58℃→56℃→54℃→52℃复性循环各 2 个，再接 30 个 50℃复性循环。

PCR 产物电泳检测的步骤，可以参考 DNA 提取流程的第（15）～(18）步。离目标条带最近的拖尾，在前进方向相反一侧是 PCR 过程中较长的副产物，在靠前进方向一侧是目标条带一定程度的降解；背景拖尾是引物自连、引物二聚、基因组 DNA 降解、蛋白质等。一般来说，如果电泳结果显示所扩增序列的长度符合预期，那么很可能意味着得到的就是目的片段。不过，一方面这可能存在例外，还是需要测序结果、重复实验或其他证据进一步确证；另一方面，不符合预期长度的也可能就是目标片段，只不过同源序列可能在不同类群间存在较大的长度变异。

11.2.2　巢式 PCR

巢式 PCR（nested PCR，另译嵌套 PCR）是在普通的 PCR 反应的基础上，再增加一轮 PCR，第二轮 PCR 的模板为第一轮 PCR 的产物，引物的位置位于第一轮 PCR 产物的内部。第二轮所使用的引物称为巢式引物或嵌套引物。巢式 PCR 的优点是能极大地提高产物的特异性，缺点是由于增加了一轮 PCR，扩增产物点突变概率随之升高，所以在使用巢式 PCR 扩增时应使用高保真 *Taq* 酶，并缩短每轮 PCR 的循环数。在动物系统学研究中，巢式 PCR 可能对年代久远的干标本 DNA 片段的扩增起到非常好的效果。

11.2.3 增效 PCR

所谓增效 PCR（booster PCR），是指在模板浓度过低的情况下，由于非特异性扩增或引物二聚体等因素的存在，可能导致无法对目标片段进行特异性较强的有效扩增，因而采取分步加入引物的做法，以期改善扩增效果。也就是说，在一开始配制 PCR 体系的时候，先将单核苷酸和引物浓度控制在正常水平的 1%～10%（引物浓度甚至可以低至<1pmol），在 PCR 进行过 15～20 个循环之后，再向体系中补加单核苷酸和引物至正常水平，如果有必要的话也可以补加 *Taq* 酶，然后再次启动 PCR，用与第一步相同的参数设置进行 30～50 个循环。在分子系统学研究中，增效 PCR 可以用来应对体型很小、个体基因组 DNA 提取量难以有效提高的情况。

11.2.4 TAIL-PCR

TAIL-PCR 是热不对称交错 PCR（thermal asymmetric interlaced）的简称，是一种染色体步行 PCR，是一种发掘侧翼序列的扩增技术。该技术通过 3 组嵌套的特异性引物分别和简并引物组合进行连续的 PCR 循环，利用不同的退火温度选择性地扩增目标片段。由一条特异性引物和一条简并引物作为引物所进行的 PCR 反应，会产生 3 种不同类型的产物，一种是由特异性引物和简并引物扩增出的产物，一种是由两条相同的特异性引物扩增出的产物，还有一种是由两条相同的简并引物扩增出的产物。在 TAIL-PCR 反应中，后两种非目标产物可以通过后面两轮 PCR 中向内部嵌套设计的引物特异性来消除。

TAIL-PCR 技术的原理就是利用目标序列旁已知的序列设计 3 条嵌套的特异性引物（special primer，从 5′端起依次称为 sp1、sp2、sp3）、分别长 20nt 左右（T_m 值 58～68），用它们分别和 1 条长约 14nt（T_m 值 30～48）随机简并引物（arbitrary degenerate primer，AD）相组合，以基因组 DNA 作为第一轮反应的模板，以前一轮反应的产物作为下一轮反应的模板，根据引物在长短和特异性方面的差异设计不对称的温度循环，通过分级反应来特异性扩增目标片段。在动物系统学研究中，如果发现某核基因的一个短片段已在非分子系统学研究中有研究，或者已在分子系统学研究中有少量应用，这个核基因可能可以被作为新的分子系统发育序列标记，但是已知的片段太短，希望至少可以把包含已知片段的编码区全长进行扩增和测序，这个时候就可以用 TAIL-PCR 来在感兴趣的类群中发掘新的、更长的分子标记。

在 TAIL-PCR 反应体系中，特异性引物的浓度与普通 PCR 中的相同，随机简并引物由于序列短，因而浓度要高一些（2.5～5.0μmol/L），以满足引物的结合概率需要。

热循环程序设置（第一轮）：

温度与时长	循环数
94℃ 1～2min	1×
94℃ 15～60s+63～68℃ 60s+72℃ 90～120s	5×高特异性反应
94℃ 15～60s+25～30℃ 180s+72℃ 90～120s（0.2℃/s 升温）	1×低特异性反应
94℃ 15～60s+44℃ 60s+72℃ 120s	10×较低特异性反应
94℃ 15～60s+63～68℃ 60s+72℃ 120s	12×TAIL/超级循环
94℃ 15～60s+63～68℃ 60s+72℃ 120s	（由 2 个高特异和 1 个
94℃ 15～60s+44℃ 60s+72℃ 120s	较低特异为循环单位）
72℃ 2～10min	1×
4℃ 保持	1×

典型的 TAIL-PCR 反应中，第一轮的 5 次高特异性反应，使 sp1 与已知的序列复性并延伸，增加了目标序列的浓度；1 次低特异性的反应使简并引物结合到较多的目标序列上；10 次较低特异性反应使 2 种引物均与模板复性。第二轮由 sp2 与随机简并引物，对稀释 1000 倍后的上一轮产物，进行 10 次 TAIL 循环，加最终延伸。第三轮由 sp3 与随机简并引物，对稀释 1000 倍后的上一轮产物，进行 20 次普通的较低特异循环，加最终延伸。很显然 TAIL-PCR 也会具有巢式 PCR 的缺点，所以在进行 TAIL-PCR 时也应使用高保真 *Taq* 酶，并缩短每轮 PCR 的循环数。

由于 sp1 与随机简并引物在第一轮反应中的产物一般达不到可被电泳检出的水平，因此可以省略第一轮反应产物的检测、而仅对第二和第三轮反应的产物进行检测；第二和第三轮反应的产物应成对点样。由于特异引物是嵌套的，因此是第三轮反应的产物应短于第二轮反应的产物。不同的随机简并引物的扩增效率不同。有效的 TAIL-PCR 扩增出的目标片段大小一般为 250～2000nt。由于随机简并引物在特异性引物的下游可能存在多个复性位点，同一目标序列有时会产生一个以上不同长度的产物片段。

11.2.5 反转录 PCR

反转录 PCR（reverse transcription PCR，RT-PCR）一般用于解决编码区之间间隔较远的情况，除此之外，反转录 PCR 相较于 PCR 的优势在于，模板的拷贝数。大家知道，除非存在较强的致同进化作用，否则用于分子系统发育研究的都应该是单拷贝基因。与线粒体基因组或 rDNA 簇相比，单拷贝基因在基因组中的天然拷贝数低到了极限，这对于 PCR 无疑是不利的。不过对于反转录 PCR，由于以 mRNA 为模板，而 mRNA 的拷贝数肯定要比相应基因的单拷贝高，所以反转录 PCR 不但避免了非转录区和内含子的干扰，还有更多的模板拷贝可以利用。

在反转录 PCR 的初期阶段，需要利用反转录酶将 mRNA 转变为 cDNA，然后再进行正常的 PCR 反应。反转录酶的来源包括禽类成髓细胞瘤病毒（avian myeloblastosis virus)、莫洛尼鼠白血病病毒（Moloney murine leukemia virus）等的反转录酶，以及具有反转录活性的 DNA 聚合酶，如 rTth（recombinant Thermus thermophilus DNA polymerase）。反转录与扩增的过程可以分开进行，也可以放在一个体系内进行。以下是分开进行的操作中的反转录部分。

（1）取 1μg 冻干的 mRNA 与 30pmol 引物，加 ddH_2O 至 11μl。

（2）70℃水浴 10min，置于干冰中冷冻，取出置于室温升温 10min。

（3）加 4μl 随购买反转录酶赠送的缓冲液，2μl 0.1mol/L 二硫苏糖醇（dithiothreitol，DTT）和 1.5μl dNTP（10mmol/L for each），DTT 可以破坏 RNase 二硫键，还可以提供还原性环境，这些都为 RNA 起到保护作用。

（4）37℃水浴 10min。

（5）加入 1.5μl 反转录酶，37℃水浴 60～90min。

（6）接正常 PCR 程序。

11.2.6 长 PCR

大片段的直接扩增使得研究者得以摆脱以前靠染色体步行（chromosome walking）得到全序列的繁复工作，只需进行长 PCR（long PCR），然后用鸟枪法（shotgun）或酶切克隆建文库测序即可。此外，由于无脊椎动物一般个体很小，与脊椎动物和植物相比，无法比较容易地通过直接提取获得线粒体，因而这项技术对于无脊椎动物线粒体基因组的研究尤其有意义。当将长 PCR 用于以全基因组 DNA 为模板、通过一步或两步扩增线粒体全基因组时，还可以帮助排除来自核基因组中假基因拷贝的干扰。

长 PCR 也称为 LA-PCR（long-range and accurate PCR），因此长 PCR 中所用的 *Taq* 酶也被称为 LA-*Taq* 酶。事实上，所谓的 LA-*Taq* 酶就是 *Taq* 酶和 *Pfu* 酶的混合物，后者来自一种极端嗜热古菌 *Pyrococcus furiosus*，菌株最初由德国微生物学家 Karl Stetter 和 Gerhard Fiala 于 1986 年从意大利火山岛的泥浆温泉中分离获得。与 *Taq* 酶相比，这个酶由于具有 3′-5′回切校正的活性，而合成 DNA 的准确率更高，同时效率较低。但是 *Pfu* 酶不像 *Taq* 酶那样具有在扩增产物末端加 A 的活性，因此如果只使用 *Pfu* 酶的话，很难将扩增产物直接进行克隆。所以混合酶兼顾了两个方面的需求，形成了更为理想的解决方案。与 *Pfu* 酶功能类似的还有 Klen *Taq* 等酶。

Barnes（1994）认为，DNA 模板是反应液中的热不稳定因素，当加热到 95℃或更高温度时，对 *Taq* 酶的损伤不是很大，但是模板发生脱嘌呤等情况将大大增加，这不利于得到较长的扩增产物，因此应尽量降低变性温度和时长。为了实现相对低温下的有效变性，可以考虑在反应体系中加入甘油和 DMSO 作为辅助溶剂。甘油被认为可以增强聚合酶的热稳定性，并有效地降低变性温度（每 10%甘油浓度降低 2.5～3℃），增强退火的特异性。DMSO 每 10%的浓度可以降低变性温度 5.5～6℃，因而也常被采用。但是 DMSO 可能降低聚合酶的稳定性，因此与甘油结合使用效果更佳。

Cheng 等（1994）建议扩增长于 20kb 的 DNA 时，延伸时间至少为 10min，但不能超过 22min。每次循环的延伸时间可以考虑较上一轮的增加 15～20s，以提高扩增特异性，原因未知；延伸时间的粗略估计公式为 $t=1\text{min}+x$ bases（2.5s/100bases）。以下以一步完整扩增节肢动物线粒体基因组为例进行说明。本书作者认为，在采用 LA-*Taq* 的情况下，可以考虑缩短延伸时长。

50μl 扩增体系配制：

原始组分	组分体积	终浓度
ddH_2O	29μl	—
10×PCR 缓冲液	5μl	镁离子 1.5mmol/L
2mmol/L 每 dNTP	8μl	0.32mmol/L 每 dNTP
10μmol/L 引物 1	2μl	0.4μmol/L
10μmol/L 引物 2	2μl	0.4μmol/L
LA *Taq*（5U/μl）	0.5μl	2.5U/50μl
DMSO（HPLC 纯化）	2.5μl	
模板 DNA	1μl	可变

热循环程序设置：

92℃ 2min	1×
92℃ 10s+65℃ 30s+68℃ 13min	10×
92℃ 10s+65℃ 30s+68℃ 13min	20×（每个循环比上一个循环的延伸时间多 15s，最后一个循环为 13×60+20×15=1080s）
68℃ 7min	1×
4℃保持	

11.2.7　纯化回收与克隆

在得到 PCR 产物后，出于提高测序质量的考虑，一般需要进行纯化回收，或者纯化回收再接克隆。目前纯化回收通常是在切胶后使用柱纯化试剂盒，克隆一般也是采用试剂盒，购买时注意根据各试剂盒回收、克隆目的片段的长度范围进行有针对性地选择。

在紫外透射仪下，用干净锋利的刀片将所需的 DNA 条带从琼脂糖凝胶上切下，将其转入 1.5ml 离心管中；如果一次切多个条带，中间最好换刀片，或者将刀片蘸乙醇燃烧后再次使用。

切胶后，即根据各公司试剂盒的说明书进行纯化回收操作。一般来说都会包括如下步骤：①加吸附缓冲液置于 50～60℃水浴 10min，并不时摇晃离心管，至胶完全融解；②将溶液转入内置纯化柱的离心管，静置 2min 使纯化柱吸附 PCR 产物；③离心去掉柱中液体；④加洗涤缓冲液并离心，再重复一次，以尽量去掉柱中残余的吸附缓冲液；⑤将纯化柱放入一干净的 1.5ml 离心管中，抽真空 7min 以去除柱中水分；⑥向回收柱中心加入 30～50μl 无离子水，用封口膜包裹好离心管以避免蒸发，置于 50～60℃水浴 20min，使 PCR 产物从柱中重新回到溶液中；⑦离心取得 PCR 产物溶液。

克隆试剂盒中所用的载体一般是带有某种抗性（如氨苄）的质粒，并且有的已将质粒、连接酶及缓冲液配制成混合液。①将质粒、连接酶、缓冲液、PCR 产物和无离子水按试剂盒指定比例配制成混合液，并在指定温度下孵浴指定时长，使目标片段连入载体；一般来说，片段越长，连接步骤所需的时间也越长。②将混合液加入到一定量刚从−80℃解冻的感受态菌液中，冰浴 30min。所谓感受态细胞，一般是通过理化方法将革兰氏阴性菌诱导形成细胞膜具有较高透过性的状态，并且不含质粒，营养条件不苛刻。③在 42℃热激指定时长，形成转化，然后在冰中放置指定时长，使细胞膜恢复状态。④准备室温溶菌肉汤（lysogeny broth，LB）培养基并将其分为两部分，将一部分指定体积的培养基与菌液混合后，在慢速（如 70r/min）摇床上 37℃培养 1h；向另一部分培养基中加入 1/1000 体积的氨苄抗生素溶液，混匀后分装到 1.5ml 离心管中，每管 1ml。这一步，第⑤步和第⑦步均在超净工作台上进行。⑤准备一定量按 1.5%质量体积比加入了琼脂糖，按 0.1%体积比加入了氨苄溶液的 LB，微波炉加热溶解后，按每培养皿 20ml 的量倒入各个培养皿，平放静置凝固（可以提前倒好在 4℃冰箱里保存）。⑥将 37℃培养的菌液以 4000r/min 离心 5min，吸取弃去上清液，将剩余溶液体积控制在 100～150μl，如果培养皿中的培养基较干燥，则多剩余一些，如果已凝固足够长时间但不太干燥，就少剩余一些。⑦轻弹离心管重新悬浮其中的菌体，并充分混匀，将菌液均匀涂布于培养皿中凝固好的培养基上，盖好盖子静置一段时间，直到菌液向培养基有足够好的渗入，不再在其表面呈现流动状态，在 37℃培养过夜（14～16h）。⑧由于质粒中含有氨苄抗性基因，因此在含有氨苄的培养基上能够生长出来的单克隆菌落（正常情况下是白色），都是已经带有质粒的。随机选择 5 个菌落分别进行如下操作：用 10μl 枪头挑菌并在后续 PCR 体系中（可以只剩模板/菌体没加）搅动，然后将剩余菌体移至第④步中装有氨苄 LB 培养基的 1.5ml 离心管中，在摇床（170r/min）中 37℃培养过夜。之所以挑 5 个菌落，是因为可能存在未连接 PCR 产物的质粒转入了菌体；之所以不再挑更多的菌落，是因为如果遇到 5 个都是未连接的情况，那么挑更多菌落一般也是一样的结果。⑨如果菌落 PCR 的产物电泳检测含有预期长度（质粒＋克隆前 PCR 产物）的条带，那么就将上一步中在 1.5ml 离心管中培养过夜的菌液交给生物技术服务公司进行测序。

25μl 菌落 PCR 体系：

组分	体积
ddH_2O	17.5μl
10×PCR 缓冲液	2.5μl
2mmol/L 每 dNTP	2.5μl
10μmol/L 引物 1 M-13 F	1μl
10μmol/L 引物 2 M-13 R	1μl
Taq（2.5U/μl）	0.5μl

PCR 反应条件：

94℃ 1min	1×
94℃ 30s + 55℃ 1min + 72℃ 1～1.5min	30×
72℃ 8min	1×
4℃ 保持	

11.3　序列测定与拼接和申报

DNA 测序技术出现于 20 世纪 70 年代后期，Maxam 和 Gilbert（1977）和 Sanger 等（1977）先后发表了化学降解法测序和双脱氧-链终止法测序（桑格法测序、酶法测序）。在可视化标记和显影方面，两种方法在当时均采用放射性同位素标记和放射自显影。它们本质的区别是，前者用的是"降解"的思路，而后者用的是"合成"的思路。由此，前者采用不同的化学试剂，特异性地处理不同的碱基或碱基组合，这使得测序工作较为繁复。相比之下，桑格法通过 4 种双脱氧核糖核苷酸（ddNTP）对 DNA 聚合酶合成反应的终止作用达到测序目的。

11.3.1　Sanger 法测序原理

最初的 Sanger 法（桑格法），是将标记做在 dNTP 中，这使得反应不得不分 4 组进行，也就是单链模板在结合了引物（一般 15～25nt）后，加带同位素标记的 dNTP，加 DNA 合成酶之后，分成 4 组分别加 ddNTP 中的一种，最终把 4 组反应各自的混合产物进行变性 PAGE 电泳检测。很显然，由于各个目标片段碱基组成的偏异，把标记放在 dNTP 上不利于标记强度的均匀，不利于观察。后来虽然经过把标记位置换到引物上，解决了标记强度不均一的问题，把同位素标记改为荧光标记，为自动化测序创造了条件，但是这些改进并没有改变测序流程的基本格局。直到把 4 种不同的二氯罗丹明（dRhodamine）荧光标记分别放在 4 种不同的 ddNTP 上之后，这些问题就都解决了，由于链的终止与链的标记环节形成整合，反应不必再分 4 组；由于标记不放在 dNTP 上，标记强度是均一的；由于标记是荧光染料的，并且不同的荧光标记颜色用于对应于不同的碱基，这样就可以通过激光器激发荧光并以荧光检测器检测，由系统记录整理输出，得到递送给客户的色谱图（chromatograph）。随着毛细管电泳（capillary electrophoresis，CE；or，capillary zone electrophoresis，CZE）的应用，片段的分离可以在小尺度内高效地进行，这进一步提升了测序的自动化、一体化水平。

目前在桑格法测序中使用的 DNA 聚合酶，是经过改造的 *Taq* 酶，如 Taq FS。与化学降解法相比，桑格法具有 3 个方面的优势：一是方法具有灵活性，有改进余地；二是不需要事先具有限制性酶切图谱的知识；三是电泳结果分辨率高，一次反应读取的信息量大。由于这些明显的优势，桑格法是目前短片段测序中普遍采取的原理。

11.3.2 短片段直接测序

认真设想桑格法测序过程，就可以理解一些问题。例如，对于短片段直接测序来说，一次测序为什么会存在长度限制（600～1000nt），测序的时候为什么 5′端在引物序列之后有 15～40 个碱基测不出来，为什么靠近 3′端的效果也受影响。不难设想，dNTP 和 ddNTP 的相对比例是一个重要问题，如果 ddNTP 含量很低，那么合成反应当然可以持续进行很长时间，但是这是没有意义的，如果反应产物中缺少连续性足够强的终止和标记，序列是无法被连续读出的。很显然，当所有模板链上的合成反应都被终止后，这时就决定了测序反应结果的长度上限。

那么 ddNTP 的含量过高又会怎么样呢？在这种情况下，合成反应倾向于被过早终止，过早终止的结果是靠近 5′端的。为了使合成产物中存在足够连续的终止和标记，为了合成反应不过早终止，ddNTP 的含量需要适中。如果要反应不过早终止的话，那么就意味着从 5′端开始的反应，在初始阶段上去的都是 dNTP，没有 ddNTP，没有荧光标记自然就读不出来序列。对于 3′端来说，测序质量下降的原因是不同的，3′端的问题主要是由于当大量的链上合成反应都被终止后，剩余的链中即使能产生连续分布的终止和标记，也可能由于信号过弱而难以检测。

不过对于 5′端和 3′端来说，有一个现象是类似的，就是在紧挨连续清晰可读的序列部分的上游和下游位置可能信号不好，但是在信号不好的位置的更上游和更下游可能反而存在零星的明晰的信号，这并非异常，而是随机的客观结果，成因就在于链合成终止反应的随机性。

对于短片段直接测序，扩增引物可以直接作为测序引物；如果片段长度超过了两次测序反应的读长之和，则需在片段内部设计测序引物，以使测序结果可以拼接。了解到短片段直接测序的固有局限性，就能够认识到连接载体克隆后测序的价值。

11.3.3 高通量测序

短片段测序也就是所谓的第一代测序，早期电泳测序仪型号为 ABI PRISM 370A，毛细管电泳测序仪型号为 ABI PRISM 310，后来主流型号为 ABI PRISM 377，这类机器的特点是读长较长。虽然对于短片段测序来说，桑格法测序成本已经很低，如果一个美国的实验室购买一台 377 测序仪自己做测序，单次反应读长 800bp 的成本也就是 1 美元，但是对于基因组测序来说桑格法的成本还是偏高。基于第一代技术的基因组测序，思路是将全基因组用限制性酶切后，用脉冲场凝胶电泳（pulse field gel electrophoresis，PFGE）分离，连入克隆载体（载体应有携带 100kb 以上片段的能力），转入 *E. coli*，在测定各个片段之后对序列进行拼接。基于这一思路，ABI 3700/3730 测序仪在借助文库的情况下可以达到 40～100kb 读长，但是成本高昂。

随着对基因组测序需求的急剧增加，成本的降低和效率的提高成为关键，高通量测序（high-throughput sequencing）技术应运而生。所有高通量测序技术的共同点，都是测定几倍于实际基因组长度数量的短片段，然后通过拼接形成最终结果。John Craig Venter 因为在人类基因组计划实施的过程中，明确倾向于使用鸟枪法（shotgun）作为解决方案，而为人所知。不过实际上，鸟枪法是桑格在 1980 年提出的。此外，将这一思想转化为实物的努力在 20 世纪 90 年代初也已存在，当时美国 Lynx Therapeutics 公司将其在这方面的研究称为大规模平行测序（massively parallel signature sequencing，MPSS）。不过该公司始终未能将研发技术转化为商用的测序仪，并于 2004 年被 Illumina 公司收购。

今天我们常见的高通量测序，也就是所谓第二代测序，分为 3 种，一种是罗氏诊断公司收购了的 454 并行焦磷酸测序（pyrosequencing），一种是 Illumina 公司收购了的 Solexa 测序，一种是应用生物系统公司（Applied Biosystems，ABI）的 SOLiD 测序。前者的读长（8～20kb）、准确率和成本比第一代测序要低，但是比后两者要高。

从 DNA 合成链终止的角度讲，焦磷酸测序是不同于桑格法的测序；从 DNA 聚合酶的角度讲，焦磷酸测序是桑格法测序的改进。与桑格法的不同在于，焦磷酸法将“合成”的思想做了进一步发挥，并且不将静态标记做在引物、dNTP、ddNTP 中，而是采取动态标记，此外还省去了电泳步骤。这一过程是如何实现的呢？在每一轮测序反应中，只加入一种 dNTP，若该 dNTP 与模板配对，聚合酶就可以将其加入到引物链中并释放出等物质的量的焦磷酸基团（PP_i）。PP_i 可通过酶级联化学发光反应最终转化为可见光信号，信号强度与反应中加入的核苷酸分子数目成正比。然后开始下一轮依次加 4 种 dNTP 的操作，继续 DNA 链的合成。由于每次只添加一种 dNTP，因此只靠单一信号类别就能读出序列。参与酶级联化学发光反应的组分包括：ATP 硫酸化酶（ATP sulfurylase）、荧光素酶（luciferase）、三磷酸腺苷双磷酸酶（apyrase）、腺苷-5′-磷酸硫酸酐（adenosine 5′ phosphosulfate，APS）和荧光素（luciferin）。在 ATP 硫酸化酶的作用下，PP_i 和 APS 结合形成 ATP；在荧光素酶的催化下，生成的 ATP 又和荧光素结合形成氧化荧光素，产生可见光；反应体系中剩余的 dNTP 和残留的少量 ATP 在三磷酸腺苷双磷酸酶的作用下发生降解。

那么焦磷酸测序的并行化又是如何实现的呢？这个是通过乳滴 PCR（emulsion PCR）。测序仪含有很多皮升（picolitre，即微微升）大小的孔室，每个孔室的油相环境中都含有一个水相液滴，水相液滴中含有一个小玻璃珠，玻璃珠表面固定了引物。该方式在 SOLiD 测序中也有使用。

Solexa 测序的原理是可逆终止子染色，也就是把四色荧光标记分别做在 4 种经过修饰、具有暂时终止作用的 dNTP 上，每次加入一种 dNTP 然后冲掉，直到其中一种可以被加到 DNA 合成链上，然后重复这一步骤。不难发现，Solexa 测序也是把“合成”的测序思想进一步发挥；并且和焦磷酸测序不同的是，后者会在遇到某一核苷酸的连续重复时遇到问题，虽然说光信号强度与参与的核苷酸分子数成正比，但是毕竟两者之间的关系是连续变化，而在 Solexa 测序中光信号与单个碱基一一对应，光信号呈现间断变化。Solexa 测序过程中使用的并行化方式是搭桥 PCR（bridge PCR），即模板 DNA 在一个滑道（slide）上进行扩增。

目前所有高通量测序所共同面临的问题是拼接和注释的问题。对于拼接来说，测序服务公司一般采取不同测序方式相结合的策略。例如，将 454 和 Solexa 相结合用于生成基因组中绝大多数的片段，将 ABI 3730 测序用于搭建整体框架和补齐高通量测序留下的着丝粒、端粒等区域。对于注释来说，生物信息学水平的工作主要是寻找可读框（open reading frame，ORF）和与已有基因组的比对，更具生物学意义的工作则需参考大量的分子生物学与发育生物学研究结果。

11.3.4　单分子测序

近年来一种被称为单分子测序的第三代测序技术受到了很多关注，该技术基于利用纳米孔（nanopore）进行的单分子读取，但是在不同公司的解决方案中还是有较大差异。参与竞争的公司主要是 CG（Complete Genomics）、Helicos（Helicos BioSciences）和 PacBio（Pacific Biosciences）。

CG 公司采用了高密度 DNA 纳米芯片技术，在玻璃板芯片上嵌入 DNA 纳米球，然后用非连续、非连锁联合探针锚定连接（combinatorial probe anchor ligation，cPAL）技术来读取序列，两项技术的应用减少了试剂的消耗和成像时间，因而降低了成本并提高了效率。该系统整合了文库、阵列、测序、仪器以及软件上的技术进步。不过目前该公司只提供测序服务，不出售测序仪。CG 的完整基因组测序价格为每人类基因组 20 000美元（8 个基因组起订），对于大规模的项目，每个基因组的费用最低低至 5000 美元左右。不过人类基因组已有可供参考的数据，这些测序不是新测序（*de novo* sequencing），所以这些费用显然还受益于减少大量生物信息学分析所节约的成本。

Helicos 公司的技术平台叫真实单分子测序（true single molecule sequencing，tSMS）。其基本原理是，在玻璃芯片上随机固定多个末端带有荧光标记的 poly-dTTP 引物；将待测 DNA 随机打成长约 200bp 的小片段，并在每个片段末端加上 poly-dATP；小片段 DNA 模板通过与芯片上引物的杂交而被精确定位。然后逐一加入带有同一荧光标记的、经过修饰带有暂时终止作用的 dNTP；在核苷酸掺入后，进行洗涤和单色成像，然后切开荧光染料和抑制基团、洗涤、加帽，允许下一个核苷酸的掺入；重复这一过程即可实时读取大量序列。tSMS 测序的主要优势在于具有直接进行 RNA 测序的潜力。每台 HeliScope 测序仪有 2 个可以同时运行的流动槽，每槽中 25 个独立通道，每通道最多可运行 96 个样本，也就是说每次最多可同时运行 4800 个样本的测序。但是从目前的实际效果看，HeliScope 测序的平均读长为 35 bp，每次运行的总产量在 21～35Gb，并且错误率高，还不如目前主流的第二代测序仪。与 Solexa 相比，HeliScope 只是省略了扩增，增加了通量，并无技术层面的本质改变；再加上改成单色信号，虽然可能在一定程度上降低成本，但是对信号质量可能带来不利影响。此外，HeliScope 2010 年报价 999 000 美元，是主流第二代测序仪价格的两倍。

PacBio 公司的技术平台叫作单分子实时测序（single molecule real time，SMRT），所谓实时就是可以通过显微镜观察合成式测序的过程。这个平台攻克了三项技术难题，一个是荧光染料在 dNTP 中的结合位置，一个是屏蔽背景荧光的零模式波导（zero-mode waveguide），一个是监测记录荧光信息的 PacBio RS 仪器。在荧光标记位置的改造中，标记的具体连接位置从原先的碱基移至了磷酸根基团，这一方面降低了对 DNA 聚合酶的干扰作用，还使得合成完成后，荧光标记可以从 dNTP 上掉落，大大降低了背景荧光强度。SMRT 测序仪的每个 Cell 中有一个阵列，上面大约有 75 000 个零波导模式小孔。每个小孔都能够几乎刚好包含一个 DNA 聚合酶（直径 15nm，被锚定在每个小孔底部的玻璃表面）及一条不同的 DNA 样品链。所谓零波导模式，就是通过将 DNA 合成反应的区域限制在一个直径几十纳米的小孔中，来阻止可见的激光（波长约 600nm）完全透过小孔。激光在进入小孔后迅速衰减，只有小孔底部 30nm 直径的区域被照亮。核苷酸涌入小孔后在阵列表面扩散的时程是几微秒，而当聚合酶检测到正确的核苷酸并将其加入延伸链时，这个过程需要几毫秒。这种时程上的差异使得合成中加入的核苷酸产生了比背景信号高很多的信号强度，持续加入核苷酸的过程形成了类似于脉冲式的信号。由此，零波导模式小孔可以做到在荧光标记核苷酸的背景下检测单个掺入事件。由于 DNA 合成反应的小尺度、高速度（生物体内的合成速度在每秒几十个核苷酸的样子，SMRT 平台目前达到每秒 3 个核苷酸以上），监测记录荧光信息成为一个关键点和难点，PacBio RS 仪器使用一个大直径物镜和 4 个单光子照相机采集荧光脉冲信号，并将光信号转换成核苷酸/碱基身份。除了碱基身份，还有质量值，这是一个特色，由于荧光脉冲的到达时间和持续时间反映了相关的聚合酶动力学信息，从而实现检测 DNA 模板链中属于表观遗传范畴的甲基化修饰，如 N6-甲基腺嘌呤、5-甲基胞嘧啶和 5-羟甲基胞嘧啶。

75 000 个并行任务配合目前每秒 3 个核苷酸的合成速率，我们不难设想 SMRT 平台的威力。和 Solexa 测序相比，可以发现 SMRT 除效率和成本之外有三个优势：一个是省略 PCR，减少了引入偏向性错误的可能；一个是单分子实时观测；一个是可以检测甲基化修饰。SMRT 测序系统包括 PacBio RS 以及专利耗材和试剂盒，其中 PacBio RS 2011 年在美国报价约为 695 000 美元。PacBio 预计 2013 年个人基因组的测序能 15min 完成（这意味着合成速率要达到体内的水平），费用不到 1000 美元。从性能和价格方面的因素考虑，答案似乎比较分明了，SMRT 很可能成为单分子测序技术的主流平台。

11.3.5　序列拼接和申报

即使是短片段测序，测序结果也往往需要拼接以及与已知序列进行比对。在拿到测序结果后，一定要仔细核对色谱图，或者至少在与其他已知序列进行比对发现异常后进行有针对性的核对。序列的拼接有很多程序可以完成，免费的程序中最常用的很可能要属 BioEdit。

目前全球最为广泛通用的数据库，是美国国家生物工程信息中心（National Center for Biotechnology Information，NCBI）的 GenBank，该中心下属于美国国立卫生研究院（National Institutes of Health，NIH）的国家医学图书馆（National Library of Medicine，NLM）。向 GenBank 进行序列申报，用来生成要求格式的软件是 Sequin，该软件在 NCBI 的网页上有下载链接，其中在微软视窗操作系统下运行的版本为 ftp://ftp.ncbi.nih.gov/sequin/CURRENT/sequin.win.exe。

sequin. win. exe 是一个自解压文件，解压缩后运行其中的可执行文件 sequin. exe，即可按照程序的指引，一步一步地填写生成数据的人员的相关信息，数据本身的说明信息，以及数据相关的类群信息。填写完成后，经程序检验信息格式和内容完整性通过，自动生成上报文件。将上报文件投递到指定的电子邮件地址 gb-sub @ ncbi. nlm. nih. gov，等待回信收取 GenBank 接收序列号（Accession Number，Acc. No.）。

要点与问题

1. 从化学反应的角度理解 DNA 提取原理。
2. 从化学反应的角度理解 PCR 反应过程。
3. 从化学反应的角度理解原始的和自动化的 Sanger 法测序过程。

进一步阅读的建议

DeSalle R, Giribet G, Wheeler W C. 2002. Techniques in Molecular Systematics and Evolution. Berlin: Birkhäuser.

Hillis D M, Moritz C, Mable B K. 1996. Molecular Systematics. 2nd ed. Sunderland, MA: Sinauer Associates Inc.

参考文献

Barnes W M. 1994. PCR amplification of up to 35kb DNA with high fidelity and high yield from λ bacteriophage templates. Proc Natl Acad Sci USA, 91: 2216-2220.

Cheng S, Fockler C, Barnes W M, *et al*. 1994. Effective amplification of long targets from cloned inserts and human genomic DNA. Proc Natl Acad Sci USA, 91: 5695-5699.

Hillis D M, Mable B K, Moritz C. 1996. Applications of molecular systematics: The state of the field and a look to the future. *In*: Hillis D M, Moritz C, Mable B K. Molecular systematics. 2nd ed. Sunderland, M A: Sinauer Associates Inc. : 517.

Lang B F, Burger G. 2007. Purification of mitochondrial and plastid DNA. Nat Prot, 2: 652-660.

Maxam A M, Gilbert W. 1977. A new method for sequencing DNA. Proc Natl Acad Sci USA, 74: 560-564.

Reiner J E, Kishore R B, Levin B C, *et al*. 2010. Detection of heteroplasmic mitochondrial DNA in single mitochondria. PLoS ONE, 5: e14359.

Rokas A, Holland P W H. 2000. Rare genomic changes as a tool for phylogenetics. Trends Ecol Evol, 15: 454-459.

Sanger F, Nicklen S, Coulson A R. 1977. DNA sequencing with chain-terminating inhibitors. Proc Natl Acad Sci USA, 74: 5463-5467.

第 12 章　分子系统学的生物信息学部分

分子系统发育研究的生物信息学部分包括多方面的内容，从序列的拼接、注释，到序列比对、碱基组成分析、密码子使用频率、基因组结构特征、RNA 二级结构，再到系统发育推断的建树算法等，都可以包括在其中。在这一章中，主要对其中从序列比对到二级结构的部分进行一些介绍。

12.1　序列数据库建立

在收集数据的时候一定要注意一个问题，那就是并非 GenBank 中的所有数据都是客观、可信的，因为事实上 GenBank 只负责对所提交的数据进行形式审查。所以在收集数据的过程中一定要通过初步的比对仔细观察是否存在可疑的引用序列。一般来说，GenBank 中数据的错误分两种：一种是序列本身的错误，如拼接错误、碱基漏测；另一种是注释错误，如对于序列起止位置的注释。

12.1.1　序列数据的收集

软件 MEGA 可以方便地用来收集整理在线数据库中的序列数据。以 MEGA 5.0 版本为例，选择"Align→Query Databanks"，MEGA 自带的浏览器就会自动连接到 NCBI 网站的"nucleotide"类型数据检索页面。直接输入 GenBank Acc. No. 找到所检序列，即可通过"Add to Alignment"选项将序列加入到待收集数据的新页面中。也可以另选其他数据类型进行检索，如从"Taxonomy"中进入，通过进一步的搜索结合浏览，进入某一序列条目。除此之外还可以在所浏览的页面中，先对所选序列的区域进行截取后再导入收集。使用 MEGA 的好处在于，可以直接将所收集的序列存成不同格式用于后续分析。

12.1.2　标本信息与序列信息的整合

由于进化-生态这个大领域的研究对象，是面向自然界中千差万别的生物有机体，而不是面向被作为模式的生物有机体，因此标本和序列信息的对应十分重要。相比较而言，对于面向高级阶元系统发育、承载遗传多样性（diversity）的序列，这一要求较低，有时只要求到某一阶元级别的物种鉴定信息；不过还是应该尽量留有相应的地点、时间、采集人、鉴定人等标本信息。对于面向种群和物种的分子系统学、承载遗传多态/型性（polymorphism）的序列，这一要求相当严格；不但地点是必需的，有时甚至时间、性别、个体编号等，都是十分重要的核心信息。

12.2　序列格式与转换

序列格式分为单一序列格式和多序列格式，前者一般与向数据库中的报送相关，后者更多地与系统发育分析软件相关。序列格式会在序列信息条目和序列记录方式等方面存在差异。例如，GenBank 中序列的起始与结束标识分别是“ORIGIN”和“//”，而 EMBL 中则分别是“SEQUENCE”和“//”（Mount，2001）。

12.2.1　序列格式类型

表 12.1 列举了一些常用的序列格式类型，很多软件可能还有专用的格式类型。在已列出的类型中，一般以 .fas 和 .nex 以及 .aln 几种更为常用。

表 12.1　READSEQ 软件识别、转换的常用单一序列和多序列格式

格式名称	全称	文件后缀
CLUSTAL		.aln
EMBL	European Molecular Biology Laboratory	.em
Fasta/Pearson		.fasta，.fas
GenBank		.gb
GCG	Genetics Computer Group	.gcg
Intelligenetics/ Stanford		.ig
MSF	Multiple Sequence Format	.msf
NBRF	National Biomedical Research Foundation	.nrbf，.nbr
PAUP/NEXUS	Phylogenetic Analysis Using Parsimony	.nexus，.nex
Phylip	Phylogenetic Inference Package	.phylip
PIR/CODATA	Protein Information Resource	.pir
XML		.xml

在此简单介绍一下 fasta 和 nexus 数据格式。在 fasta 格式中，序列名称一般以“>”开头，真正的名称紧随其后，名称结束后以回车结尾，开始序列。该格式常用于序列提交、序列下载、导入比对。

nexus 格式不仅有用来描述矩阵的，还有用来描述树形的。不同软件中也会对所识别的 nexus 格式存在某些针对性修改，不是所有 nexus 格式都会在所有识别 nexus 格式的软件之间通用。此外，所谓 nexus 和后缀“.nex”也并不完全是一回事，文件后缀名是否是“.nex”与其中的数据格式是否符合 nexus 格式并无必然联系。一般来说，nexus 会形如如下状态：均以“#Nexus”开头；然后是“begin data;”，表示要开始的是一组数据；然后通过“dimensions”命令定义类群数“ntax”和特征数“nchar”分别是多少；然后通过“format”命令进行进一步的定义，注意这一步可能在不同软件之间略有差异，需要看每个软件各自对 nexus 格式的说明；然后是“matrix”命令字样以及具体的矩阵，关于类群名称长短、所含字符类别、特征状态的具体排版方式等，需要看每个软件各自对 nexus 格式的说明；最后是“end;”，结束对数据的说明。注意所有的命令均以分号结尾，一般来说文件中的符号都是半角状态。如需进行提示性说明，可以在特定位置插入方括号，软件会识别方括号，不对其中的说明性文字作出反应。

```
#NEXUS
begin data;
dimensions ntax = x nchar = y;
format datatype = dna/rna/protein missing = ? gap = - ;
matrix
;
end;
```

12.2.2 常用的转换软件

READSEQ 是目前比较常用的序列格式转换软件，既可以在其原始网页 http://iubio.bio.indiana.edu/soft/molbio/readseq/java/上下载本地版本，也可以通过搜索引擎搜索提供免费在线服务的网站。事实上，除了 READSEQ 之外，很多常用的软件都具有一定的转换序列的功能，如 Clustal、BioEdit、MEGA 等。

12.3 线粒体基因组分析

由于线粒体基因排序在植物、真菌和原生生物中的非同源相似性较强，已有的研究多见于后生动物。线粒体基因组具有结构简单、总长度小的优点和母系遗传①的特点。目前，从引物（Hwang *et al.*，2001）、线粒体富集（差速离心）、基因组分离纯化使用的脉冲场凝胶电泳、长 PCR（Barnes，1994；Cheng *et al.*，1994；Nelson *et al.*，1996；Min and Powell，1998）、在线比较（Mazumder *et al.*，2001）到基因组性状状态编码（Gallut and Barriel，2002）的一整套线粒体基因组研究方法均已成熟。在动物分子系统学领域，线粒体基因组已经成为使用频率最高的分子标记之一（Boore and Brown，1998），有学者提出线粒体基因组学（mitogenomics）的概念（Curole and Kocher，1999）。

在线粒体基因组中，有研究发现 tRNA 基因较编码蛋白质或 rRNA 的基因更易转位（Pääbo *et al.*，1991；Tomita *et al.*，2001），可能是线粒体基因重排的热点（hot spot）（Stanton *et al.*，1994）。在 2000 年以前，研究者们倾向于认为线粒体基因重排

① 精子含有线粒体且随之进入卵细胞，但是不能存活。另外，对植物线粒体一般作母系遗传假定，但其由于序列进化速率低、重排事件发生频繁而很少被作为分子标记。

是由于基因组复制中的错误（Madsen *et al.*，1993；Macey *et al.*，1997）和复制后的基因拷贝丢失（Moritz *et al.*，1987）共同造成的，所有的重排机制可以概括为“复制-随机丢失”（duplication-random loss）的模型（Boore and Brown，1998；Boore，1999；Boore，2000）。后来 Lavrov 等（2002）提出了“复制-非随机丢失”（duplication and nonrandom loss）的模型，认为基因丢失与否是与基因转录的极性（transcriptional polarity）有关的。这一观点的推论是重排之后的基因排序亦非随机，可以解释某些研究中所显示的线粒体基因重排的平行性。

12.3.1 动物线粒体基因组简况

Boore 等（1995，1998）对节肢动物所做的研究很好地支持了在节肢动物内部甲壳类与六足类共同构成一个单系群的观点。Wilson 等（2000）的研究显示，甲壳纲为并系，其中的软甲亚纲（Malacostraca）较鳃足亚纲（Branchiopoda）与六足总纲（Hexapoda）更为近缘。除此之外，线粒体基因组信息在 2000 年前后的应用还见于昆虫（Dowton，1999；Dowton and Austin，1999；Shao *et al.*，2001）和节肢动物中的其他类群（Hickerson and Cunningham，2000；Morrison *et al.*，2002）、软体动物（Yamazaki *et al.* 1997；Kurabayashi and Ueshima，2000）、鸟类（Mindell *et al.*，1998；Bensch and Härlid，2000）、哺乳类、爬行类和两栖类（Curole and Kocher，1999）等。在过去的 10 年中，线粒体基因组的数据量和应用呈爆发式增长。

12.3.2 蛋白质编码基因、rDNA 和 tRNA

在对线粒体基因组进行生物信息学分析时，一般的内容包括：①三类基因各自的编码链、起止位置和数量，可能存在的基因重排；②全基因组的与各部分的碱基组成；③控制区/D 环区（control region，D-loop）的长短；④蛋白质编码基因的起始密码子、有义密码子和终止密码子使用偏异（bias）；⑤基因间隔和基因重叠；⑥密码子第三位的替换饱和性；⑦各 tRNA 基因的拷贝数、tRNA 反密码子情况以及各 tRNA 二级结构的预测；⑧12S rRNA 和 16S rRNA 二级结构分析。目前，可以方便地使用在线工具 MOSAS 进行其中部分工作（网址 http://mosas.byu.edu/）。

12.4 EST 与核基因组分析

EST 即表达序列标签（expressed sequence tag），是 cDNA 序列的局部短片段，是从 cDNA 文库中随机选择亚克隆，从 5′→3′方向对载体中的 cDNA 片段进行单向测序，所获结果长度范围 20～7000nt，其中主要集中在 200～500nt，随着技术的发展可进一步提高到 500～800nt。在生成 cDNA 文库的过程中，有可能需要通过抑制扣除杂交技术（suppression subtractive hybridization，SSH），去富集表达丰度相对较低的片段。

该技术思路是在人类基因组测序的背景下，最早由 John Craig Venter 在 20 世纪 90 年代提出，用以在构建基因组的遗传图谱与物理图谱的过程中，通过序列标签位点（sequence tag sites，STS）帮助确定基因在基因组中的位置，其中来自 mRNA 3′非翻译区的 EST 由于保守性较弱、特异性较强而更适合作为 STS。在基于辐射杂交制图（radiation hybrid mapping）、单倍型样本 PCR 制图（mapping based on the analysis of approximately HAPloid DNA samples using the PolYmerase chain reaction，Happy mapping）、荧光原位杂交（fluorescence *in situ* hybridization，FISH）等技术的物理图谱绘制过程中，都已有 EST 的应用。

12.4.1 EST

除了在基因组测序过程中起到标签作用以外，EST 还可以被用于设计探针，基因识别（寻找新的基因、基因家族中新的成员、已知基因的未知剪切模式），以及作为系统发育研究的分子标记等。在基因识别方面，如果能够使用合适的比对参数，90%以上的已注释基因都能够在 EST 库中被检测到（Bailey *et al.*，1998）。在作为系统发育分子标记方面，Hallstrom 等（2007）对哺乳动物系统发育的研究，Shedlock 等（2007）对羊膜动物系统发育的研究，Dunn 等（2008）对后生动物系统发育的研究，Hackett 等（2008）对鸟类系统发育的研究，Simon 等（2009）对昆虫纲基部分支的研究，Meusemann 等（2010）对节肢动物系统发育的研究，其中都用到了 EST 技术。在 NCBI 中，EST 有自己单独的检索类别。由于从 5′端进行测序有利于将 EST 拼接成较长的序列，大部分 EST 研究都是选用从 5′端进行测序的。

EST 数据的生成过程中也存在一些重要的问题需要注意。例如，可能受污染的环节涉及全 RNA 提取、mRNA 获取、载体序列等，环节较多，污染概率增大；又如，有时可能出现镶嵌克隆。所以，序列在使用前需要经过前期处理，去除低质量的部分、载体序列、重复序列、污染序列、镶嵌克隆，以及长度小于 100nt 的序列。载体序列的去除可以利用 NCBI 的 VecScreen。此外，由于只是一轮测序结果，EST 数据的错误率被认为达到 2%～5%。这对于作为系统发育的分子标记，无疑会产生较大不利影响。

一条全长的 cDNA 可能对应于多个 EST，但特定的 EST 最好只代表特定的 cDNA。有序列重叠的 EST 可以组成一个叠连片段群（contig），拼接成全长的 cDNA，这相当于克隆了一个基因的编码序列。在序列经过前期处理后，即可进行 contig 内部的拼接。STACK、TIGR Gene Indices 和 UniGene 等几个数据库，均可用来辅助拼接。根据拼接的严格程度，可以分为松散①（loose clustering）和严格（stringent clustering）两种情况；根据拼接的过程有无参照，可以区分为有参照（supervised clustering）和无参照（unsupervised clustering）。从原则上来讲，用于系统发育分析的应该采用严格尺度的拼接。TIGR Gene Indices 数据库所进行的拼接属于严格的、有参照的。

---

① Contig 内部的拼接实际上在分子生物学中称为聚类，英文中即如此；由于聚类在分类学中另有所指，因此在此不将“聚类”二字译出，以避免误导。

由于EST实际上是从mRNA经cDNA所得的衍生信息，因此EST带有mRNA的某些特点。例如，EST既可以来自于生物有机体个体的整体，也可以来自于身体的某一部位，研究基因整体表达的组织特异性；既可以来自于发育的成体阶段，也可以来自于某一个时期的发育阶段，研究基因整体表达的时间特异性；既可以来自于一般环境，也可以来自于极端环境或污染环境、受迫环境，研究基因整体表达的环境反应特异性；既可以来自于生理样本，也可以来自于病理样本，研究基因整体表达的病理特异性。

12.4.2 核基因组

某种生物基因组的大小被称为C值，即该物种一个单倍体基因组中的DNA总量，该值在古菌中的变动幅度较小（3倍左右），在羊膜类中的变动幅度较小（4倍左右）。C值大小与生物有机体复杂程度高低、遗传信息量大小之间并不如想象中的那样接近线性正相关的偏离被称为C值矛盾/悖论（paradox）。基因组在各个水平的（基因组、染色体、染色体局部、复制滑移、不等互换、DNA倍增）复制，以及转座所造成的重复，可能是形成C值矛盾的首要原因。rRNA和tRNA基因的拷贝数与C值呈正相关（Li，1983）。此外，外源DNA在真核生物基因组中的含量从低于30%到几乎100%的情况都有（Cavalier-Smith，1985）。

在GC%方面，脊椎动物中的变动范围为35%～45%；植物与无脊椎动物中的变动范围小于原核生物中的，大于脊椎动物中的。真核生物中GC分布的不均匀特点比较显著。

真核生物的核基因组十分庞大，其中大体包括单拷贝序列（single-copy DNA，scDNA）、中低拷贝（$2\sim10^5$）序列和高拷贝（$\geqslant1\times10^6$）序列三部分；大多数蛋白质编码基因为单拷贝且位于常染色质区域，但是转录区域在非重复序列区域中只占一部分。就目前所知，基因组中的非重复组分长度基本上不超过2×10^9nt。在真核生物中大体上有三类内含子，其中核内内含子（nuclear or spliceosomal introns）不具自拼接活性；I型内含子（group I introns）和II型内含子（group II introns）在体外均具自拼接/核酶活性、在体内均需蛋白质形成特定二级结构，目前没有证据显示这两者间的关系；其中II型内含子主要见于线粒体和叶绿体。关于内含子起源的问题，当前占优势的假说是内含子晚生观点（introns-late view），认为真核生物核内内含子起源于可转移因子（Cavalier-Smith，1978，1985；Orgel and Crick，1980）或细胞器中的II型内含子（Rogers，1989；Cavalier-Smith，1991；Nilsen，1994；Michel and Ferat，1995），目前这一假说比其他竞争性假说得到更多证据支持。

至2010年，至少已有丝盘虫、文昌鱼、鸭嘴兽、袋鼠、负鼠、树懒、犰狳、鼩鼱、蹄兔、羊驼、松鼠、蝙蝠、树鼩、狐猴、婴猴、眼镜猴、猩猩、大猩猩、黑猩猩以及多种线虫、果蝇和丽鱼等各大类动物，被列入基因组测序对象，由此可以确信，基于核基因组的分子系统学时代已经到来。

1. 结构信息

一些重要模式生物、经济物种或疾病相关物种的基因组研究已经取得重要进展。随着越来越多基因组全序列的获得，DNA 序列中核苷酸突变以外的信息为生物系统发育研究提供了更多可以选择的分子标记（Caterino *et al.*，2000），这为更加可靠地推断自然历史提供了新的证据。基因排序主要作为解决高级阶元系统发育问题的分子标记。

已有的染色体核型和带型分析为比较基因组学在相对宏观的方面奠定了一定基础，基因组结构改变的微观机制包括可转移因子（transposable elements，or mobile elements）、倒位（inversion）、易位（translocation）、重复（duplication）、缺失（deletion）、着丝粒融合与分裂等（Zeyl and Bell，1996；Rokas and Holland，2000）。染色体/基因重排（rearrangement）的最低可能次数或共有的（shared）最大片段（segments）数目、某一基因在某一位置的有无以及某一基因的拷贝数等信息均可用于系统发育研究。目前，大规模数据分析的方法正在迅速发展（Carver and Stubbs，1997；Dicks，2000；Mazumder *et al.*，2001；Gallut and Barriel，2002；Nandi *et al.*，2002）。

除此之外，能够处理倒位等大尺度序列变异情况的算法和软件正在随着基因组比对研究的进行而逐步发展起来。基因组的比对是大尺度上的比对，在核苷酸序列比对之外还要涉及基因排序。目前已有成功实现的以下标树（suffix tree）为算法（Weiner，1973）进行的较为快速的二重基因组比对（Delcher *et al.*，1999），可以定位单核苷酸多态性（SNP）、转座、大量插入/缺失及串联重复序列（tandem repeats）等，在内存占用和计算耗时方面比在此之前的算法有较大改进。此方法综合了下标树、最长增长亚序列（longest increasing subsequence，LIS）和 Smith-Waterman 比对（是对 Needleman-Wunsch 算法的改进）（Smith *et al.*，1981）三种思想，适用于亲缘关系较近的序列之间的比对，如属内种间；但其中对人和鼠的基因组中的两个同源区域（长约 220kbs，Genbank Accession No. U47924& AC002397）的比对也做了尝试，仍然适用。方法的大体步骤为：①辨认出两基因组间最大限度的单核苷酸匹配（maximum unique match）；②确定步骤一结果中的真正位置同源的匹配；③确定空位的位置；④输出比对结果。多重基因组比对的算法和软件发表（Höhl *et al.*，2002），对于将比较基因组学与系统发育分析相结合的实现至关重要。

在线粒体基因组中已经观察到基因排序改变的趋同现象（Black and Roehrdanz，1998；Mindell *et al.*，1998；Dowton and Austin，1999），因而将其作为一种良好分子标记的可用性受到质疑（Curole and Kocher，1999）；而非同源相似性在其他基因组结构信息中也不同程度地存在。此外，由于对基因组结构改变的分子生物学背景的了解不够，不能明确变异的频率（rate）、偏向（bias）、独立性（independence）和可逆性（reversibility），因而利用基因组结构分子标记的研究缺少统计学评价（Philippe and Laurent，1998；Hillis，1999）。不过在已有的实践中，从与形态的和基因序列的研究结果相比的合意性而言，基因组结构信息是可用、有用的分子标记。例如，在后口动物系统发育、以节肢动物为主体的无脊椎动物系统发育和鲸类起源等哺乳动物进化这些具有广泛而深刻意义的研究中有重要价值。

果蝇 12 基因组团队（*Drosophila* 12 Genomes Consortium，Clark *et al.*，2007）发表了对果蝇进化所进行的密集的基因组研究。随着基因组研究的推进，蛋白质组学（proteomics）（Geisow，1998；Dutt and Lee，2000；Pandy and Mann，2000）、功能基因组学（functional genomics）（Eisenberg *et al.*，2000）、结构基因组学（structural genomics）等新兴学科也都在迅速兴起，这些研究也都将为生物有机体的多层次比较研究提供有价值的信息。

2. 同源序列集合

对于基因组水平的信息而言，NCBI 的信息优势可能会略逊于各个专门的数据库。对于模式动物的基因组，每一种几乎都有自己专门的数据库，表 12.2 中列出了其中模式意义较强的几个。

表 12.2　模式动物基因组互联网数据库

生物有机体	参照意义	服务器地址
线虫 *Caenorhabditis elegans*	无脊椎动物→动物	http://www.acedb.org
果蝇 *Drosophila melanogaster*	昆虫→动物	http://flybase.org
鼠 *Mus musculus*	人、哺乳动物	http://www.informatics.jax.org
斑马鱼 *Danio rerio*	鱼类→脊椎动物	http://zfin.org

基因组水平的研究，使得基因的功能注释成为工作量巨大，并且同时处于核心地位的环节。基因功能的手工分类一般参考 Adams 等（1995）的意见，计算机批量处理一般多利用在线服务进行近似的分类。目前已有多个网站提供直同源分析服务（表 12.3）。

表 12.3　基因直同源分析在线服务

工具	释义	服务器地址
COGs	Clusters of Orthologous Groups	http://www.ncbi.nlm.nih.gov/COG
GO	Gene Ontology	http://www.geneontology.org
SMART	Simple Modular Architecture Research Tool	http://smart.embl-heidelberg.de
Unigene	Unigene clusters	http://www.ncbi.nlm.nih.gov/unigene

12.5　短片段序列比对

为确定分异序列间碱基位点的位置同源性（positional homology），需要对序列进行比对，获得用于后续系统发育分析的矩阵。这方面的工作始于 20 世纪 70 年代的氨基酸序列比对研究（Needleman and Wunsch，1970）。将类似的算法用于 DNA 序列，则是在 80 年代后期至 90 年代后期有很大发展。在 2000 年左右及随后的时间里，比对研究在多个方面有了新的进展，其中包括空位的问题（Giribet and Wheeler，1999）、算法及参数在不同步骤前后一致性的问题（Phillips *et al.*，2000）、核酸分子高级结构对比对的影响（Ouvrard *et al.*，2000，Xie *et al.*，2009）、算法的改进（Mitchison，1999）与综合（Lecompte *et al.*，2001）等方面。

短片段序列比对中可以处理的突变类型包括替代（substitution）和插入/缺失（indel）。引起插入/缺失的主要机制为不等交换（unequal crossing over）、转座和复制滑脱（replication slippage）/滑脱误配（slipped-strand mispairing），前两者主要引起相对大规模的改变，后者为主要在 DNA 复制过程中的错误引起的小规模改变。对部分类群的部分序列来说，复制滑脱也可能导致较大规模的插入/缺失发生。比对结果中的每一个位置（column）相当于分支分析中的一个性状（character，也称特征），不同序列在同一位置上的碱基（base）或空位（gap）相当于性状状态（character state）。

需要指出，测序结果拼接和利用 BLAST（basic local alignment search tool）搜索序列这些过程采用的局部比对（local alignment），在算法上和用于系统发育分析的全局比对（global alignment）既有相通之处，又有所不同，本章仅讨论全局比对。

12.5.1　短片段序列比对的一般方案

最早建立的二重比对算法用于比对蛋白质的氨基酸序列（Needleman and Wunsch，1970），此法亦适用于 DNA 或 RNA 的核苷酸序列比对。二重比对（pairwise alignment）即两个序列之间的比对，是多重比对（multiple alignment）的基础。对于 n 个序列的比对（$n \geqslant 2$），只要用相应的 N 维矩阵即可解决。然而当 n 大于一定数值时，由于计算量过大以至于在计算机上无法实现。20 世纪 80 年代早期有人提出在此框架内，借助已预先（*a priori*）知道系统发育关系的树形图进行多重比对的方案（Sankoff and Cedergren，1983），尽管这方面的研究仍有继续（Wang *et al.*，1996），但这对于大多数情况而言不现实；目前多用启发式多重比对（heuristic multiple alignment）解决计算量过大和计算时间过长的问题。

启发式比对是指通过一系列二重比对形成多重比对结果的过程，比对顺序按树型（tree-like pattern）展开，这个顺序所依据的树称为向导树或引导树（guide tree）（Feng and Doolittle，1987）。向导树与系统发育树是不同的概念，没有必然联系。当前比对软件在算法方面的主要区别在于：①建立比对向导树的方法；② 向导树节点（node）处的比对位点联合成多重比对序列的方法。建向导树可用距离法（distance-based approach），也可以用简约法（parsimony-based method）。

距离算法是最早用来建比对向导树的算法（Feng and Doolittle，1987，1990），经过了若干次改进（Higgins and Sharp，1988，1989；Higgins *et al.*，1992；Thompson *et al.*，1994），最终被概述为如下步骤：对所有可能的二重比对，计算其间的相似系数（similarity score）；将这些系数编为矩阵，以 UPGMA 为算法由矩阵计算出拓扑树，此树即为指导比对的向导树。软件 CLUSTAL（Thompson *et al.*，1994）先对最为相似的 2 个序列进行比对，然后以此比对结果取代原来的 2 个序列进行后续步骤，依此类推得到最后唯一的比对结果。软件 BioEdit、DAMBE、MEGA 等均内置、调用了 CLUSTAL 的算法。不过有时可能使用同样的参数却在 4 种软件之间形成了不同的结果，在这种情况下，考虑到前三者都表明自己是在调用 CLUSTAL 的算法，可能还是采用 CLUSTAL 的结果更可取。距离算法得到的单一比对顺序难以指导得出整体上最优的比对结果（Phillips *et al.*，2000），软件 MALIGN 则以简约法为算法（Wheeler and Gladstein，1994），有效克服了上述弊端，这种思想最终进入了 POY。

如果应用最大似然法进行比对，一个显著的优点在于估算参数值与获得最优化的比对结果这两部分内容是在同一个过程中同时完成的，因为比对过程中不同参数组合的比对结果的似然性之间可以互相比较。这样，遵循这一过程，在得到最大似然的比对结果的同时也得到了对进化假设（即参数）的最大似然估算。但是，鉴于似然算法其对计算能力要求过高，因而至今未能广泛应用（Phillips *et al.*，2000），虽然已经提出了大大提高计算效率的算法（Mitchison，1999），但目前没有广泛使用的软件。

无论使用何种算法，比对都离不开参数设置，而且都需要预先（*a priori*）设置。一般来说，由于对参数的值无法直接进行可信性检验，参数设置因而带有一定任意性（arbitrariness），使得参数成为向导树之外影响比对结果稳定性的另一关键因素（Wheeler，1994；Giribet *et al.*，2002）。因此，有必要通过改变参数设置（的组合）来检验参数所代表的假设的可靠性（robustness）。

具体的参数设置，应该首先详细阅读软件说明书。在 CLUSTAL X 中，多重比对参数有 Gap Openning、Gap Extension、Delay Divergent Sequences 和 DNA Transition Weight 4 项。第一项相当于 Gap Cost 或 Gap penalty，即空位的罚分；第二项为影响比对结果中空位的连续与间隔的选项；第三项为用户通过改变分异度对序列参与比对的先后顺序进行控制的选项；第四项为碱基转换（transition）和颠换（transversion）的加权。严格地说，二重比对和多重比对的参数设置应该一致。对于插入缺失突变，或者说空位，在进行参数调整的过程中，可以考虑在参数默认值的基础上，调整 Gap Openning 和 Gap Extension 的相对比例。

需要额外指出的是，①一组待比对序列的两端序列，虽然不一定要对得完全整齐，但是需要对齐得足够好，并且具有足够规模的长度稳定区域，以避免在比对过程中出现端部序列对齐失败的现象；②在将所有仅含空位的位点去掉后进行再次比对时，结果可能会有所改变。此外，在用 CLUSTAL X 进行比对时，可能还会观察到同一组序列在未做任何编辑的情况下，相邻两次比对的结果不同的现象，这种情况下应以最后连续两次稳定的比对结果为准。

在逻辑上，用于比对结果的分支分析算法应与获得该比对结果所用的算法一致，而且共用的参数的数值也要相同，否则这些不同将割裂数据处理过程的逻辑连贯性，造成分析过程中所应用的假设前后不一致（Phillips *et al.*，2000），导致系统发育分析的可信性无从评价。但是由于软件的易用性等一些原因，目前的现状在很大程度上有悖此原则——一方面基于距离算法的 CLUSTAL 仍然是使用最为广泛的比对软件，另一方面 PAUP、PhyML、MrBayes 等是使用最为广泛的系统发育分析软件，而它们各自分别是简约法、似然法、贝叶斯法的典型代表。

12.5.2 空位的问题以及 POY 软件所做的比对

早期以核酸序列为数据构建系统发育树的研究中，含有空位的位点经常被弃掉不用。然而，将空位视为传统分支分析中的缺失数据（missing data）并不合理，因为空位虽然不能在序列中观察到（Wheeler，1996），但确由客观存在的序列改变方式造成(Li，1997)，空位的存在正是记录了这种改变的有用信息（Giribet and Wheeler，1999)。空位的分布是对一组序列在整体上进行位置同源性判断过程中的内在部分，与其余位置上的对位结果同时产生，因此没有理由在性状分析过程中将有空位的位置去掉。目前，绝大多数软件将空位（gap）处理成 A、T、G、C 之外的第 5 个性状状态，编码为“?”。

关于如何看待一串连续的空位（a series of contiguous gaps）这一事实上的困难，如果将其视为一个单一的事件也许从生物学上讲是有依据的，但是这会破坏系统发育分析整体上的逻辑连贯性，在此情况下如何认定一个性状变得十分困难，因为一般一个核苷酸位点就是一个性状，而在一连串的空位中，每一个空位不再是相互独立的。在考虑生物学限制的前提下，存在这样一个折中的解决方案，即将比对中与空位相关的两个参数（gap opening 和 gap extension）设成相等的（Phillips *et al.*，2000)。这样，结果中一连串的空位既满足整体假设，保证逻辑一致性，又可以被看作生物学意义上的一个单一性状，性状的状态则依据空位的长度和每个位置上核苷酸的具体状态而定。本书作者认为，这虽然是在比对范畴内解决这个问题的建设性意见，但是从解决方式来看，它是通过修改参数为特定值才有效，因而较为牵强。更为重要的是，这样的参数设置未必是(事实上很可能不是）形成最可信比对结果的参数。因而这样的方案更多的是具有概念探讨意义的理论上的价值，缺乏实际上的可操作性。

基于应该将插入缺失事件视为进化过程，而不是将空位视为第五种状态的思想，Wheeler（1996，1997，2001）先后提出了直接优化（direct optimization or optimization alignment）和定态优化（fixed-state optimization），打破了以比对过程确定单个核苷酸位点位置同源性的传统，为更加合理地看待空位的问题开辟了新思路。但是从实际效果看，优化式的比对仍不能有效解决一些问题，主要是当序列局部长度变异过于强烈时，包括优化式比对在内的所有比对程序都无法对序列各部分在全局上的位置同源性进行有效对齐。比对本身可能并非彻底解决这个问题的合适范畴，还需要引入生物大分子高级结构方面的背景知识。

12.5.3 蛋白质编码基因的手工比对

对于蛋白质编码序列的比对来说，应该用相应的氨基酸序列进行比对后，再对应回编码序列。由于软件 MEGA 中提供了核苷酸序列和氨基酸序列的实时切换对应，因此十分适合用来比对蛋白质编码序列。尤其是 MEGA 5.0 中同时集成了 CLUSTAL 和 Muscle 两种比对方法，并且区分比对对象是否为蛋白质编码基因。此外，其中还可以选择不同的密码子表，非常方便。以 MEGA 5.0 为例，在菜单中选择“Data→Select Genetic Code Table”，即可对所需的密码子表进行选择。

和 rDNA 序列类似，由于大量插入缺失事件的存在，蛋白质编码序列中也可能存在空位相对集中的区域，仔细观察比对程序直接给出的结果，很容易发现明显的对位错误。并且更糟糕的是，能够用来指导氨基酸序列比对的蛋白质高级结构模型非常少见。所以一方面手工比对是必要的，另一方面却又缺少生物学背景方面的依据。在实践中，由于 MEGA 软件已经根据亲/疏水性的不同，通过颜色对不同氨基酸进行了分类，因此可以参考同一颜色辅助手工比对。

12.6　rRNA 二级结构分析与应用

在分子系统发育研究中，对于 rRNA 二级结构的研究，有两个方面的应用价值。首先是，rDNA 簇是分子系统学中最常用的分子标记来源区域之一，尤其是 18S，而由于在高级阶元水平的不同类群间，rDNA 的长度往往差异很大，比对软件无法有效确定核苷酸的位置同源性，需要以 rRNA 二级结构模型为生物学背景，对计算机程序给出的比对结果进行校正。还有就是，在二级结构层面，存在一些“分子形态”上的共有衍征，可以用来作为探讨系统发育关系的有用信息。表 12.4 为在 RNA 二级结构研究中最常被涉及的一些术语。

表 12.4　RNA 二级结构的亚结构类型和补偿性替换

术语	名词解释
茎（stem）	互补链以氢键形成连续配对的右手双螺旋
单链（single strand）	未配对的核苷酸链
发夹环（hairpin loop）	末端被单链核苷酸封闭的茎，即茎环结构
端凸（terminal bulge）	茎环结合部未配对核苷酸链
侧凸（lateral bulge）	茎部某一条链上未配对的核苷酸链
内凸（internal bulge）	两条链区间各自未能形成配对的单链核苷酸
多分支环（multi-branched loop）	若干个茎最基部之间由若干单链核苷酸相连
补偿性替换（compensatory substitution）	为保持构型，茎部某位点一条链上的突变与另一条链上的相应突变形成新的经典配对
准补偿性替换（semi-compensatory substiturion）	经典配对中一条链上的碱基突变并未影响互补配对的维持，如 A=U 或 G≡C 变为 G=U

12.6.1　RNA 二级结构模型的手动构建

Chastain 和 Tinoco（1991）总结了从一级结构推导二级结构的原则与方法。他们认为，不影响功能的替换应该是相对保守的；那么，如果发现不同物种间具有保守的二级结构，即使序列中有碱基的替换，那么此结构仍为具有重要功能的保守结构。按此观点，第一步先进行多序列比对；第二步，寻找存在变化相关性的一组两个位点。例如，为了保持一个“茎”的结构，发生了 A=U 配对与 G≡C 配对间的替换，存在这种替换的配对区域可以被确认为结构要素。除了上述的经典补偿性替换，准补偿性替换也可以维持保守结构的特征，但是在热力学角度上这样的结构没有发生补偿性替换的结构稳定。Chastain 和 Tinoco（1991）的总结性研究认为这种方法用于比对结果约有 70%相似的序列效果最佳，不适用于保守性很强的序列或变异过多的区域。

12.6.2　RNA 二级结构的热力学运算与结果合意

运用热力学中最低能量的原理与算法，可以预测得到与某一温度相对应的稳定二级结构，实现的软件有 RNAStructure 4.6 等。由于软件中的热力学数据库所依据的实验数据样本不足够大，尚缺少端凸、侧凸、多分支环（Jaeger *et al.*，1989）、发夹结构等方面的热力学数据，因而不一定能确认不同能量状态构形存在的可能性（Chastain and Tinico，1991）。如果考虑到在体内环境中，RNA 三级结构与核糖体蛋白质之间的相互作用，热力学计算结果与 RNA 真实的体内构型可能相差更远。目前的研究显示，当配对碱基在序列中距离较近时，热力学算法表现较好（Konings and Gutell，1995），尤其是对于茎环结构而言。这就提示软件的使用者，应该根据已有的知识，把交给软件进行预测的片段范围限定在某一区域，使得片段两端能够互相配对成尽量长的茎，或者两端序列分别能与片段内部的某区域配对成尽量长的茎。

合意法的基本步骤为：①对所选序列使用热力学算法进行预测；②与可以套用的模型进行比较，通过补偿性替换与准补偿性替换的鉴别，判断二者相对的合理性，确定最终构形。在有的研究中，需要先对每一个 rRNA 分子各自的亚稳定构形（自由能略高于最稳定构形的若干个构形）进行第一步的合意（Konings and Hogeweg，1989），然后再进行进一步合意。

12.6.3　tRNA 的二级结构及应用

tRNA 二级结构分析，是线粒体基因组生物信息学研究中的例行分析。对于 D 环、氨基酸臂、TψC 茎环和反密码子臂，它们各自是否含茎、茎的长度、环的大小以及茎中是否含有 G≡C 配对，这些方面都有可能含有有价值的系统发育信息。由于每一种 tRNA 都很小，所能提供的信息相对有限；如果将线粒体基因组中所有的 tRNA 的二级结构信息综合在一起，则 tRNA 的二级结构可能能有更好的应用。

12.6.4　rDNA 内含子与长度变异区段

长度可变区域并非内含子，从类群特异性角度看，对于真核生物而言，目前只在某些单细胞类群的 18S rDNA 中发现内含子，多细胞的动植物未见 18S rDNA 内含子的报道；从种系特征角度看，长度可变区域往往在目及目以下阶元的近缘类群中都有发生，显示其分享共有的变化历程，而具内含子的类群往往在系统发育格局上散布，显示其内含子各自独立的起源；从在 rRNA 中分布的位置看，长度可变区主要分布在三级结构与细胞质接触的一侧，或者叫作外侧，而内含子拼接位点则分布于三级结构的内部以及蛋白质合成功能一侧，或者叫作内侧，也就是与核糖体大亚基相邻的一侧（图 12.1，彩版）。

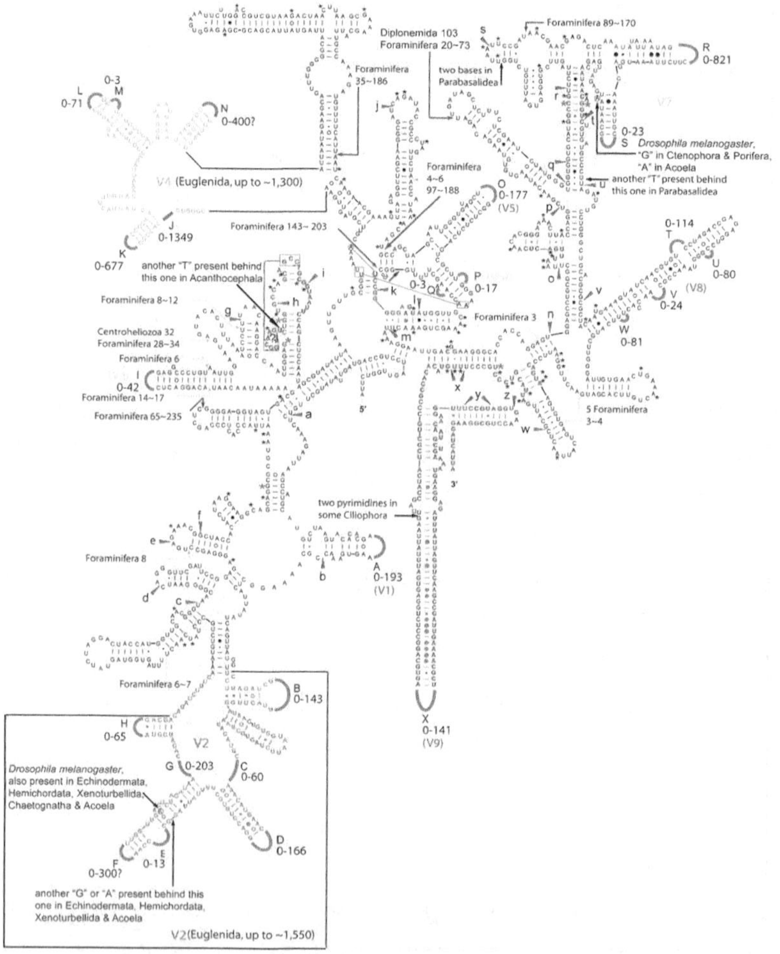

图 12.1　真核生物 18S rRNA 二级结构模型（彩版）

图中序列基于果蝇（Acc. No. M21017）。弯曲的粗线代表长度的可变位置，粗线边上的数字表示在真核生物中的长度变异范围。红色的 V2、绿色的 V4、黄色的 V7 三个区域是长度变异较为集中的区域。粉色区域表示靠近核糖体大亚基的区域。浅蓝色和深蓝色箭头分别表示小规模和大规模的类群特异性插入。粉色尖头表示内含子剪切位点。黑色的星号表示在细菌、古菌、真核生物之间保守的碱基；红色的星号表示在古菌和真核生物中共有、细菌极少具有或不具有的碱基状态（Xie *et al.*，2011）

12.6.5　基于 rRNA 二级结构的 rDNA 手工比对

Billoud 等（2000）和 Ouvrard 等（2000）在各自的研究中分别以“morpho-metrics”和“morpho-molecular”的术语提出了“分子形态”的概念。这些概念是生物系统学研究者从传统分类学与分子标记的应用相结合的角度提出的，其基本思想是将分子高级结构中的某些信息作为“形态”信息来看待，并且可以用传统分类学中的方法来进行分析研究。应该说这样的概念是阶段性的，如果未来结构生物学的水平能够更高效地测定生物大分子的真实结构，那么将开启比较结构生物学的时代，就不必再使用所谓“分子形态”的概念。

序列（一级结构）长度高变区的比对结果是不够充分的，信噪比低，可信性差（Mugridge *et al.*，2000）。而 rRNA 的二级结构由于对维持一定的功能有重要作用，所以在进化过程中高度保守（Zwieb *et al.*，1981）。尤其当局部大量的插入/缺失事件使得对一级结构的多序列比对结果不太可信时，二级结构对比对有重要指导作用（Billoud *et al.*，2000）。并且如果不依据二级结构的背景知识对序列比对结果中的高变区进行仔细分辨，仅根据直观结果中的边界整齐性去掉，实际上是可能弃去了有用的系统发育信息，这些信息只有在对二级结构的利用中才能成为有价值的信息。因此，二级结构比序列提高了对信息的利用效率。已有为数不少的比对应用了二级结构的信息，如 Kjer（1995）对蛙类系统发育的研究，Billoud 等（2000）对甲壳纲蔓足类（cirripedes）的系统发育研究，Xie 等（2009）对六足总纲的系统发育研究等。Billoud 等（2000）认为，二级结构构形特征最适用于纲和目级阶元的研究。

基于二级结构模型对于比对结果的校正分为两个层面。一个是相对大规模的层面，即对于 rRNA 二级结构不同同源区域的 rDNA 各部分应该对齐（图 12.2、图 12.3，彩版）。从图 12.2 中可以看到，rRNA 中的长度可变区域基本上都位于端凸（terminal bulge）、侧凸（lateral bulge）或内凸（internal bulge）的位置，并且相对集中在 V2、V4、V7 三个区域。由图 12.3 中的示意，我们可以理解到，对于参照二级结构模型进行了正确对齐的比对结果，比对结果总长度应该等于各长度稳定区域的长度与各长度可变区长度范围的上限之和。如果计算机程序比对结果的总长度低于这一预期，那么比对结果中肯定出现了区域间某种程度上的重叠。

基于二级结构模型对比对结果进行校正的另一个层次是局部微调，利用 rRNA 二级结构中茎区（stems）的配对结构信息。例如，存在某一碱基对，那么各代表类群序列中的这两个碱基应该在比对结果中形成整齐的两列，如果没有，则需要手动调整（Xie *et al.* 2005）（图 12.4，彩版）。

12.6.6　长度变异和插入缺失作为共有衍征

在 Xie 等（2009）对六足总纲的 18S rRNA 二级结构比较及系统发育研究中，长度保守区域被用来构建系统发育，各个长度可变区的长度则被作为独立证据使用，避免因

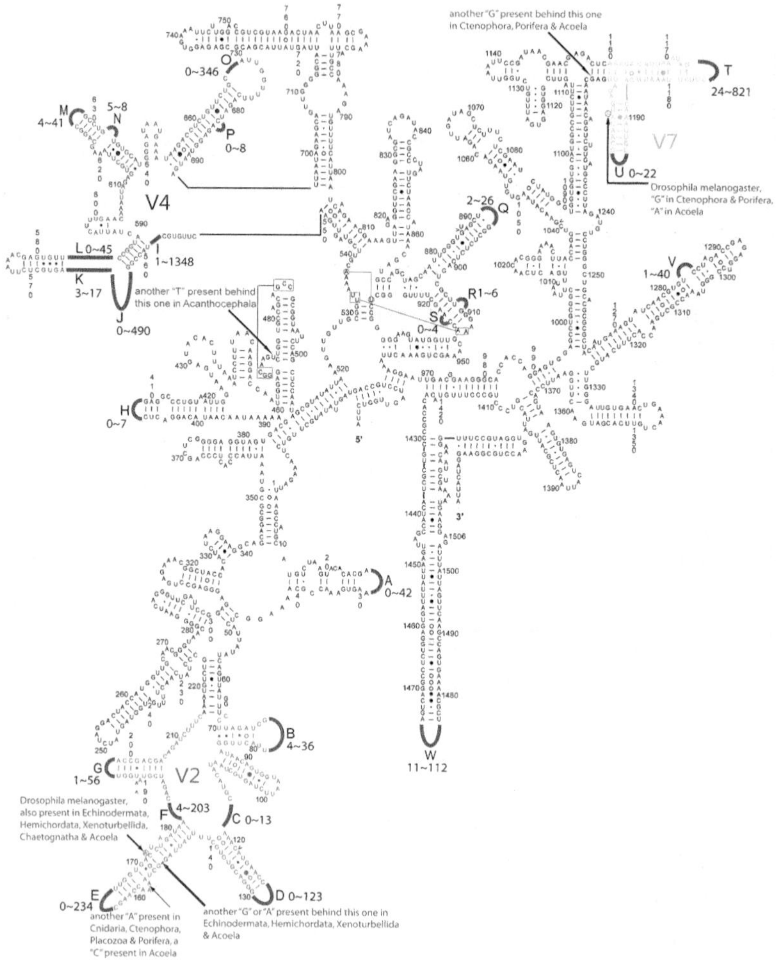

图 12.2　后生动物 18S rRNA 二级结构模型（彩版）

图中序列基于果蝇（Acc. No. M21017）。弯曲的粗线代表的长度可变位置，粗线边上的数字表示在后生动物中的长度变异范围。V2、V4、V7 三个区域是长度变异较为集中的区域

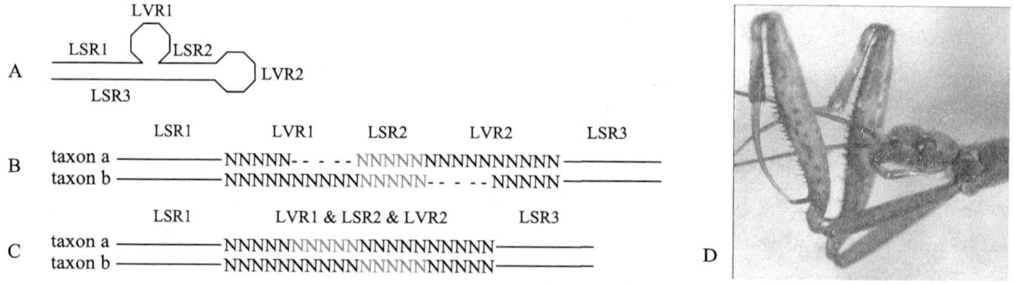

图 12.3　二级结构区域与比对的区域同源性之间的关系（彩版）

A. 一个局部二级结构，其中两个单链区为长度可变区（length variable region，LVR），并且假设 LVR1 在类群 a 和 b 中分别长 5 个和 10 个碱基，LVR2 在类群 a 和 b 中分别长 10 个和 5 个碱基，配对区中的三个片段为长度稳定区域（length stable region，LSR）；B. 区域同源性正确对齐的比对结果，比对结果的总长度应该等于各长度稳定区域的长度与各长度可变区长度的上限之和；C. 区域同源性错误对齐的比对结果中的一种可能性。如果比对结果的总长度低于各长度稳定区域的长度与各长度可变区长度的上限之和，那么比对结果中肯定出现了区域间以某种程度重叠的情况；D. 猎蝽某种的前足，基节极度延长，很容易令人误判腿节、胫节和跗节的位置同源性

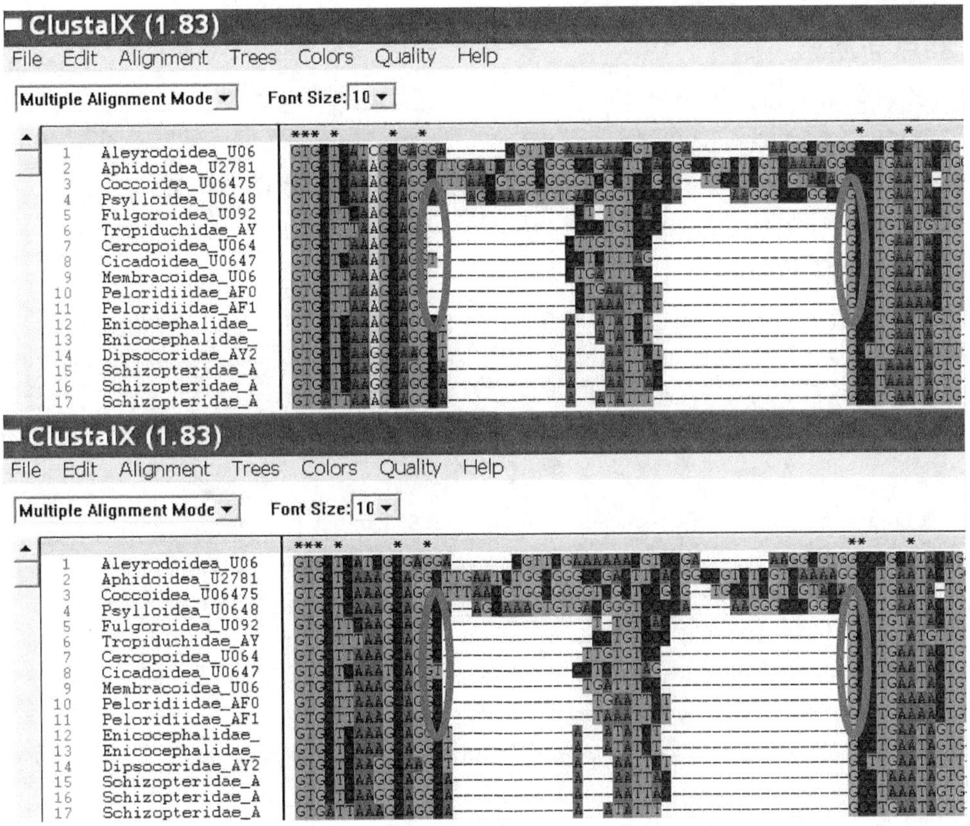

图 12.4　根据配对情况校正比对结果（彩版）

在靠上的图中，应该与右侧一列 G 配对的嘧啶没有对齐成为一列；靠下的图中为手动调整后的结果

长度可变区被包含在矩阵中而造成循环论证的嫌疑。在系统发育分析中，结果显示，“原尾目＋双尾目”、“革翅目＋缺翅目”、“螳螂目＋（蜚蠊目＋等翅目）”这三个支系是单系群。在二级结构分析中，在相当于图 12.2 的 1320 位置附近，原尾目与双尾目存在同一位置上的若干插入；在六足总纲的 24 个长度可变区中，革翅目与缺翅目在其中的 19 个都具有相同的长度；在相当于图 12.2 的长度变异区 P，螳螂目、蜚蠊目和等翅目具有共有的、且在六足类中是三者特有的长度状态。

此外，除了长度变异区段的相同长度，相同的长度变异趋势是另外一种意义上的共有衍征。例如，Xie 等（2008）在对昆虫纲广义半翅目的研究中，分辨出胸喙亚目（包括木虱、粉虱、蚜虫、介壳虫等）在相当于图 12.2 中 M、O、T 的位置，长度明显比半翅目其他类群在各个相同位置的长度要长很多。也就是说，虽然胸喙亚目的类群在这些位置上长度不一，但是相对于半翅目其他类群而言，都具有长度扩展的趋势。由此，形成对 rRNA 二级结构信息的深度挖掘。

要点与问题

1. 线粒体基因组的生物信息学分析中，一般会包括哪些部分？
2. EST 的数据特点和用途。
3. rRNA 二级结构在序列比对校正及共有衍征寻找等方面的价值。

进一步阅读的建议

邹喻苹，葛颂，王晓东. 2001. 系统与进化植物学中的分子标记. 北京：科学出版社.

DeSalle R, Giribet G, Wheeler W C. 2002. Techniques in Molecular Systematics and Evolution. Berlin: Birkhäuser.

参考文献

Adams M D, Kerlavage A R, Fleischmann R D, *et al*. 1995. Initial assessment of human gene diversity and expression patterns based upon 83 million nucleotides of cDNA sequence. Nature, 377: 3174.

Bailey L C Jr, Searls D B, Overton G C. 1998. Analysis of EST-driven gene annotation in human genomic sequence. Genome Res, 8: 362-376.

Barnes W M. 1994. PCR amplification of up to 35-kb DNA with high fidelity and high yield from lambda bacteriophage templates. Proc Natl Acad Sci USA, 91: 2216-2220.

Bensch S, Härlid A. 2000. Mitochondrial genomic rearrangements in song birds. Mol Biol Evol, 17: 107-113.

Billoud B, Guerrucci M A, Masselot M, *et al*. 2000. Cirripede phylogeny using a novel approach: Molecular morphometrics. Mol Biol Evol, 17: 1435-1445.

Black W C IV, Roehrdanz R L. 1998. Mitochondrial gene order is not conserved in arthropods: prostriate and metastriate tick mitochondrial genomes. Mol Biol Evol, 15: 1772-1785.

Boore J L, Brown W M. 1998. Big trees from little genomes: Mitochondrial gene order as a phylogenetic tool. Curr Opin Genet Dev, 8: 668-674.

Boore J L, Collins T M, Stanton D, *et al*. 1995. Deducing the pattern of arthropod phylogeny from mitochondrial DNA rearrangements. Nature, 376: 163-165.

Boore J L, Lavrov D V, Brown W M. 1998. Gene translocation links insects and Crustaceans. Nature, 392: 667-668.

Boore J L. 1999. Animal mitochondrial genomes. Nucleic Acids Res, 27: 1767-1780.

Boore J L. 2000. The duplication/random loss model for gene rearrangement exemplified by mitochondrial genomes of deuterostome animals. *In*: Sankoff D, Nadeau J H. Comparative genomics. Dordrecht: Kluwer Academic Publishers: 133-147.

Carver E A, Stubbs L. 1997. Zooming in on the human-mouse comparative map: Genome conservation re-examined on a high-resolution scale. Genome Res, 7: 1123-1137.

Caterino M S, Cho S, Sperling F A H. 2000. The current state of insect molecular systematics: A thriving Tower of Babel. Annu Rev Entomol, 45: 1-54.

Cavalier-Smith T. 1978. Nuclear volume control by nucleoskeletal DNA, selection for cell volume and cell growth rate, and the solution of the DNA C-value paradox. J Cell Sci, 34: 247-278.

Cavalier-Smith T. 1985. The Evolution of Genome Size. New York：John Wiley.

Cavalier-Smith T. 1991. Intron phylogeny：A new hypothesis. Trends Genet，7：145-148.

Chastain M，Tinoco I Jr. 1991. Structural elements in RNA. Prog Nucleic Acid Res Mol Biol，41：131-177.

Cheng S，Fockler C，Barnes W M，*et al*. 1994. Effective amplification of long targets from cloned inserts and human genomic DNA. Proc Natl Acad Sci USA，91：5695-5699.

Clark A G，Eisen M B，Smith D R，*et al*.，2007. Evolution of genes and genomes on the *Drosophila* phylogeny. Nature，450：203-218.

Curole JP，Kocher T D. 1999. Mitogenomics：Digging deeper with complete mitochondrial genomes. Trends Ecol Evol，14：394-398.

Delcher A L，Kasif S，Fleischmann R D，*et al*. 1999. Alignment of whole genomes. Nucleic Acids Res，27：2369-2376.

Dicks J. 2000. Graphical tools for comparative genome analysis. Yeast，17：6-15.

Dowton M，Austin A D. 1999. Evolutionary dynamics of a mitochondrial rearrangement "hot spot" in the Hymenoptera. Mol Biol Evol，16：298-309.

Dowton M. 1999. Relationships among the cyclostome braconid (Hymenoptera：Braconidae) subfamilies inferred from a mitochondrial tRNA gene rearrangement. Mol Phylogenet Evol，11：283-287.

Dunn C W，Hejnol A，Matus D Q，*et al*. 2008. Broad phylogenomic sampling improves resolution of the animal tree of life. Nature，452：745-749.

Dutt M J，Lee K H. 2000. Proteomic analysis. Curr Opin Biotechnol，11：176-179.

Eisenberg D，Maracotte E M，Xenarios I，*et al*. 2000. Protein function in the post-genomic era. Nature，405：823-826.

Feng D，Doolittle R F. 1987. Progressive sequence alignment as a prerequisite to correct phylogenetic trees. J Mol Evol，25：351-360.

Feng D，Doolittle R F. 1990. Progressive alignment and phylogenetic tree construction of protein sequences. Methods Enzomol，183：375-387.

Gallut C，Barriel V. 2002. Cladistic coding of genomic maps. Cladistics，18：526-536.

Geisow M J. 1998. Proteomics：one small step for a digital computer，one giant leap for humankind. Nat Biotechnol，16：206.

Giribet G，Wheeler W C. 1999. On gaps. Mol Phylogenet Evol，13：132-143.

Giribet G，Wheeler W C，Muona J. 2002. DNA multiple sequence alignments. *In*：De Salle R，Giribet G，Wheeler W C. Molecular Systematics and Evolution：Theory and Practice. Switzerland：Birkhäuser Verlag：107-114.

Hackett S J，Kimball R T，Reddy S，*et al*. 2008. A phylogenomic study of birds reveals their evolutionary history. Science，320：1763-1768.

Hallstrom B M，Kullberg M，Nilsson M A，*et al*. 2007. Phylogenomic data analyses provide evidence that Xenarthra and Afrotheria are sister groups. Mol Biol Evol，24：2059-2068.

Hickerson M J，Cunningham C W. 2000. Dramatic mitochondrial gene rearrangements in the hermit crab *Pagurus longicarpus* (Crustacea，Anomura). Mol Biol Evol，17：639-644.

Higgins D G，Sharp P M. 1989. Fast and sensitive multiple sequence alignments on a microcomputer. CABIOS，5：151-153.

Higgins D G，Bleasby A J，Fuchs R. 1992. CLUSTAL V：Improved software for multiple sequence alignment. CABIOS, 8: 189-191.

Higgins D G, Sharp P M. 1988. CLUSTAL: A package for performing multiple sequence alignment on a microcomputer. Gene, 73: 237-244.

Hillis D M. 1999. SINEs of the perfect character. Proc Natl Acad Sci USA, 96: 9979-9981.

Hwang U W, Park C J, Yong T S, *et al*. 2001. One-step PCR amplification of complete arthropod mitochondrial genomes. Mol Phylogenet Evol, 19: 345-352.

Höhl M, Kurtz S, Ohlebusch E. 2002. Efficient multiple genome alignment. *In*: Proceedings of the tenth international conference on intelligent systems for molecular biology. Bioinformatics, 18: 312-320.

Jaeger J A, Turner D H, Zuker M. 1989. Improved predictions of secondary structures for RNA. Proc Natl Acad Sci USA, 86: 7706-7710.

Kjer K M. 1995. Use of rRNA secondary structure in phylogenetic studies to identify homologous positions: an example of alignment and data presentation from the frogs. Mol Phylogenet Evol, 4: 314-330.

Konings D A M, Hogeweg P. 1989. Pattern analysis for RNA secondary structure. Similarity and consensus of minimal- energy folding. J Mol Biol, 207: 596-614.

Konings D A M, Gutell R R. 1995. A comparison of thermodynamic foldings with comparatively derived strutures of 16S and 16S-like rRNAs. RNA, 1: 559-574.

Kurabayashi A, Ueshima R. 2000. Complete sequence of the mitochondrial DNA of the primitive opisthobranch gastropod *Pupa strigosa*: Systematic implication of the genome organization. Mol Biol Evol, 17: 266-277.

Lavrov D V, Boore J L, Brown W M. 2002. Complete mtDNA sequences of two millipedes suggest a new model for mitochondrial gene rearrangements: Duplication and nonrandom loss. Mol Biol Evol, 19: 163-169.

Lecompte O, Thompson J D, Plewniak F, *et al*. 2001. Multiple alignment of complete sequences (MACS) in the post-genomic era. Gene, 270: 17-30.

Li W H. 1983. Evolution of duplicated genes and pseudogenes. *In*: Nei M, Koehn R K. Evolution of Genes and Proteins. Sunderland, MA: Sinauer Associates: 14-37.

Li W H. 1997. Molecular Evolution. Sunderland, MA: Sinauer Associates.

Macey J R, Larson A, Ananjeva N B, *et al*. 1997. Two novel gene orders and the role of light-strand replication in rearrangement of the vertebrate mitochondrial genome. Mol Biol Evol, 14: 91-104.

Madsen C S, Ghivizzani S C, Hauswirth W W. 1993. In vivo and in vitro evidence for slipped mispairing in mammalian mitochondria. Proc Natl Acad Sci USA, 90: 7671-7675.

Mazumder R, Kolaskar A, Seto D. 2001. Gene Order: Comparing the order of genes in small genomes. Bioinformatics, 17: 162-166.

Meusemann K, von Reumont B M, Simon S, *et al*. 2010. A phylogenomic approach to resolve the arthropod tree of life. Mol Biol Evol, 27: 2451-2464.

Michel F, Ferat J L. 1995. Structure and activities of group II introns. Annu Rev Biochem, 64: 435-461.

Min G, Powell J R. 1998. Long-Distance genome walking using the long and accurate polymerase chain reaction. Biotechniques, 24: 398-400.

Mindell D P, Sorensen M D, Dimcheff D E. 1998. Multiple independent origins of mitochondrial gene order in birds. Proc Natl Acad Sci USA，95：10693-10697.

Mitchison G J. 1999. A probabilistic treatment of phylogeny and sequence alignment. J Mol Evol，49：11-22.

Moritz C，Dowling T E，Brown W M. 1987. Evolution of animal mitochondrial DNA：Relevance for population biology and systematics. Annu Rev Ecol Syst，18：269-292.

Morrison C L，Harvey A W，Lavery S，*et al*. 2002. Mitochondrial gene rearrangements confirm the parallel evolution of the crab-like form. Proc Biol Sci，269：345-350.

Mount D W. 2001. Bioinformatics：Sequence and Genome Analysis. New York：Cold Spring Harbor Laboratory Press.

Mugridge N B，Morrison D A，Jäkel T，*et al*. 2000. Effects of sequence alignment and structural domains of ribosomal DNA on phylogeny reconstruction for the protozoan family Sarcocystidae. Mol Biol Evol，17：1842-1853.

Nandi T，B-Rao C，Ramachandran S. 2002. Comparative genomics using data mining tools. J Biosci，27：15-25.

Needleman S B，Wunsch C D. 1970. A general method applicable to the search for similarities in the amino acid sequence of two proteins. J Mol Biol，48：443-453.

Nelson W S，Prodohl P A，Avise J C. 1996. Development and application of long-PCR for the assay of full-length animal mitochondrial DNA. Mol Ecol，5：807-810.

Nilsen T W. 1994. RNA-RNA interactions in the spliceosome：Unraveling the ties that bind. Cell，78：1-4.

Orgel L E，Crick F H C. 1980. Selfish DNA：The ultimate parasite. Nature，284：604-607.

Ouvrard D，Campbell B C，Bourgoin T，*et al*. 2000. 18S rRNA secondary structure and phylogenetic position of Peloridiidae (Insecta，Hemiptera). Mol Phylogenet Evol，16：403-417.

Pandy A，Mann M. 2000. Proteomics to study genes and genomes. Nature，405：837-846.

Philippe H，Laurent J. 1998. How good are deep phylogenetic trees? Curr Opin Genet Dev，8：616-623.

Phillips A，Janies D，Wheeler W C. 2000. Multiple sequence alignment in phylogenetic analysis. Mol Phylogenet Evol，16：317-330.

Pääbo S，Thomas W K，Whitfield K M，*et al*. 1991. Rearrangements of mitochondrial transfer RNA genes in marsupials. J Mol Evol，33：426-430.

Rogers J. 1989. How were introns inserted into nuclear genes? Trends Genet，5：213-216.

Rokas A，Holland P W H. 2000. Rare genomic changes as a tool for phylogenetics. Trends Ecol Evol，15：454-459.

Sankoff D D，Cedergren R J. 1983. Simultaneous comparison of three or more sequences related by a tree. *In*：Sankoff D，Kruskal J B. Time warps，string edits，and macromolecules：The theory and practice of sequence comparison. MA：Addison-Wesley，Reading：253-264.

Shao R，Campbell N J H，Barker S C. 2001. Numerous gene rearrangements in the mitochondrial genome of the wallaby louse，*Heterodoxus macropus* (Phthiraptera). Mol Biol Evol，18：858-865.

Shedlock A M，Botka C W，Zhao S，*et al*. 2007. Phylogenomics of non-avian reptiles and the structure of the ancestral amniote genome. Proc Natl Acad Sci USA，104：2767-2772.

Simon S，Strauss S，von Haeseler A，*et al*. 2009. A phylogenomic approach to resolve the basal pterygote divergence. Mol Biol Evol，26：2719-2730.

Smith T F，Waterman M S，Fitch W M. 1981. Comparative biosequence metrics. J Mol Evol，18：

38-46.

Stanton D J, Daehler L L, Moritz C C, *et al*. 1994. Sequences with the potential to form stem-and-loop structures are associated with coding-region duplications in animal mitochondrial DNA. Genetics, 137: 233-241.

Thompson J D, Higgins D G, Gibson T J. 1994. CLUATAL W: Improving the sensitivity of progressive multiple sequence alignment through sequence weighting, position specific gap penalties and weight matrix choice. Nucleic Acids Res, 22: 4673-4680.

Tomita K, Yokobori S, Oshima T, *et al*. 2001. The cephalopod *Loligo bleekeri* mitochondrial genome: Multiplied noncoding regions and transposition of tRNA genes. J Mol Evol, 54: 486-500.

Wang L, Jiang T, Lawler E L. 1996. Approximation algorithms for tree alignment with a given phylogeny. Algorithmica, 16: 302-315.

Weiner P. 1973. Linear pattern matching algorithms. *In*: 14th Annual IEEE Symposium on Switching and Automata Theory: 1-11.

Wheeler W C, Gladstein D L. 1994. MALIGN, version 1. 93. New York: American Museum of Natural History.

Wheeler W C. 1994. Sources of ambiguity in nucleic acid sequence alignment. *In*: Schierwater B, Streit B, Wagner G P, *et al*. Molecular Ecology and Evolution: Approaches and Applications. Basel: Birkhäuser: 323-352.

Wheeler W C. 1996. Optimization alignment: The end of multiple sequence alignment in phylogenetics? Cladistics, 12: 1-9.

Wheeler W C. 1997. Fixed character states and the optimization of molecular sequence data. Cladistics, 15: 379-385.

Wheeler W C. 2001. Homology and the optimization of DNA sequence data. Cladistics, 17: S3-S11.

Wilson K, Cahill V, Ballment E, *et al*. 2000. The complete sequence of the mitochondrial genome of the crustacean *Penaeus monodon*: Are Malacostracan crustaceans more closely related to insects than to Branchiopods? Mol Biol Evol, 17: 863-874.

Xie Q, Bu W J, Zheng L Y. 2005. The Bayesian phylogenetic analysis of the 18S rRNA sequences from the main lineages of Trichophora (Insecta: Heteroptera: Pentatomomorpha). Mol Phylogenet Evol, 34: 448-451.

Xie Q, Lin J Z, Qin Y, *et al*. 2011. Structural diversity of eukaryotic 18S rRNA and its impact on alignment and phylogenetic reconstruction. Protein Cell, 2: 161-170.

Xie Q, Tian X X, Qin Y, *et al*. 2009. Phylogenetic comparison of local length plasticity of the small subunit of nuclear rDNAs among all Hexapoda orders and the impact of hyper length variation on alignment. Mol Phylogenet Evol, 50: 310-316.

Xie Q, Tian Y, Zheng L Y, *et al*. 2008. 18S rRNA Hyper-elongation and the Phylogeny of Euhemiptera (Insecta: Hemiptera). Mol Phylogenet Evol, 47: 463-471.

Yamazaki N, Ueshima R, Terrett J A, *et al*. 1997. Evolution of pulmonate gastropod mitochondrial genomes: Comparisons of gene organizations of *Euhadra*, *Cepaea* and *Albinaria* and implications of unusual tRNA secondary structures. Genetics, 145: 749-758.

Zeyl C, Bell G. 1996. Symbiotic DNA in eukaryotic genomes. Trends Ecol Evol, 11: 10-15.

Zwieb C, Glotz C, Brimacombe R. 1981. Secondary structure comparisons between small subunit ribosomal RNA molecules from six different species. Nucl Acids Res, 9: 3621-3640.

第 13 章　分子系统学的建树原则与算法

在进行分子系统发育推断的过程中，一般为人所知的是算法，如最大简约法（maximum parsimony，MP）、最大似然法（maximum likelihood，ML）、最小进化法（minimum evolution，ME）、贝叶斯推理/推断（Bayesian inference，BI）等，往往被人忽视的是原则。什么是原则呢？原则是一类进化假设，根据假设可以订立相应的标准对系统发育结果进行评价。目前有什么样的原则呢？一般认为有两个：一个是简约，最大简约法和 POY 程序中的优化算法均应用这一原则，目前形态学数据一般倾向于应用简约原则进行分析；另一个是似然，最大似然法和贝叶斯推断均应用这一原则，目前分子序列越来越倾向于应用似然原则进行分析。还有一类算法基于“相似”的原则，也就是距离算法，多为遗传学家等其他学科的研究者使用；分类学家一般更多地倾向于最大简约法和最大似然法两类方法。

对于将算法归类到不同的原则，一个有趣的问题是，最小进化法算是似然原则类的算法么？这是个难以回答的问题，可能存在对立的观点，比较保守的观点中一般不将 ME 视为似然原则类的算法。这其中的原因在于，虽然 ME 在使用上和 ML 好像比较接近，也允许在一定的范围内选定分子替换模型，也使用自展检验/靴带法（bootstrap）对树的可信性进行评价，但是其在思想根源上，与非加权组平均法（unweighted pair group method with arithmetic mean，UPGMA）和邻接法（neighbor joining，NJ）同属于距离算法（distance methods），是一种改进了的距离算法。

13.1　最大简约法真的缺少模型么？

对于简约原则是否包含假设，主流观点倾向于认为，虽然其中未阐述明确的进化模型，但是那只是缺少被表述出来的具体模型，而不意味着缺少内在假设。本书作者认为，要想理解这个问题，最好先了解形态特征和序列特征各自的特点（表 13.1），以及最大简约法、最大似然法各自的特点（表 13.2）。这对于理解最大简约法的“无模型”表象，以及最大简约法和最大似然法所适用的数据类型的倾向性，会有较大帮助。对于不同数据类型的特点，形态学数据中的每个特征都有比较强的个性，因而在整体上难以总结出几种或几十种模型；序列数据中的每一列并无较强的个性，于是在整体上可以归纳出一些明显的类型。对于不同原则下算法的特点，最大简约法对于单一特征具有形成模型的能力，最大似然法没有；对于不同的序列，最大简约法的处理方式比较单一，最大似然法则可以提供多样化的模型。

表 13.1　不同数据类型的特点

	形态	序列
单一特征的个性	强	弱
特征状态类型的确定性	弱	强
特征整体的类型性	弱	强
特征数量规模	＜200	10^3～10^7

表 13.2　不同原则下算法的特点

	简约	似然
对单一特征形成模型的能力	有	无
对整体形态特征形成模型的能力	—	—
对整体序列特征形成模型的数量	单一	多样
特征数量对于建立模型的影响	较小	较大

由此不难发现，由于单一形态特征无法由最大似然法形成模型，因而形态特征只能用最大简约法进行分析；由于最大简约法对于不同序列的模型描述过于简单，因而最大似然法更适合用于序列数据的分析。也就是说，对于基于形态特征的最大简约法分析，之所以没有被表述出来的模型，原因有二。首先，每一个形态特征都是独特的、有个性的。实际上，一个形态矩阵的整体进化假设是通过对每一个具体特征/性状的定义而实现的。例如，一个特征是二态还是多态，多态特征之间的关系是有序还是无序，各列特征之间的相对权值是多少。其次，在特征之间独立性的基础之上，对于形态特征来说，即使是在同一项研究的同一个矩阵中，所涉及的各特征的状态数量，以及不同状态之间的关系，都很可能不相同，这进一步决定了各个特征的进化模型需要被独立确定。只有当所有特征的进化模型都被确定之后，矩阵整体的进化模型才被最终确定。这也就意味着，如果我们有针对性地说某一个形态特征，其进化模型是可以通过比较形态学研究给出相对恰当的答案的；但是如果我们笼统地说不同形态特征组合成的矩阵，那么潜在的模型数量是巨大而无法估计的。连模型的数量都无法估计，自然也就不可能有被表述出来的模型。或者也可以这样说，每个形态学特征矩阵都有自己的一个模型；如果考虑当特征数量、特征状态和有序无序都不变时，还有可能存在多个加权方案的话，那么同一个矩阵还会有多个不同的进化模型。说到这里，我们就可以看出，第 10 章 10.4.2 节中提及的简约的不同优化方式，其实就是模型的雏形，但是又都不足以形成完整的模型。

接下来的问题就是，对于分子数据而言，简约原则是否可以有明确的模型？答案是肯定的。例如，对于序列数据而言，把转换相对于颠换的权值设为 0，或者设定一个非零的值，但是远小于颠换的权值。但问题在于，可以建立模型不意味着符合模型的进化就是客观存在的。对于分子序列而言，在理论层面，简约模型的客观性很难评价；在实际应用中，简约原则比似然原则低估进化量，更多受到长支吸引（long branch attraction，LBA）的影响。不过，这些还不是全部答案，因为未来简约原则很可能在分子数据中还有重要价值，只不过不是序列数据，而是诸如染色体重组、基因重排、横向基因转移、拷贝数增减等大尺度的、特点不一的遗传物质改变。基因组时代既带来大量序列数据，更带来大量染色体“宏观”水平的信息，简约模型可能在基因组时代迎来新的生机。

13.1.1　最大简约法与优化式简约

在简约原则下，所有可能的谱系关系中，所涉及的进化改变事件数目最少的谱系被认为是最可信的，即树长最短的分支树为最优。简约性原则建立在这样一个假设基础之上，即重复进化的可能性小是普遍的客观实际情况。用来实现基于简约原则搜索最优分支图的方法，被称为最大简约法。传统的简约算法一般通过搜索和分支界限、分布相加、分支互换和星型分解等方法实现（第 10 章）。常用的系列软件包括 MacClade、NONA 、PAUP、TNT、WinClade 等。其中，TNT（Goloboff *et al.*，1999）由于采用了渐进（ratchet)、分段搜索（sectorial searches)、树熔断（tree-fusing)、树漂移（tree-drifting）等新的搜树方法，而具有明显高出其他简约法程序的计算效率。

近 10 年来，有一系列由软件 POY 实现的优化算法，亦为简约原则下的算法。其中包括直接优化（direct optimization）和定态优化（fixed-state optimization)（表 13.3)。直接优化（direct optimization）又称优化比对（optimization alignment）（Wheeler，1996)，是在简约的原则框架下进行两个步骤，一个下行步骤（down-pass）和随后的上行步骤（up-pass)。下行步骤从分支图拓扑结构空间中的各分支图端部走向基部，在各节点建立临时的（preliminary/provisional）假设祖先序列，并根据加权框架与具体的替换的插入缺失事件计算分支图长度；上行步骤从分支图基部走向端部，根据下行步骤中获得的信息建立对最终祖先序列的估计。这一过程中可以显示简约原则下分支图中各支系的性状演变系列，从未经比对序列形成最简约的系统发育树。

表 13.3　不同同源模式和不同空位处理原则下的优化算法

	静态（Static）	动态（Dynamic）
碱基同源 (Base-to-Base)	一般的多序列比对 (Multiple alignment)	优化比对 (Optimization alignment)
片段同源 (Fragment)	定态优化 (Fixed State Optimization)	多拷贝定态优化 (Multi-Copy Fixed State Optimization)

与比对、建树分两步的典型过程相比，优化式比对也对拓扑结构空间中的分支图作无根处理。不同之处在于，优化过程直接从序列开始完成确定最小进化量和寻找最优拓扑结构的计算，不再对核苷酸碱基位置同源性进行判断（因而也就不再有如比对结果中一样明确的“性状”或“特征”的概念)，其本质为基于简约法的性状分析（parsimony-based character analysis）（Sankoff and Rousseau，1975）应用于序列信息时的一般化扩展（generalization)。由此，本方法避免了比对中的预设同源。经检验，该方法的简约性优于多重序列比对的结果，与简约法所得最优分支树的步长总和一致（Wheeler，1996)。Wheeler（1996）认为，直接优化的优点之一在于避免了空位的问题给系统发育分析造成的不稳定性（inconsistancy)。在通过直接优化寻找最优分支树的过程中，插入和（或）缺失被视为一组动态过程（processes)，这是与在多重比对中将空位视为

一种状态不同的处理方法。本方法的结果中，包括根序列在内的节点序列的不同会影响到分支树的步长总和，如果有不唯一的节点序列所对应的同等（最）简约分支树，那么选择空位的分布相对集中而不是相对分散的序列作为根序列，如果经过空位相对集中程度筛选之后仍不唯一，则需对所涉及序列分别进行尝试。

在随后的探索中，Wheeler（1997，2001）提出了定态优化的方法，探讨了打破将“同源”和“特征”的概念束缚在单个碱基上的可能性，认为将序列数据处理成一组连续的片段有利于将形态特征与序列信息进行联合分析。对于插入/缺失不很剧烈的 rDNA 序列，这可能同样有利于比对结果更贴近于与二级结构信息之间的对应。这一算法近年来不断改进（Gladstein，1997；Wheeler，2003a，2003b），其与并行计算技术的紧密结合（Giribet，2001；Janies and Wheeler，2001），是一个应用亮点。

13.1.2 布莱默支持指数

布莱默支持指数（Bremer support index）这一概念最早出自 Bremer（1988）对于氨基酸序列用于被子植物系统发育的局限性的研究。Bremer 支持率是指一个分支从亚简约分支图的严格合意树中消失所需的步长之和。对于支持率而言，bootstrap 和 jackknife 给出的都是间接量度，这些指标不仅可对简约法应用，也可对距离法、似然法甚至非加权组平均法（unweighted pair group method using arithmetic means，UPGMA）应用；而 Bremer 支持给出的是直接量度，并与简约法形成完美搭配。当然，从简约法对于序列数据会低估实际进化量的客观现实考虑，Bremer 支持强调了某些分支在亚简约树中存在的稳健性。除 Bremer support（Källersjö *et al.*，1992）之外，还曾经出现过 branch support（Bremer，1994）、Bremer's support index（Davis，1993）、clade stability（Davis，1993）、decay index（Donoghue *et al.*，1992）和 length difference（Faith，1991）等同一概念的不同称谓。

要对一棵最简约分支图中某一分支计算 Bremer 支持率，首先要将所有比最简约分支图长一步的亚简约分支图进行严格合意，重复这一过程直到所关注的分支在严格合意树中不再存在。当所关注的分支刚好消失时，其所处的分支图的树长与最简约分支图树长之间的差值即为该分支的 Bremer 支持率。与 bootstrap 相比，Bremer 支持率具有比较好的抗随机干扰能力（Wenzel and Siddall，1999）。有研究发现，Bremer 支持率高于 3 的分支与自展检验值高于 80%的分支之间具有相当程度的一致性（Davis，1995）；另有研究显示，Bremer 值高于 5 的分支相对稳定，高于 10 的足够稳定，高于 20 的极为可信，在计算能力有限的情况下可不必进一步计算真正的 Bremer 值（Siddall，2002）。遗憾的是，PAUP 4.0 中尚不提供该指数的计算；Windows 操作系统的使用者可以使用软件 NONA（Goloboff，1999）、POY（Varón *et al.*，2010）或 AutoDecay（Eriksson，2011）计算，Mac 操作系统的使用者可以使用软件 TreeRot（Sorenson and Franzosa，2007）或 AutoDecay（Eriksson，2011）计算。

对于分支图整体，还可利用其内部所有分支的 Bremer 支持率的总和与最简约分支图的树长之比进行评价，该指标称为整体支持指数（total support index，ti）；当合意树为完全未解析状态时，ti＝0，当所有性状完全支持分支图整体拓扑结构时，ti＝1。需要注意的是，ti 值低时并不意味着其中完全缺少可信的（支持率高的）分支。

13.2　最大似然法与进化模型

正如我们在上述简约法部分讨论的，简约法的操作过程中，总的进化模型生成于对每一个特征的进化模型的汇总，而最大似然法更擅长在整体上对序列进化模型进行数学描述。对于分子序列来说，矩阵中每一列的个性不是很强，对于稍有个性的列，如替换热点和单一状态列，只需在统计学意义上用 G 和 I 两个参数从整体角度进行描述即可。此外，不论核苷酸/碱基、还是氨基酸，特征状态均已给定，因此可以通过若干对于所有分子序列都适用的参数去发展出几十个模型，从中选出一个最合适的。

虽然说似然法是在整体上对序列进行描述，不过这其中包含着一个无法回避却又不常被严肃讨论的问题，那就是如何为序列数据集整体划出子集边界，把不同的片段交给模型检测软件，去获得与片段相对应的模型。如果只扩增了一个不长的同源片段，这自然不是问题；如果扩增了少量不同基因的各一个片段，这也不是问题。但是在特定的情况下，这有可能成为问题。例如：①28S 全长约 4knt，中间有些区段不易扩增，如果一个研究者扩增了 28S 中不相邻的两段，应该按一个整体去检测模型，还是分两段去检测模型；②在 rDNA 和某些蛋白质编码基因中，插入缺失（indel）突变在某些区段比较集中，这些区段有时会被从矩阵中删除，那么删除之后，剩余的部分是被视为一个整体还是分开的几段；③对于蛋白质编码基因，有些研究中是带着密码子第三位进行的模型检测，但是最后在建树的过程中是剔除第三位不用的，形成了前后不一。

在上述的例子中，第一个例子是实验环节的，后两个例子是分析环节的。在实验环节，我们认为还是应该鼓励尽量扩增某基因的全长或者其中一个编码区的全长，毕竟那尽可能完整地包含了基因表达过程中在功能上的完整性。如果实在没有办法，也可以考虑在分析环节采取两种不同模型检测的方案，对结果进行比较。在分析环节，从第三个例子我们可以得到提示，对数据连续性的要求可以在一定程度上放松，但是一定要注意前后一致，也就是说，对于矩阵的任何改动只能发生在检测模型之前，而不能发生在检测模型之后。模型检测与系统发育重建的步骤紧密相连，一旦对矩阵作出了改动，就必须重新检测模型。

13.2.1　似然原则与最大似然法

似然原则是以最适模型估算一个矩阵的实际进化改变量，并找到与实际进化量最为接近的系统发育结果。最大似然法最早由 Felsenstain 于 20 世纪 70 年代开发（Felsenstein，1973，1979），目前常用的软件有 PAML、PAUP、PHYLIP/PhyML 等，其中 PAUP 和 PhyML 目前都有免费在线服务。在美国自然历史博物馆（American Museum of Natural History，AMNH）和圣地亚哥超级计算中心（San Diego Supercomputer

Center）联合美国 14 家大学开发的 CIPRES（Cyberinfrastructure for Phylogenetic Research）上，有 PAUP；PhyML 的服务器地址在法国南方的生物信息学平台 http://atgc. lirmm. fr/phyml/。

13. 2. 2 分子序列进化模型的类型

目前常见的序列进化模型，主要包括 4 类：一类是核苷酸/碱基替换的模型，这一类是最常用的；还有一类是 rRNA 二级结构中碱基对的替换模型，这一类目前用得最少；还有两类是氨基酸替换模型和三联体密码子替换模型。

13. 2. 3 碱基替换模型的确定

替换可分为转换（transition）和颠换（transversion）。前者为在 2 种嘌呤或 2 种嘧啶之间的互变，如果计方向共有 4 种变化；后者为某种嘌呤和某种嘧啶之间的互变，如果计方向共有 8 种变化。根据对替换类型、碱基组成频率、突变的空间分布等参数的假设不同，可以建立不同的模型，其间存在联系（图 13. 1），一组序列的具体进化模型更接近于其中哪一个可以由软件 jModeltest（Posada，2008）确定。在不考虑突变的时空分布时，即在基本模型中，最为复杂的是通用时间可逆模型 GTR（general time-reversible model），即假设 4 种碱基频率不同，存在 2 种转换和 4 种颠换共 6 种替换类型；最为简单的是朱克斯-坎托模型（Jukes-Cantor model），即假设 4 种碱基频率相同，所有的替换类型都是相同的。

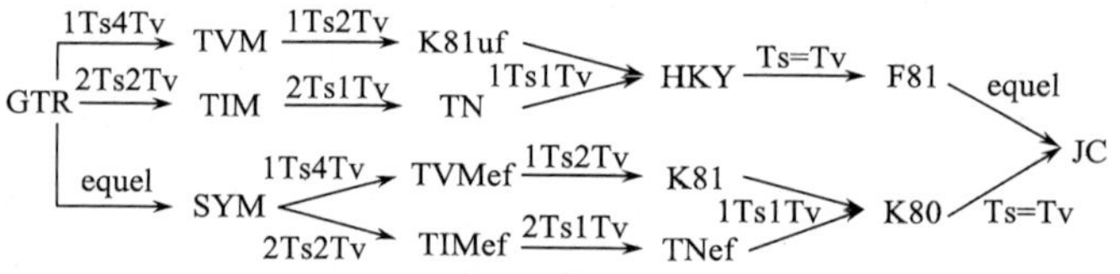

图 13. 1 14 种基本替换模型之间的关系

GTR（general time reversible，Tavaré，1986）；JC（Jukes and Cantor，Jukes and Cantor，1969）；SYM（symmetrical model，Zharkihk，1994）；TVM（transversional model）；TVMef（transversional model equal frequency）；TIM（transitional model）；TIMef（transitional model equal frequency）；K81uf（two transversion-parameters model 81 unequal frequency）；K81（two transversion-parameters model 81，=K3ST，Kimura，1981）；TN（=TrN，Tamura-Nei，Tamura and Nei，1993）；TNef（Tamura-Nei equal frequencies）；HKY（=HKY85=F84，Hasegawa，Kishino，Yano，85，Hasegawa，Kishino and Yano，1985）；K80（Kimura 80，=K2P，Kimura，1980）；F81（Felsenstein 81，Felsenstein，1981）。Ts 代表 transition，Tv 代表 transver-sion，equel 代表碱基频率相同

不同位点间的进化速率之间存在差异，有的位点相对保守，在所考察序列中不存在替换，有的位点是热点，存在多重替换（multiple substitution），变异位点的替换频率分布形式——Gamma（G）校正，差异不变位点的比例——invariable（I 校正）。根据参数 G 或 I 的有无，基本模型进一步变化为衍生模型。计算之前需要注意，如果碱基替换模型能选择简单的（参数少、自由度低的），就不选择复杂的（参数多、自由度高的）（Rannala，2002），原因在于复杂模型虽然可以更加精确，但是参数多，受随机误差影响就大，而随机误差未必导致随机结果，可能降低数据中系统发育信息的信噪比。最好的办法是通过 jModeltest 等软件的分析来确定模型，贝叶斯方法与最大似然法都需要根据一定的模型进行。

13.2.4　rRNA 二级结构中的碱基对替换模型

有学者指出，由于 rRNA 分子在核糖体中以高级结构的形式存在并发挥功能，因此 rDNA 分子中对应于 rRNA 二级结构配对区域的部分，其中各位点的进化改变不是互相独立的。基于这样的原因，应该在系统发育分析中将单链区和配对区区别对待。这一功能目前可以由软件 PHASE 实现，在实现的过程中，有两个问题非常关键：一个是将二级结构信息进行翻译并对应到矩阵的各列中；另一个是选择配对区碱基对替换模型。

一般来说，对于二级结构中单链的区域，采用点“.”进行翻译标记；对于配对的核苷酸/碱基，以圆括号等成对的符号表示；如果存在三级结构上的配对关系，则再辅以尖括号、方括号、大括号等成对的符号标记。在做了这样的区分之后，程序在运算过程中会将连续的序列处理为相互独立的两部分数据集，配对的部分适用碱基对替换模型，非配对的部分适用一般的核苷酸替换模型。以第 12 章图 12.2 中的后生动物 18S rRNA 二级结构模型为例，如果在长度保守区段中取图中所示的 1506nt 的话，相应的二级结构信息被翻译为

```
((((((.(((.(((....((...(((....)))..)).))).....(((.......(((((((..((..((((((....)))))).
(((((((((.....)))))))))........((((.((((((())))))))))..(((((((.((((....((((..))))))).).))
.)))))....((((...(((()))))))).........))))))))(((...(((((....((((((((.......))))))))))))
....)))...((((((((....))))...))))))).(((((((........))))))).((((....))))...)))))))))...
((((((...((((.......)))))))))).........(((((((((.((()))..))))).))))..................
(((((.....)))))....(((((((〈〈〈.....((((((((.((.〉〉〉))))))...))))))))))....................
(((\{\{...[...((((..(((((.......(((((((((((((......)))))))))))))...((.....))..........
(((((((...((((()))))))))))))..........((((((((((((((((..........))))))))))))))))
.((((((((((((......((((((((((((((((((((((((......))).)))..))))))))))))))...
((((.....)).))))))......))))))))))))))).)))))))...(((..(((((((((((((..........))))
....))))))))).)))......(((...(((..((((((((..((((()))))))))))))).(((((((..}}))))))
..)))))))])))).(((...((((((((....))))))).)))........((((.((((((((......(((((..
((((((((((.......((((((.....))).....)))(((((......(((((....((((((.(((.........)))
```

...))))))))))))..(((((((((((((((((((((. (((((((((....))))).(((......)))......))))
....(((((. ((((((((..((...))))))))))(((((((()))))))).))...)))))..)))))).)))).)))
.))))))))).....)))))...)).)))))))). ((. (((((((. ((((((((((((. ((((....)).)))))
..))))))))) ...))))))))) . ((((((((((((((.......))))))))) ...))))) .))))) (.
((((((((((((.....))))))))) ...)))) ....)))))))))) .)) ....
((((((((((((((((((((((((((((( )))))))))))))))))))))))))))))..

在碱基对模型的替换方面，PHASE 提供了 17 种模型，其中相对来说最具生物学意义的是 RNA7D（图 13.2），该模型由 Tillier 和 Collins（1998）最初给出。其中的参数 α 代表三种替换类型，AU、GU、GC 和 UA、UG、CG 这两组各自内部碱基对的替换均被视为一种类型，是最常发生的，就好像碱基替换模型中的转换；这两组之间的替换被视为另一种类型，是次常发生的，就好像碱基替换模型中的颠换；这两组碱基对与其他可能存在的碱基对之间的替换则被视为第三种类型。参数 π 代表各种不同的碱基对所占的比例。

$$Q = m_r \times \left(\begin{array}{cccccccc} & AU & GU & GC & UA & UG & CG & MM \\ AU & * & \pi_{GU}\alpha_1 & \pi_{GC} & \pi_{UA}\alpha_2 & \pi_{UG}\alpha_2 & \pi_{CG}\alpha_2 & \pi_{MM}\alpha_3 \\ GU & \pi_{AU}\alpha_1 & * & \pi_{GC}\alpha_1 & \pi_{UA}\alpha_2 & \pi_{UG}\alpha_2 & \pi_{CG}\alpha_2 & \pi_{MM}\alpha_3 \\ GC & \pi_{AU} & \pi_{GU}\alpha_1 & * & \pi_{UA}\alpha_2 & \pi_{UG}\alpha_2 & \pi_{CG}\alpha_2 & \pi_{MM}\alpha_3 \\ UA & \pi_{AU}\alpha_2 & \pi_{GU}\alpha_2 & \pi_{GC}\alpha_2 & * & \pi_{UG}\alpha_1 & \pi_{CG} & \pi_{MM}\alpha_3 \\ UG & \pi_{AU}\alpha_2 & \pi_{GU}\alpha_2 & \pi_{GC}\alpha_2 & \pi_{UA}\alpha_1 & * & \pi_{CG}\alpha_1 & \pi_{MM}\alpha_3 \\ CG & \pi_{AU}\alpha_2 & \pi_{GU}\alpha_2 & \pi_{GC}\alpha_2 & \pi_{UA} & \pi_{UG}\alpha_1 & * & \pi_{MM}\alpha_3 \\ MM & \pi_{AU}\alpha_3 & \pi_{GU}\alpha_3 & \pi_{GC}\alpha_3 & \pi_{UA}\alpha_3 & \pi_{UG}\alpha_3 & \pi_{CG}\alpha_3 & * \end{array} \right)$$

图 13.2　7 种配对状态的碱基对替换模型

对于 rDNA 数据来说，使用碱基对模型的必要性多强呢？这是个难以回答的问题，因为一方面碱基对替换有一定的合理性，但是另一方面也存在一些未解决的关键问题。①二级结构模型本身的确定，带有一定不确定性。由于在目前的科学水平，我们还无法奢望核糖体三维结构能够像一级结构（序列）那样容易地被解出，所以基于热力学预测二级结构模型的方法，依然是主流。热力学预测与衍射方法一个很大的不同，是前者远离生物学背景的化学色彩更重。例如，在已经解出的原核生物核糖体三维结构中，AC 配对是常见的，但是目前在热力学预测软件中还不支持这样的配对。对各个二级结构预测误差决定了所关注的类群的二级结构通用模型的误差，而这会影响到对于矩阵的定义，进而可能影响系统发育结果推断。②对于已有的碱基对替换模型而言，AC 配对也未被包括在内，所有经典配对和 GU/UG 以外的配对都被视为同等水平的热力学不稳定。这也很可能影响系统发育结果的推断，因为模型本身就不完备。如果在各种配对在体内的相对热力学稳定性被恰当地描述之前，就急于应用碱基对替换模型的话，意义非常有限。③如果 rRNA 二级结构中的配对必须要被考虑的话，那么氨基酸替换模型中是否也必须考虑蛋白质高级结构中的相互关联呢，相应的蛋白质编码基因是否亦须做相应考虑呢？毕竟 18S 和 28S 虽然使用频率颇高，但也只是两个基因，长度稳定区段的长度总和 6knt 左右，对于主要依赖蛋白质编码基因序列的基因组时代，或许蛋白质高级结构模型的预测和在系统发育研究中的应用更具普遍意义。

13.2.5　氨基酸替换模型

对于蛋白质编码基因中的替代，如果不引起氨基酸的改变则称为同义的（synonymous）或沉默的（silent）；如果引起氨基酸的改变则称为非同义的，并进一步区分为误义（missense）突变和无义（nonsense）突变，前者是指编码一种氨基酸的三联体突变后编码另一种氨基酸，后者则是指突变后编码终止密码子。密码子第三位的突变中有约 70%是同义的，第一位的突变中则约 96%为非同义的。与 DNA 中的碱基替换模型相比，蛋白质中的氨基酸替换模型常用经验性模型，采用一些经过定义的矩阵（表 13.4）。近年来还有一些新的蛋白质模型被发展出来。软件 MEGA 在 5.0 版本中，已经开始提供自动检测氨基酸替换模型的功能。

表 13.4　氨基酸替换的模型

经验性区分	矩阵/模型类别	建立者
经验性	PAM 矩阵 (percent accepted mutations matrices)	Dayhoff *et al.*, 1978
	Dayhoff 矩阵	Dayhoff *et al.*, 1978
	JTT 矩阵	Jones *et al.*, 1992 Gonnett *et al.*, 1992
	通用可逆马尔可夫模型 (general reversible Markov model)	Adachi and Hasegawa，1995，1996
非经验性	区块替换矩阵 (Block substitution matrices)	Henikoff and Henikoff，1992
	泊松模型（Poisson model）	Nei，1987

13.3　贝叶斯分析及其并行化

英国数学家 Thomas Bayes（1702～1761 年）开创了对后验概率（posterior probability）的研究，后人将形如式（13-1）中后验概率的计算方法称为贝叶斯方法（Bayesian method）。在公式中，竖线“|”意为“在给定后者的情况下”（given）；Pr［Data］为非条件概率（unconditional probability），其属性为正态稳定，保证后验概率的总和为“1”。

$$\Pr[\text{Tree} \mid \text{Data}] = \frac{\Pr[\text{Data} \mid \text{Tree}] \times \Pr[\text{Tree}]}{\Pr[\text{Data}]} \tag{13-1}$$

后验概率计算中需要大量地进行求和（summation），而贝叶斯理论中不包含这一问题的解决方案，需要借助于其他算法，蒙特卡洛模拟（Markov Chain Monte Carlo，MCMC）是对后验概率进行近似计算的最优方法（Huelsenbeck *et al.*，2001）。将此法用于系统发育重建的算法理论研究开始于 20 世纪 90 年代中后期（Rannala and Yang，1996；Yang and Rannala，1997；Larget *et al.*，2002），目前已经有软件 MrBayes 可以实现（Huelsenbeck and Ronquist，2001）。该方法为最大似然原则下的算法，亦使用替换模型对序列进化进行描述；采用 Metropolis-Hastings 算法进行马尔可夫随机过程的 MCMC，计算效率比结合靴带分析的最大似然法高很多。

13.3.1 实现贝叶斯分析的原理

MCMC 是对某事物概率分布进行有效取样（taking valid sample）的一种方法，以 MCMC 推断系统发育的基本算法步骤如下：①以一个随机树形结构作为马尔可夫链的起始状态，该树以 Ti 表示，其状态以 θ 表示；②将树的结构做随机改变，新的树以 Tj 表示，新的状态以 θ' 表示；③计算新的树形被接受的可能性（acceptance probability）R，当 R≥1 时，接受新的树形 Tj；当 R<1 时，则取（0，1）区间内的任意数值（random variable）作为一致的（uniform）标准 U，如果 R>U，则接受新的树形 Tj，将马尔可夫链的状态做相应更新；否则，拒绝接受新的树形 Tj，令马尔可夫链维持旧的树形 Ti（图 13.3）；④回到第②步。这一过程被重复若干次（从几千次至几百万次），某一分支树在这个过程中出现的次数占整体重复次数的比例大致等于其后验概率。与自展检验过程的重复值普遍设为 1000 相比，MCMC 计算中的循环（generation）是在 100 000～10 000 000 设置的，一般不低于 1 000 000。在后验概率（分布）的计算过程中，当似然值（likelihood value）的变化表现为在经过攀升进入小幅振荡的平台期后，则表明后验概率的计算已经进入了概率分布中的收敛区域。需要注意，平台期之前的数据在最后与系统发育树拓扑结构相关的参数统计中应该弃去不用（burn in）。这一结果可以通过比较几次独立运行的 MCMC 的结果进行进一步辨认，或者也可以通过计算机程序辅助判断；此外，通过 5～10 次重复，还可以计算出蒙特卡洛误差（Monte Carlo error）。在一些情况中，由于某些原因（如赋予新状态的随机机制不合适），当 MCMC 不能在静态分布（stationary distribution）中收敛（converge）时，MCMC 的应用就失败了。

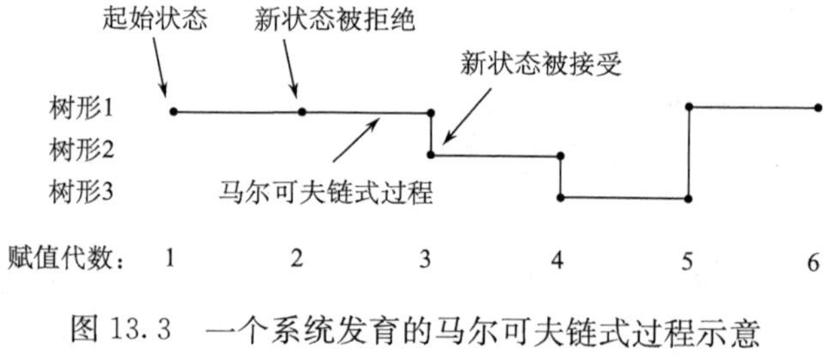

图 13.3 一个系统发育的马尔可夫链式过程示意
树形 1 的后验概率为 4/6

除此之外，还有一种在标准的 MCMC 方法基础之上衍生出来的改进算法，称为 Metropolis-coupled MCMC [MCMCMC，or $(MC)^3$，or Metropolis-Hastings algorithm]。这种算法在计算起始时，以多条马尔可夫链为并发起点，提高了寻找收敛区域的效率。其基本策略方法是：运行 n 条链，其中 1 条冷链、$n-1$ 条热链；热链的取样过程可以在树形分布的数值空间中比较自由地移动；每一代中，各链独立执行 MCMC 中的运算，同时监测将冷链与某一热链的状态进行互换的可能，如果接受（接受与拒绝的决定方式类似于不同代数之间状态改变的接受-拒绝方式），则冷链变为热链，那一条热链变为冷链；最后的数据汇总按照各个冷链状态部分计算。MCMCMC 降低了马尔可夫链的演化过早终止的可能性，在系统发育重建的实践中更具优势（Huelsenbeck and Ronquist，2001）。

按照贝叶斯定理（Bayes's theorem），分支树的后验概率分布（posterior probability distribution，Pr [Tree | Data]）与先验概率分布（prior probability distribution，Pr [Tree]）和似然性（Pr [Data | Tree]）有关，某一棵树的后验概率可以被理解为该树正确的可能性。最大似然法与贝叶斯方法的区别在于：①前者对参数进行关节点评估（joint estimation），根据参数变动取似然性的峰值所对应的分支树；后者则对参数概率分布进行边界评估（marginal estimation），根据参数变动取曲线分布覆盖面积最大的函数所对应的分支树；②在包含节点支持（node support）计算的算法流程上，结合靴带分析的最大似然法步骤繁琐、效率低，结果与假设间的关系不够明确直接，不易解释，MCMC 则明确直接；③贝叶斯分析中没有传统统计学中"接受/拒绝零假设"的框架（Holder and Lewis，2003），直接给出分支树各节点正确的可能性。

在初步使用 MrBayes 软件时，如果使用软件自带的例子矩阵，那么只需要"exe filename. nex"、"mcmc"、"sump burnin＝（number of the generations before the convergence of the chains）/（sample frequency）"和"sumt burnin＝（number of the generations before the convergence of the chains）/（sample frequency）"4 个命令即可学会软件的使用。对于如何判断收敛，一般可以通过三种方式。一种是当 split of standard deviation（StdDev）的值稳定低于 0.01 之后；一种是通过 sump 命令的散点图直接观察，如果众多"1"和"2"在纵轴方向的分布彼此交错，存在若干星号；还有一种就是把观察散点图的方式转变成实时监测，交给软件 Tracer。了解了这些细节之后，我们不难发现树形的后验概率实际上来自于在马尔可夫链式过程收敛后，对大量最大似然树和亚似然树所进行的合意，并且实际上以后者占绝大多数。这决定了在 MrBayes 中，sample frequency 的值不宜设得过高。但是为了避免树的搜索误入歧途，sample frequency 的值不宜设得过低。

贝叶斯分析可以很好地整合已有的先验信息（prior information），这样就可以不对先验概率做均等假设。此外已有的研究显示，在与最大简约法结果一致的案例研究中，贝叶斯法所得结果中对相同节点的支持率普遍比较高，这一现象目前尚缺少合理的解释，但是很可能具有深层次的意义（Huelsenbeck *et al.*，2001，2002）。与其他方法相比，贝叶斯方法具有可以高效处理大量分子数据和分类阶元等计算上的优点（Larget and Simon，1999）和所得结果易于解释的特点。有学者指出，对于一次贝叶斯分析结果中的多分支/未解析（multibranched/unresolved）拓扑结构，如果硬要完全解析为二分支，很可能会产生误导结果，更为恰当的处理方式是寻找新的证据（Lewis *et al.*，2005）。除了推断系统发育，贝叶斯分析还用于评价系统发育中的不稳定性（uncertainty）、探测可能存在的自然选择、考察协同进化（Huelsenbeck *et al.*，2000）、检验分子钟假设（MCMC 的分析并不苛求分子的匀速进化假设）、选择 DNA 替换模型等相关研究。

软件 MrBayes 一个很强大的优势在于，可以非常灵活地对矩阵中的信息进行模块化定义。例如，搁置多序列分子标记中的一个或几个，不进入某次运算，或者搁置三联体密码子第三位，或某些类群。虽然在多基因和基因组时代，已经越来越少有人提及 20 世纪后期那些“联立还是合意”（combined vs. consensus）的争论，几乎无一例外地选择前者，但是这种对于矩阵进行模块化细分的功能还是极为方便的。除了 MrBayes 之外，也可以选择 PhyloBayes（Lartillot and Philippe，2004），网址 http://megasun.bch.umontreal.ca/People/lartillot/www/download.html。

13.3.2 贝叶斯分析的并行化

从 20 世纪 80～90 年代就开始进行分支分析运算的人，对于程序推断系统发育在稳健（robustness）与效率（efficiency）之间的矛盾，一定印象深刻，总是被迫在运算单元数、搜树稳健性和运算时间之间进行相互妥协。贝叶斯分析之所以在今天具有广泛应用，运算效率上的明显提高是一个重要因素。

贝叶斯分析的效率有没有可能被进一步提高呢？答案是肯定的，目前已经有不止一个并行计算集群支持 MrBayes 并行计算的免费在线服务。例如，美国康奈尔大学的“Parallel MrBayes @ BioHPC”，还有 CIPRES。这些服务的优点自然是高效、免费，缺点则是限制所使用的 CPU 节点数和机时资源。

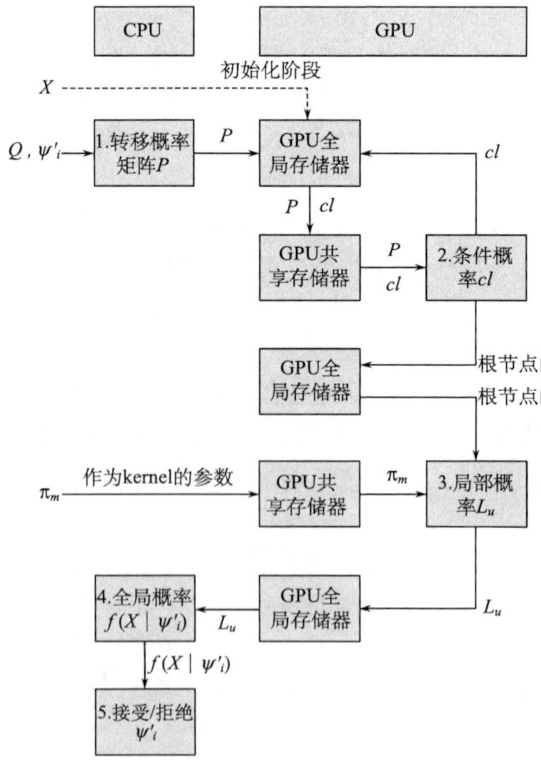

图 13.4 基于 CUDA 的 MC^3 并行化流程设计（Zhou *et al.*，2011）

相比于 CPU 簇原理的并行化，有没有可能以更加低廉的成本对贝叶斯分析进行并行计算方面的优化呢？答案也是肯定的，原理就是利用 Intel CPU 设计中的多核心（multi-core）超线程（hyper-threading）技术，以及 Nvidia Fermi 核心显卡中基于几百个运算单元的 CUDA 计算和高效率双精度浮点运算能力（图 13.4）。整台计算机的机箱体积和功率需求比普通台式机大不了很多，不会占用过多实验室面积，对实验室电力环境有特殊要求。

13.4 数据不相合性检测

在用不同的数据集进行的系统发育推断中，产生的结果之间往往存在差异，这就是数据不相合性（data incongruence）。通过检测数据之间的不相合性，可以了解不同分子标记对系统发育推断结果的相对影响。表 13.5（修改自田颖和卜文俊，2007）中列举了已有的一些检测方法。对于序列数据来说，后三类的使用以后可能更为普遍。

表 13.5 检测数据不相合性的方法

类型	名称	目标	常用	效力	参考文献
ILD 类（incongruence length difference）	ILD/PHT	子集与合集间	√	+	Farris *et al.*，1995
	RILD				Wheeler and Hayashi，1998
	LILD	子集间			Thornton and DeSalle，2000
	BIONJ				Zelwer and Daubin，2004
	mILD				Planet and Sarkar，2005
	MRI		√		Wheeler *et al.*，2006
T-PTP 类（topology-dependent permutation）	Templeton	树间			Templeton，1983
	Winning sites				Prager and Wilson，1988
	T - PTP				Faith，1991
	Sitewise				Felsenstein，2004
Bremer 类	CRI				Baker and DeSalle，1997 Gatesy *et al.*，1999 Brower，2006
	HBS/DRI/NDI				
	PBS	子集间	√		
	PCI		√		
LRT（likelihood ratio test）类	KH	子集间			Kishino and Hasegawa，1989
	SOWH				Swofford *et al.*，1996
	LR				Huelsenbeck and Bull，1996
	SH		√	+	Shimodaira and Hasegawa，1999
	AU				Shimodaira，2002
贝叶斯类	Bayes factor	子集间	√		Aris-Brosou，2003
Bootstrap 类	PABA	子集间	√	++	Struck *et al.*，2006

13.5　系统误差与随机误差

分子系统学分析中可能存在两种误差，一种叫系统误差（systematic error），一种叫随机误差（stochastic/random error）。对于种群研究而言，一般认为随机误差主要来自于样本个体选取的不足，系统误差主要来自于错误的模型假设。对于系统发育研究而言，一般认为随机误差主要来自于特征数量少或序列长度短，系统误差主要来自于类群选取不足；如果类群选取不足的话，即使序列长度达到了基因组水平，也只能最大限度地消除随机误差，并不能对消除系统误差有所帮助，甚至可能加重系统误差。在不同原则的算法之间，简约法被认为更易受到长支吸引的系统误差影响，似然法中参数越多的模型越容易受到随机误差的影响，而距离算法更容易因受碱基偏异的影响而产生系统误差。

在不同数据类型之间，线粒体基因组似乎比 rDNA 等核基因更易受到类群选取不足的系统误差影响，用两个物种还是一个物种去代表内群中的分类单元，结果可以完全不同，并且都具有很高的节点支持率。有研究表明，相同长度的线粒体基因数据集比核基因数据集，更容易形成支系间的支长差异（Baker，2002）。以前一般认为线粒体基因组的系统误差主要来自于碱基组成偏异，但实际上研究结果普遍显示，即使用线粒体基因组中与蛋白质编码基因相应的氨基酸序列，结果与基于核苷酸序列的结果相比并不会有很大差异。也就是说，碱基组成偏异并不能够完全解释线粒体基因组在系统发育研究中的系统误差来源，或许不能排除存在更深层次生理原因（有氧呼吸代谢）的可能。此外可能更为重要的是，由于近年来人们逐渐认识到同一线粒体内不同基因组之间的异质性（Reiner *et al.*，2010），这使得传统上称线粒体基因组为“单拷贝分子标记”的认识受到极大挑战。这就意味着，所谓线粒体基因组数据系统发育重建中的系统误差，可能是一种误解，因为其中混杂了“非单拷贝分子标记”、“非直同源”的影响，并且目前对这种影响的强弱缺少评估。虽然说 rDNA 簇也不是单拷贝分子标记，但是至少目前的证据显示不同簇的 rDNA 编码区之间存在较强的致同进化作用，因而不同簇的 rDNA 编码区之间异质性较弱。

系统误差还可能受更多的因素影响。基于 5 个 *Hox* 基因对异翅亚目蝽次目（昆虫纲：半翅目）内部的系统发育研究结果显示，比起 18S rDNA 和线粒体基因组，基于 *Hox* 基因的结果与基于形态特征进行分析的结果更为一致（Tian *et al.*，2011）。一般认为，不同分子标记之间的结果差异可能有几种原因，如系统误差、随机误差、非直同源基因以及横向基因转移。虽然 18S rDNA、*Hox* 和线粒体基因组长度有较大差异，但是均已超过了计算机模拟结果显示的基本避免随机误差的长度要求（>1kb，Delsuc *et al.*，2005）。再考虑到 18S 与线粒体基因组结果一致，而节肢动物中 *Hox* 基因簇又只有一个（脊椎动物中有 4 个），所以非直同源基因的可能基本可以排除，横向基因转移的可能性也不高，因此 *Hox* 基因的结果更像是受到了来自动物个体发育身体模式方面的系统误差影响。

在某些情况下，使用特定基因时，某些特定的类群会给系统发育推断带来系统误差。这一情况在本质上，似与上述的线粒体基因组和 *Hox* 基因的系统误差类似。本书作者认为，就像在基于形态特征的分支分析中，鼓励采用身体各部位的特征而不是单一部位的特征一样，或许在分子系统发育研究中，应该鼓励采用与各种不同生理功能相关的基因，以避免造成基因功能类型导致的系统误差。对于目前的科研实践，更为实际的解决方案是，在"问题类群"的近缘类群中另外生成新的数据，取代"问题类群"的数据。

对于矩阵整体上信噪比的检测，实际上就是对整体上随机误差判断，一般是采用给定矩阵的随机树步长分布对随机矩阵的随机树的偏离（skewness）程度，判断矩阵是否可以被定性为随机矩阵，在 PAUP 等软件中用参数 g1 表示；不同算法应分别计算各自 g1 值。不过遗憾的是，虽然当偏离不显著时，可以否定与矩阵相应的系统发育结果的可靠性，但是在偏离显著的情况下，却不可以用来支持系统发育结果的可靠性。在实践中，长度一般的矩阵（如 1kb）或类群数较多（如 50 个以上）的矩阵都会被检出显著的偏离。所以这种在整体上排查随机误差原因的方式，在目前已经意义十分有限。除了偏离程度之外，Wenzel 和 Sidall（1999）发展出了一种称为 mojo 的方法，对于指定比例的特征状态赋予新值，重新计算拓扑结构，重复 100 次以上，以检验某一分支的稳健性。

13.6 一个老套却仍然现实的问题：联合还是合意?

联合（combined）与合意（consensus）是一个大约 20 年前就被热烈讨论的话题，总的来说，前者更占优势。在今天，18S rDNA 与 28S rDNA 之间，线粒体基因组的 13 个蛋白质编码基因之间，以及 EST 数据中各基因之间，无疑是被鼓励要进行联合的。不过，不少研究的结果也提示我们，联合的结果有时是误导的，这种情况经常在 16S 与其他基因联合时发生。随着时间的推移，联合与合意的问题，以一种新的形式呈现出来，也就是第 10 章中提到的超级树。超级树是一种合意，对于由化石类群与现生类群拼合更为完整的进化图景而言，是必须要依靠的方法。

事实上，联合的具体含义可能还包括一种非常现实的具体情况。在分子系统发育研究中，可能经常遇到的一个问题是，假设我们要用基因 I 和基因 II 研究几个科之间的关系，对于一个科而言，如果有物种 A 的基因 I 和物种 B 的基因 II，可不可以用这两条序列来代表这个科呢? 首先我们必须要承认，这不是一项理想的方案。不过对于实践来说，并非不能接受。我们不妨考察一下基于形态学特征进行高级阶元分支分析的方法。当我们要建立形态特征矩阵的时候，对于每一个代表类群的特征如何进行编码呢? 一种很常见的情况就是，在某一个作为高级分类单元的代表类群内部的各物种之间，特征状态是存在变异的，人们当然可以将各种状态之间的关系处理为"或"；但不可否认的是，另一种处理方式也经常出现，也就是"概括"，即某些不太普遍的变异被忽略不计了。所以基于形态特征所进行的分支分析往往并不是选择了几个代表种，基于每一个具体的代表种去提取其所属的高级分类单元的特征状态编码，而是直接将各个分类单元视为一个整体进行概括。如果这样可以被接受到的话，那么以两个来自不同物种的序列片段共同代表一个它们所属的高级分类单元，并无被完全排斥的理由，尤其是在该高级分类单元的单系性良好、被普遍认可的情况下。

不过同时也必须注意，在生成某一物种的某分子标记（如 28S 或线粒体基因组）的全长数据的时候，用于拼合全长序列的各个片段应该来自于同一物种，并且应该是同一地点、同一采集批次、经过鉴定的物种。用不同物种作为实验材料，去拼合出一条所谓高级分类单元的序列，这是不可以接受的。因为实验数据要的是代表真实客观世界的数据，而系统发育重建，实际上要求的是代表遗传背景的生物学信息集合。

虽然说以我们今天常用的分子生物学方法所得到的也并非真正意义上的真实世界的数据，而只是一种非常接近真实世界的生物信息学拼合数据，但是这是另外一个问题了。这与这个时代所处的科学技术背景有关。真正严格地说起来，要一次测通一个单一的分子的全长，就像第 11 章 11.3.4 中提及的一个零波导模式小孔中所发生的那样，才是更为真实的世界的反映。

要点与问题

1. 为什么简约原则下的算法好像缺少模型？
2. 生物大分子序列模型有哪三种类型？
3. 为什么类群选取代表性的全面非常重要？

进一步阅读的建议

Hillis D M, Moritz C, Mable B K. 1996. Molecular Systematics. 2nd ed. Sunderland, MA: Sinauer Associates Inc.

DeSalle R, Giribet G, Wheeler W C. 2002. Techniques in Molecular Systematics and Evolution. Berlin: Birkhäuser.

参考文献

田颖，卜文俊. 2007. 系统发育分析中检测数据不相合性的方法. 动物分类学报，32：363-368.

Adachi J, Hasegawa M. 1995. MOLPHY: Programs for Molecular Phylogenetics Ver. 2. 3. Tokyo: Institute of Statistical Mathematics.

Adachi J, Hasegawa M. 1996. Model of amino acid substitution in proteins encoded by mitochondrial DNA. J Mol Evol, 42: 459-468.

Aris-Brosou S. 2003. How Bayes tests of molecular phylogenies compare with frequentist approaches. Bioinformatics, 19: 618-624.

Baker R H. 2002. Comparative Methods. *In*: Desalle R, Giribet G, Wheeler W. Techniques in Molecular Systematics and Evolution. Basel: Birkhäuser: 146-161.

Baker R, DeSalle R. 1997. Multiple sources of character information and the phylogeny of Hawaiian drosophilids. Syst Biol, 46: 654-673.

Bremer K. 1988. The limits of amino-acids data in angiosperm phylogenetic reconstruction. Evolution, 42: 795-803.

Bremer K. 1994. Branch support and tree stability. Cladistics, 10: 295-304.

Brower A V Z. 2006. The how and why of branch support and partitioned branch support, with a new index to assess partition incongruence. Cladistics, 22: 378-386.

Davis J I. 1993. Character removal as a means for assessing the stability of clades. Cladistics, 9: 201-210.

Davis J I. 1995. A phylogenetic structure for the monocotyledons, aserred from chloroplast DNA restriction site variation, and a comparison of measures of clade support. Syst Bot, 20: 503-527.

Dayhoff M O, Schwartz R M, Orcutt B C. 1978. A model of evolutionary change in proteins. *In*: Dayhoff M O. Atlas of Protein Sequence and Structure Vol. 5 suppl. 2. Washington DC: National Biomedical Research Foundation: 345-352.

Delsuc F, Brinkmann H, Philippe H. 2005. Phylogenomics and the reconstruction of the tree of life. Nat Rev Genet, 6: 361-375.

Donoghue M J, Olmstead R G, Smith J F, *et al*. 1992. Phylogenetic relationships of Dipsacales based on rbcL sequences. Ann Mo Bot Gard, 79: 672-685.

Eriksson T. 2011. AutoDecay 5.06. http://www. bergianska. se/index _ forskning _ soft. html. 2011-12-31.

Faith D P. 1991. Cladistic permutation tests for monophyly and non-monophyly. Syst Zool, 40: 366-375.

Farris J S, Källersjö M, Kluge A G, *et al*. 1995. Constructing a significance test for incongruence. Syst Biol, 44: 570-572.

Felsenstein J. 1973. Maximum likelihood and minimum-step methods for estimating evolutionary trees from data on discrete characters. Syst Zool, 22: 240-249.

Felsenstein J. 1979. Alternative methods of phylogenetic inference and their interrelationships. Syst Zool, 28: 49-62.

Felsenstein J. 1981. Evolutionary trees from DNA sequences: A maximum likelihood approach. J Mol Evol, 17: 368-376.

Felsenstein J. 2004. Inferring Phylogenies. Sunderland, MA: Sinauer Associates, Inc.

Gatesy J E, O'Grady P M, Baker R H. 1999. Corroboration among data sets in simultaneous analysis: hidden support for phylogenetic relationships among higher level artiodactyl taxa. Cladistics, 15: 271-313.

Giribet G. 2001. Exploring the behavior of POY, a program for direct optimization of molecular data. Cladistics, 17: S60-S70.

Gladstein D S. 1997. Efficient incremental character optimization. Cladistics, 13: 21-26.

Goloboff P A, Farris J S, Nixon K C. 2000. TNT: Tree analysis using New Technology. Published by the authors, Tucumán, Argentina. http://www. cladistics. com/aboutTNT. html . 2011-12-31

Goloboff P A. 1999. NONA (NO NAME) ver. 2 Published by the author, Tucumán, Argentina. http://www. cladistics. com/aboutNona. htm.

Gonnet G H, Cohen M A, Benner S A. 1992. Exaustive matching of the entire protein sequence database. Science, 256: 1443-1145.

Hasegawa M, Kishino K, Yano T. 1985. Dating the human-ape splitting by a molecular clock of mitochondrial DNA. J Mol Evol, 22: 160-174.

Henikoff S, Henikoff J G. 1992. Amino acid substitution matrices from protein blocks. Proc. Natl Acad Sci USA, 89: 10915-10919.

Holder M, Lewis P O. 2003. Phylogeny estimation: Traditional and Bayesian approaches. Nat Rev Gen, 4: 275-284.

Huelsenbeck J P, Bull J J. 1996. A likelihood ratio test to detect conflicting phylogenetic signal. Syst Biol, 45: 92-98.

Huelsenbeck J P, Ronquist F. 2001. MRBAYES: Bayesian inference of phylogenetic trees. Bioinformatics, 17: 754-755.

Huelsenbeck J P, Larget B, Miller R E, *et al* . 2002. Potential applications and pitfalls of Bayesian inference of phylogeny. Syst Biol, 51: 673-688.

Huelsenbeck J P, Rannala B, Larget B. 2000. A Bayesian framework for the analysis of cospeciation. Evolution, 54: 353-364.

Huelsenbeck J P, Ronquist F, Nielsen R, *et al*. 2001. Bayesian inference of phylogeny and its impact on evolutionary biology. Science, 294: 2310-2314.

Janies D A, Wheeler W C. 2001. Efficiency of parallel direct optimization. Cladistics, 17: S71-S82.

Jones D T, Taylor W R, Thornton J M. 1992. The rapid generation of mutation data matrices from protein sequences. Comput Appl Biosci, 8: 275-282.

Jukes T H, Cantor C R. 1969. Evolution of protein molecules. *In*: Munro H M. Mammalian Protein Metabolism. New York: Academic Press: 21-132.

Kimura M. 1980. A simple method for estimating evolutionary rate of base substitutions through comparative studies of nucleotide sequences. J Mol Evol, 16: 111-120.

Kimura M. 1981. Estimation of evolutionary distances between homologous nucleotide sequences. Proc Natl Acad Sci USA, 78: 454-458.

Kishino H, Hasegawa M. 1989. Evaluation of the maximum likelihood estimate of the evolutionary tree topologies from DNA sequence data, and the branching order in Hominoidea. J Mol Evol, 29: 170-179.

Källersjö M, Farris J S, Kluge A G, *et al*. 1992. Skewness and permutation. Cladistics, 8: 275-287.

Larget B, Simon D. 1999. Markov chain Monte Carlo algorithms for the Bayesian analysis of phylogenetic trees. Mol Biol Evol, 16: 750-759.

Larget B, Simon D, Kadane J B. 2002. Bayesian phylogenetic inference from animal mitochondrial genome arrangements. Stat Soc B, 64: 1-13.

Lartillot N, Philippe H. 2004. A Bayesian mixture model for across-site heterogeneities in the amino-acid replacement process. Mol Biol Evol, 21: 1095-1109.

Lewis P O, Holder M T, Holsinger K E. 2005. Polytomies and Bayesian phylogenetic inference. Syst Biol, 54: 241-253.

Nei M. 1987. Molecular Evolutionary Genetics. New York: Columbia University Press.

Planet P J, Sarkar I N. 2005. mILD: A tool for constructing andanalyzing matrices of pairwise phylogenetic character incongruence tests. Bioinformatics, 21: 4423-4424.

Posada D. 2008. jModelTest: Phylogenetic Model Averaging. Mol Biol Evol, 25: 1253-1256.

Prager E M, Wilson A C. 1988. Ancient origin of lactalbumin from lysozyme: Analysis of DNA and amino acid sequences. J Mol Evol, 27: 326-335.

Rannala B, Yang Z. 1996. Probability distribution of molecular evolutionary trees: A new method of phylogenetic inference. J Mol Evol, 43: 304-311.

Rannala B. 2002. Identifiability of parameters in MCMC Bayesian inference of phylogeny. Syst Biol, 51: 754-760.

Reiner J E, Kishore R B, Levin B C, *et al*. 2010. Detection of heteroplasmic mitochondrial DNA in single mitochondria. PLoS ONE, 5: e14359.

Sankoff D, Rousseau P. 1975. Locating the vertices of a Steiner tree in an arbitrary metric space. Math Prog, 9: 240-246.

Shimodaira H, Hasegawa M. 1999. Multiple comparisons of log likelihoods with applications to phylogenetic inference. Mol Biol Evol, 16: 1114-1116.

Shimodaira H. 2002. An approximately unbiased test of phylogenetic tree selection. Syst Biol, 51: 492-508.

Siddall M E. 2002. Measures of support. *In*: Desalle R, Giribet G, Wheeler W C. Techniques in Molecular Systematics and Evolution. Basel: Birkhäuser: 80-101.

Sorenson M D, Franzosa E A. 2007. TreeRot, version 3. Boston, MA: Boston University.

Struck T H, Purschke G, Halanych K M. 2006. Phylogeny of Eunicida (Annelida) and exploring data congruence using a partition addition bootstrap alteration (PABA) approach. Syst Biol, 55: 1-20.

Swofford D L, Olsen G J, Waddell P J, *et al*. 1996. Phylogenetic inference. *In*: Hillis D M, Moritz C, Mable B K. Molecular Systematics, 2nd Ed. Sunderland, MA: Sinauer Associates Inc.: 407-514.

Tamura K, Nei M. 1993. Estimation of the number of nucleotide substitutions in the control region of mitochondrial DNA in humans and chimpanzees. Mol Biol Evol, 10: 512-526.

Tavaré S. 1986. Some probabilistic and statistical problems in the analysis of DNA sequences. *In*: Miura R M Some Mathematical Questions in Biology-DNA Sequence Analysis. Providence, RI: Amer. Math. Soc: 57-86.

Templeton A R. 1983. Phylogenetic inference from restriction endonuclease cleavage site maps with particular reference to the evolution of humans and the apes. Evolution, 37: 221-244.

Thornton J W, DeSalle R. 2000. A new method to localize and test the significance of incongruence: Detecting domain shuffling in the nuclear receptor superfamily. Syst Biol, 49: 183-201.

Tian X, Xie Q, Li M, *et al*. 2011. Phylogeny of pentatomomorphan bugs (Hemiptera-Heteroptera: Pentatomomorpha) based on six *Hox* gene fragments. Zootaxa, 2888: 57-68.

Tillier E, Collins R. 1998. High apparent rate of simultaneous compensatory basepair substitutions in ribosomal RNA. Gen, 148: 1993-2002.

Varón A, Vinh L S, Wheeler W C. 2010. POY version 4: phylogenetic analysis using dynamic homologies. Cladistics, 26: 72-85.

Wenzel J W, Siddall M E. 1999. Noise. Cladistics, 15: 51-64.

Wheeler W C, Hayashi C Y. 1998. The phylogeny of the extantchelicerate orders. Cladistics, 14: 173-192.

Wheeler W C, Ramírez M J, Aagesen L, *et al*. 2006. Partition-free congruence analysis: Implications for sensitivity analysis. Cladistics, 22: 256-263.

Wheeler W C. 1996. Optimization alignment: The end of multiple sequence alignment in phylogenetics? Cladistics, 12: 1-9.

Wheeler W C. 1997. Fixed character states and the optimization of molecular sequence data. Cladistics,

15：379-385.

Wheeler W C. 2001. Homology and the optimization of DNA sequence data. Cladistics，17：S3-S11.

Wheeler W C. 2003a. Search-based optimization. Cladistics，19：348-355.

Wheeler W C. 2003b. Iterative pass optimization of sequence data. Cladistics，19：254-260.

Yang Z，Rannala B. 1997. Bayesian phylogenetic inference using DNA sequences：A Markov Chain Monte Carlo method. Mol Biol Evol，14：717-724.

Zelwer M，Daubin V. 2004. Detecting phylogenetic incongruenceusing BIONJ：An improvement of the ILD test. Mol Phylogenet Evol，33：687-693.

Zharkikh A. 1994. Estimation of evolutionary distances between nucleotide sequences. J Mol Evol，39：315-329.

Zhou J，Liu X，Stones D S，*et al*. 2011. MrBayes on a Graphics Processing Unit. Bioinformatics，27：1255-1261.

第 五 部 分

形态进化的分子系统学思考

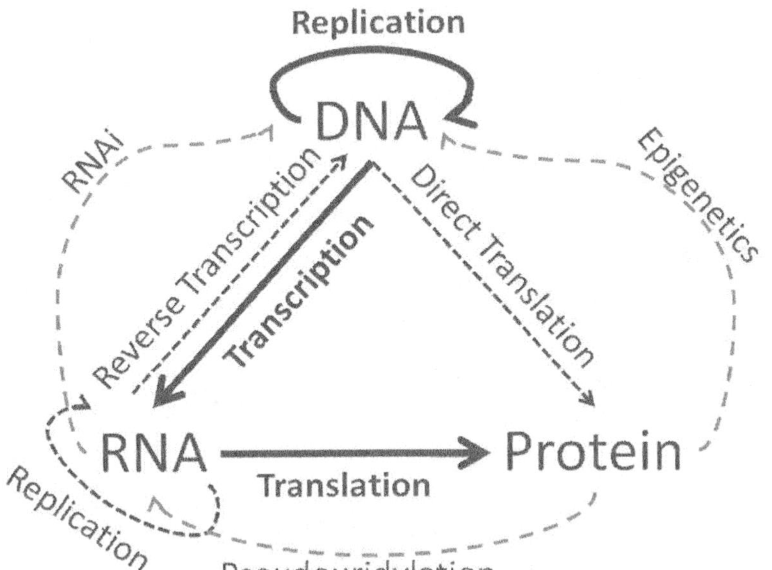

第 14 章　分子钟与中性进化

分子进化的大体内容包括：①分子序列及其编码产物的前进进化规律与模式；②基因组结构与基因拷贝数进化；③拷贝间的进化关系；④新基因及其新功能的出现；⑤生命起源的细胞前阶段；⑥与表型进化相应的分子生物学机制。在更广泛的意义上，分子进化甚至包括种群的分子遗传学和依靠分子推断生物有机体系统发育的内容，也就是与分子系统学同义。这一章我们简单介绍一下分子钟和中性进化，及其与形态研究之间的联系。

14.1　分　子　钟

由于发现血红蛋白和细胞色素 c 在不同哺乳动物支系中的氨基酸替换速率近似相等（Zuckerkandl and Pauling，1962，1965；Margoliash，1963），Zuckerkandl 和 Pauling 于 1965 年提出了分子钟假说，认为对任何给定的蛋白质而言分子进化速率在不同支系中都近似地恒定。事实上如同形态进化速率一样，分子进化速率也在不同时间段内存在不同程度的波动。

14.1.1　模型与检验

最简单分子钟的建立方式为：若以 D 表示两物种间的遗传距离，以 T 表示分歧时间（一般由化石、大陆板块改变等古生物学信息获得），则进化速率 $r=D/2T$。对于序列而言，若某位点替换数为 K，则该位点进化速率 $r=K/2T$。对于分子钟的检验，一般是按照一定的序列进化模型，对序列间的进化速率一致性进行似然比检验（likelihood ratio test，LRT）。分子钟假设的满足与否并不影响分支图的拓扑结构。这其中的原因在于，分子钟意味着绝对时间，而分支图中的亲缘关系与相对时间有关。因此，对相对速率进行检验（relative-rate test）可以避免绝对速率检验中关于物种分异时间的争论（Sarich and Wilson，1973；Muse and Weir，1992；Tajima，1993）。不过，由于分子钟模型会影响对支长的估计，所以似乎不能完全排除分子钟通过长支吸引效应形成对分支图拓扑结构的影响。

分子进化的速率是不均衡的，不但不同基因之间会有不同，同一个基因的不同部分之间也会不同，进化速率与选择压力呈负相关。同一核酸片段在不同物种间的进化速率也会不同，可能的因素包括 DNA 修复系统在支系间的差异（Britten，1986）、世代长短（Laird *et al.*，1969；Kohne，1970；Gaut *et al.*，1992）以及代谢水平（Martin and Palumbi，1993）。虽然通用的分子钟并不存在，但是局部可能存在；当通用分子钟不存在时，可以考虑偶然性分子钟（episodic clock）的自动关联模型（auto-correlated rates）和独立模型（independent rates）。

一般来说，回溯的时间越久远，误差也越大，尤其是当化石的地层判定、化石的放射性同位素测年结果、化石物种鉴定和化石置于系统发育的位置等环节出现错误的时候。越来越多的研究显示，鼓励在建立分子钟的过程中，使用两个或更多的化石记录进行标定，而不是只用一个，那样的随机误差太大。除此之外，序列分异时间与物种分异时间之间尚有不同，不过当所考察的时间级别在几百万年以上时，这种误差可忽略不计。

14.1.2 在形态进化研究中的应用

分子钟的研究对于建立核苷酸、氨基酸替换模型是非常重要的，这也是使得似然法和贝叶斯法得以进行祖征重建的基础。对于形态特征的进化与祖征重建，可以通过分子钟对谱系树的各节点分支时间进行推测，在此基础上建立“形态钟”。

14.2 中性进化

中性理论（neutral theory）由 Kimura（1968）、King 和 Jukes（1969）分别独立提出。该理论认为大多数可存活变异属于中性或近中性的突变（注意强调可存活变异，而不是最初的自发突变），通过种群遗传过程中的随机漂变固定下来；需要强调的是，该理论并不认为不同等位基因间的适合度严格相等。

14.2.1 模型与检验

对于蛋白质中的适应性进化改变，一般通过比较密码子第三位的同义和非同义替换的多少判断是否存在。将 d_S（或 K_S）用来代表每同义替换氨基酸位点的同义替换数量，d_N（或 K_A）用来代表每非同义替换位点的非同义替换数量，$\omega = d_N/d_S$。参数 ω 的作用，相当于相对适合度 s 在种群遗传的突变型等位基因研究中的作用，即 $\omega=1$ 的情况对应于中性进化，$\omega<1$ 的情况对应于负选择（negative selection）或者叫作净化选择（purifying selection），即不利于非同义替换存在；$\omega>1$ 的情况对应于正选择（positive selection）或者叫作适应性进化（adaptative evolution），即利于非同义替换的存在。

早期的研究对于序列中的替换进行整体平均计算，忽视了不同位点间的差异，不利于位点特异性进化的发现。如何针对可能存在的位点特异性进行分析呢？表 14.1 中总结了研究适应性进化的模型分类。Hughes 和 Nei（1988）提出了特定位点模型（fixed-sites model），针对可能出现适应性进化的位点进行检验，该方法的缺点是，一旦初步的位点预计范围过窄，那就会漏掉真正的目标。Fitch 等（1997）和 Suzuki 和 Gojobori

(1999) 提出了逐一检验每个位点的办法，这当然会起到发现位点特异性进化的作用，但是该方法显然是低效率的。近年来的一些研究提出了一类随机位点模型（random-sites model）或者叫作钓鱼模型（fishing expedition model），其特点是为 ω 的位点间差异建立统计学分布模型。

表 14.1　研究氨基酸位点适应性进化的模型分类

<table>
<tr><th colspan="3">方法类型</th><th>方法简介</th><th>代表性研究</th></tr>
<tr><td colspan="3">支系类模型</td><td>检测进化支系中的正选择</td><td>Yang，1998</td></tr>
<tr><td rowspan="4">位点类模型</td><td colspan="2">定点模型</td><td>检测特定位点上的正选择</td><td>Hughes and Nei，1988
Yang and Swanson，2002</td></tr>
<tr><td colspan="2">穷举模型</td><td>逐一检测每个位点上的正选择</td><td>Fitch et al.，1997
Suzuki and Gojobori，1999
Kosakovsky Pond and Frost，2005</td></tr>
<tr><td rowspan="2">钓鱼模型</td><td>M1a&M2a</td><td rowspan="2">用为 ω 的位点间差异建立模型</td><td>Nielsen and Yang，1998</td></tr>
<tr><td>M7&M8</td><td>Yang et al.，2000</td></tr>
<tr><td colspan="3" rowspan="2">支系-位点类模型</td><td rowspan="2">检测特定支系中部分位点的正选择</td><td>Yang and Nielsen，2002</td></tr>
<tr><td>Yang et al.，2005</td></tr>
</table>

对于具体类群而言，中性理论假设成立与否可以通过 Hudson-Kreitman-Aguadé 检验（HKA test）（Hudson *et al.*，1987）来分析；针对密码子第 3 位的同义与非同义替换的中性或选择压力判断可以通过 McDonald-Kreitman 检验来进行（McDonald and Kreitman，1991）。其中对主要组织相容性复合体（major histocompatibility complex，MHC）进行的研究是经典案例。

编码哪些蛋白质的序列中倾向于存在适应性进化呢？已有研究表明，大致包括以下几种情况：①病原体用于入侵宿主的相关蛋白基因，如 HIV 中的 *env*、*nef*、*gap*、*pol* 等，手足口病毒的衣壳，流感病毒血凝素；②宿主体内用于免疫防御的蛋白，如主要组织相容性复合体、免疫球蛋白重链、I 类几丁质酶等；③繁殖相关的蛋白质，如鲍精子细胞溶素（abalone sperm lysin）、海胆的结合素（bindin）；④基因复制后获得新功能的基因拷贝；⑤面向复合的多种需求的相关基因，如消化功能需要同时面向多种物质。

中性论者把突变与选择的相对重要性进行比较是不可取的，这两者并不对等，因为突变是自然选择的素材来源；此外自然选择可能会被中性论者夸大理解。事实上，即使突变是有害的，只要不致死就不会被自然选择消灭。也就是说，选择作用更多的是对一部分或者说一小部分遗传-表型改变说不，而并非对一部分或者说一小部分遗传-表型改变说是。此外，自然选择很少在长时间尺度上具有方向性；自然选择的方向、持续时间与强度等不稳定性甚至可以被视为广义的种群遗传组成漂变的一部分。笼统地说，对于前进进化而言，不论分子与形态层次的结构，与功能-生态间关系越紧密、种群越大，受自然选择作用越显著，否则越弱；对种化而言，除奠基者效应外，自然选择的作用无论大小都不应被忽视。例如，瓶颈效应，虽然属漂变作用，但是造成种群大大减小的作用可能来自选择。

14.2.2　在形态进化研究中的应用

中性进化理论也是基于分子序列提出的，虽然多年来的研究已经显示分子中可见的变异大量也是承受选择压力而非中性进化的，但是另一方面，人们也逐渐意识到中性进化及其衍生概念可能不止存在于分子水平，也存在于形态等宏观水平。通过上述分子水平所谓正选择或者说适应性进化的例子，我们不难发现，这是进化生物学家与分类学家所熟知的现象，也就是协同进化。基于分子所提出的模型与参数，促使我们重新认识协同进化；也就是说，协同进化不只是意味着选择压力的中性、零压力，而是意味着选择压力转向为“动力”，鼓励“进化试探”，这有利于迅速适应、占领新的生态位。协同进化在动物形态进化的历史中不乏经典例证，如昆虫口器与所取食的植物之间的关系。只不过形态水平的信息难以直接建立一般化的模型进行研究。对于存在协同进化现象的形态结构或行为、生理功能，设想如果其相关决定基因（一个或多个）比较明确，并且能够在其中发现适应性进化，将是非常有趣的。

要点与问题

1. 分子钟建立过程中的化石标记使用情况。
2. 从分子适应性进化的角度认识协同进化。

进一步阅读的建议

Li W H. 1997. Molecular Evolution. Sunderland, MA: Sinauer Associates Inc.

Yang Z-H. 2006. Computational Molecular Evolution. Oxford: Oxford University Press.

参考文献

Britten R J. 1986. Rates of DNA sequence evolution differ between taxonomic groups. Science, 231: 1393-1398.

Fitch W M, Bush R M, Bender C A, *et al*. 1997. Long term trends in the evolution of H (3) HA1 human influenza type A. Proc Natl Acad Sci USA, 94: 7712-7718.

Gaut B S, Muse S V, Clark W D, *et al*. 1992. Relative rates of nucleotide substitution at the *rbc*L locus of monocotyledonous plants. J Mol Evol, 35: 292-303.

Hudson R R, Kreitman M, Aguadé M. 1987. A test of neutral molecular evolution based on nucleotide data. Genetics, 116: 153-159.

Hughes A L, Nei M. 1988. Pattern of nucleotide substitution at major histocompatibility complex class I loci reveals overdominant selection. Nature, 335: 167-170

Kimura M. 1968. Evolutionary rate at the molecular level. Nature, 217: 624-626.

King J L, Jukes T H. 1969. Non-Darwinian evolution. Science, 164: 788-798.

Kohne D E. 1970. Evolution of higher-organism DNA. Q Rev Biophys, 3: 327-375.

Kosakovsky Pond S L, Frost S D W. 2005. Not so different after all: A comparison of methods for detecting amino acid sites under selection. Mol Biol Evol, 22: 1208-1222.

Laird C D, McConaughy B L, McCarthy B J. 1969. Rate of fixation of nucleotide substitutions in evolution. Nature, 224: 149-154.

Margoliash E. 1963. Primary structure and evolution of cytochrome c. Proc Natl Acad Sci USA, 50: 672-679.

Martin A P, Palumbi S R. 1993. Body size, metabolic rate, generation time, and the molecular clock. Proc Natl Acad Sci USA, 90: 4087-4091.

McDonald J, Kreitman M. 1991. Adaptive protein evolution at *adh* locus in *Drosophila*. Nature, 351: 652-654.

Muse S V, Weir B S. 1992. Testing for equality of evolutionary rates. Genetics, 132: 269-276.

Nielsen R, Yang Z. 1998. Likelihood models for detecting positively selected amino acid sites and applications to the HIV-1 envelope gene. Genetics, 148: 929-936.

Sarich V M, Wilson A C. 1973. Generation time and genomic evolution in primates. Science, 179: 1144-1147.

Suzuki Y, Gojobori T. 1999. A method for detecting positive selection at single amino acid sites. Mol Biol Evol, 16: 1315-1328.

Tajima F. 1993. Simple methods for testing the molecular evolutionary clock hypothesis. Genetics, 135: 599-607.

Yang Z, Nielson R. 2002. Codon-substitution models for detecting molecular adaptation at individual sites along specific lineages. Mol Biol Evol, 19: 908-917.

Yang Z, Swanson W J. 2002. Codon-substitution models to detect adaptative evolution that account for heterogeneous selective pressures among site classes. Mol Biol Evol, 19: 49-57.

Yang Z, Nielsen R, Goldman N, *et al*. 2000. Codon-substitution models for heterogeneous selection pressure at amino acid sites. Genetics, 155: 431-449.

Yang Z, Wong W S W, Nielson R. 2005. Bayes empirical bayes inference of amino acid sites under positive selection. Mol Biol Evol, 22: 1107-1118.

Yang Z. 1998. Likelihood retio tests for detecting positive selection and application to primate lysozyme evolution. Mol Biol Evol, 15: 568-573.

Zuckerkandl E, Pauling L. 1962. Molecular disease, evolution, and genic heterogeneity. *In*: Kasha M, Pullman B. Horizons in Biochemistry. New York: Academic Press: 189-225.

Zuckerkandl E, Pauling L. 1965. Molecules as documents of evolutionary history. J Theoret Biol, 8: 357-366.

第 15 章　进化发育：分子与形态之间的桥梁

20 世纪 70 年代以后，随着分子发育生物学、分子系统发育、古生物学和基因组学的学科进步以及相互结合，产生了进化发育生物学（Evo-Devo，Akam，1998）。该领域是生命科学的各分支学科相互综合、向着统一生物学（universal biology）方向发展的关键领域。该领域的工作主要集中于以胚胎发育过程中的基因表达方面的数据去认识某些生物有机体之间形态层面的结构同源性。

该领域的目标是回答以下这样一些问题，如：①胚胎发育的起源与演化；②发育的修饰与发育过程如何参与新结构的形成；③发育中的弹性在生活史进化中的作用；④生态学作用如何通过发育对进化改变产生影响；⑤平行进化、趋同与同源的发育生物学机制（Hall，2000）。

该领域已经取得了一些重要进展，建立了一些基本认识。例如：①与主要发育过程相关的基因在动物界中存在共性，起源于后生动物进化的早期阶段；②新的器官、结构的出现与该类生物有机体祖先的相应/相关结构存在联系；③器官的消失并不意味着形成该器官的发育潜能消失；④生活史的不同阶段可以较为独立地进化；⑤不同组织结构水平中的可能多达 9 种的同源概念（Janies and DeSalle，1999）之间具有一定程度上的相关性。

15.1　生物发生律与冯贝尔法则

德国动物学家海克尔（另译赫克尔，Ernst Heinrich Philipp August Haeckel，1834～1919 年）于 1866 年提出了生物发生律（Biogenetic law or Recapitulation law），后人将其学说概括为“个体发育重演系统发育”（ontogeny recapitulates phylogeny），其中的观点认为处在进化树更高位置的物种的个体发育路线为其支系中较低位置的物种的成体状态的连续过程。海克尔设想，个体发育是该种属进化史的一个缩写本，由于它们共同的祖先最初是以单细胞原生动物的形式存在，随后以空球样“囊胚虫”和烧杯样“原肠虫”存在，因而多细胞有机体从单细胞的卵开始发育，然后要经过囊胚和原肠胚阶段。

海克尔的学说存在着两个致命的错误：首先，他把当今动物的胚胎阶段等同于古代生物的成体；其次，以他的观点，发育表现为带有上升趋势的进化阶梯，一个新门的产生被认为是到达更高目的的一个步骤，甚至是在向着人类出现的方向迈进。生物发生律虽然从发育生物学角度指明了生物进化的前后关系，然而必须纠正的是：有机体的个体发育并非重复物种的系统发育过程，而是重复以前的个体发育过程，即每一代物种都重演了它们各自的个体发育历程，而这一个体发育历程与相关物种相比有或多或少的改变。

事实上在海克尔以前，通过比较脊椎动物各大类群的原肠胚及神经胚之后的胚胎发育，德国发育生物学家冯贝尔（Karl Ernst von Baer，1792～1876 年）在 1828 年发现早期胚胎都很相似，它们共同具有的结构都优先发生，而不同纲各自的特征结构后发生，随着胚胎发育各自走向不同的途径，开始依次具有各纲、目、属和种的特征。也就是说，如脑、脊髓、脊索、体节及主动脉弓等所有脊椎动物共有的结构都优先发生；而如四足类的肢、鸟类的羽毛和哺乳类的毛发等不同纲的特征结构则后发生。这一发现被总结为冯贝尔法则（Baer's laws），其中有时还包括“特化（specialized）结构是由未分化（generalized）结构发展而来的”这一观点。需要注意的是，“早期胚胎”不包括从受精卵到原肠胚的阶段，因为尽管发育过程高度保守（Kimble，1994；Nüsslein-Volhard，1994；Patel，1994；Wolpert，1994），但在最早期的阶段，即使近缘种间也可能差异很大（Wray，1995）。Richardson 等（1998）进一步指出，脊椎动物胚胎阶段存在相当程度的变异，这一规律在细节上没有那么整齐。只有将种系特征性发育阶段作为考察发育的起始点时，冯贝尔法则才有效。

此外，在种系特征性发育阶段之后，发育进程的时间顺序大致反映了在进化上发生改变的次序，这方面有通过研究耳骨、鳃源性器官和内分泌腺体等在进化上的演化得到的比较胚胎学证据。英国比较胚胎学家德比尔（Gavin Rylands de Beer，1899～1972 年）后来又将冯贝尔法则表述如下：①从卵开始的发育中，普遍的性状出现在特殊的性状之前；②性状的发育是从更普遍的性状到较少普遍的性状，最终到特殊性状；③在一个动物的发育过程中，离开其他动物的形式（form）越来越远；④在一个动物的发育过程中，它的幼体状态（young stage）与等级较低的动物的成体状态（adult stage）不同，但与这些动物的幼体状态相同。

15.2　动物身体模式的建成

英国遗传学家贝特森（William Bateson，1861～1926 年）最早建立了同源异型概念，即“一些东西被改变成像其他一些东西的样子”。分子发育遗传学发现，同源异型基因（homeotic gene，*Hox*）在动物发育过程中控制身体各部分形成的位置。同源异型基因都含长 180bp 的同源异型框（homeobox）；但是含同源异型框的未必是同源异型基因，所有含同源异型框的基因称为同源异型框基因（homeobox gene），在真菌和植物中也存在。同源异型基因在果蝇中称为 *HOM*，在脊椎动物中称 *Hox* 或 *HOX*，在小鼠中称 *hox*，在人类中称 *HOX*，在爪蟾中称 *Xhox*；本书中采用对所有两侧对称动物均使用 *Hox* 的表示方法。*Hox* 是一个基因簇，其中的每个成员编码一段含 60～70 个氨基酸的转录因子，即同源异型域蛋白 Hox，呈螺旋-环-螺旋（helix-loop-helix，HLH）结构，可与 DNA 双螺旋的大沟相配合，识别特定启动子，起顺式调控作用；对 Hox 反应元件进行模块化调控（激活/抑制），使得不同体节的发育由 *Hox* 家族的不同成员控制，发育因而呈现体节特异性。该基因族最初发现于果蝇，在脊椎动物和无脊椎动物主要门类中广泛存在，与动物模式（zootype）直接相关（Slack *et al.*，1993）。

Hox蛋白在胚胎发育中起着类似万能开关的作用，将空间特异性赋予身体前后轴不同部位的细胞，保证生物在正常的位置发育出正常形态的躯干、肢体、头颅等器官。同源异型基因的异位表达会产生同源异型现象（homeosis），使动物某一体节的器官变成其他体节的器官。例如，果蝇的双胸基因（*Bithorax*，*Bx*）突变，使果蝇在第三胸段长平衡器的地方长出一对翅；触角足基因复合体（antennapedia complex，ANT-C）在果蝇与小鼠中都控制身体前部的构造，甚至在水螅中，触角足基因复合体也可将有触手环绕的口端与附于基底的足端区分开来。*Hox* 基因簇的结构形式及其表达方式，很可能是所有后生动物共有的进步特征。戈尔德施密特（Richard Benedict Goldschmidt，1878～1958）在20世纪40年代提到的大突变现象，是可以由同源框基因突变引起的。

Li和McGinnis（1999）总结了目前对Hox特异性调控的两种不同解释模型：一种是特异结合模型（selective binding model）——不同的Hox蛋白结合在DNA的不同位置，起特异性调控作用；另一种是活性调控模型（activity regulation model）——不同的Hox蛋白结合在DNA的同一位置，随后决定其激活/抑制活性（同一转录因子可能因为结合的位置不同而决定其活性是激活还是抑制），其中激活/抑制活性的特异性调控形成的机制是，Hox反应元件所受的调控依赖于其所结合Hox蛋白及其他转录因子的功能强度——不同功能的转录因子在同一位置可以表现为激活、抑制或没有影响，但其中只有一定强度的激活或抑制才能进行有效调控。他们认为Hox转录因子显著的激活/抑制潜能的获得可能是进化中形成微妙形态差异的重要机制。

基因族中的成员以基因簇的形式存在，果蝇第3号染色体的 *Hox* 基因簇分为触角足复合体（*Antennapedia* complex）和双胸复合体（*Bithorax* complex）两个复合体区域，在狭义上含8个基因，其中 *lab*、*pb*、*Dfd*、*Scr* 和 *Antp* 属于触角足复合体，*Ubx*、*Abd-A* 和 *Abd-B* 属于双胸复合体。基因的排列顺序与其在胚胎中由前向后的表达顺序一致，也与每一基因所控制的身体不同部位在前后轴上的顺序相当，只有一些小规模的倒位与此规律不符；哺乳动物中存在着相同的规律，这是由于早期表达的上游基因启动/关闭后面待表达的下游基因。不过这一规律的普适性可能有限，不完全变态昆虫的身体发育和四足类动物的肢的发育过程中，基因表达在时间上的次序与基因在染色体上排列的顺序并不一致。包括人在内的大多数脊椎动物含4个 *Hox* 基因簇，在人类中位于第2、第7、第12和第17号染色体上，在小鼠中的同源簇分别位于第2、第6、第15和第11号染色体上；所有的簇可能由同一个基因簇通过基因组整体复制产生。

基因簇的复制（部分情况随染色体复制同步发生）和断裂、基因簇内的基因倒位和串联复制（tandem duplication）以及丢失是 *Hox* 基因簇的重要进化方式（Greer *et al.*，2000；Prince，2002）。de Rosa等（1999）将 *Hox* 基因簇的结构，参照两侧对称动物/三胚层动物分为后口动物（Deuterostomia）、蜕皮类动物（Ecdysozoa）和冠轮动物（Lophotrochozoa）三支的系统发育格局，推测后生动物共同祖先的 *Hox* 基因簇含有6～7个基因；在后口动物中，在与头索动物（Cephalochordata）分异之后，脊椎动物支系中发生了一次 *Hox* 基因簇的整体倍增，脊椎动物中普遍的4个 *Hox* 基因簇是由此祖先基因簇通过2次整簇倍增形成的（Garcia-Fernàndez and Holland，1994）。值得注意的是，复制之后所发生的基因丢失可能是比复制更为有用的分子标记，至少回复突变（reversion）是不可能的。有研究发现，在辐鳍鱼（ray-finned fish）中发生过另一次 *Hox* 基因簇复制之后，在斑马鱼 *Danio rerio* 支系中丢失了约 21 个单独的基因和一个基因簇（Stellwag，1999）。

除上述相对大尺度的突变，点突变的积累是进化改变的另一种重要机制。Li 和 McGinnis（1999）认为从后生动物的进化看，*Ubx* 和 *Antp* 是基因倍增后新拷贝的突变积累获得新功能所致。尽管基因倍增事件本身可能是中性的（Averof，2002），Kondrashov 等（2002）发现，基因倍增后的副同源副本（paralogs）的进化速率高于直同源副本（orthologs），并且由于蛋白质剂量效应（protein dosage effect）而具有某种进化优势，并非进化中性，它们在随后的进化中更易获得新的功能。

Hox 基因签名序列、*Hox* 基因簇数目以及基因簇内基因的数目、排列、表达调控模式都可以为系统发育研究提供信息，尤其是在大进化中的类群分异方面（Gellon and McGinnis，1998）。Cook 等（2001）和 Minelli（2001）通过以 *Hox* 基因簇为同源信息对节肢动物体节所做的研究，分别得出了“节肢动物中与六足类更为近缘的类群是甲壳类”和“存在于节肢动物与环节动物的分节现象并不同源”的结果。

在后口动物、蜕皮类动物和冠轮动物三者的 *Hox* 基因簇结构形式，其间缺少可辨认的直同源（Schierwater and Kuhn，1998；Valentine *et al.*，2000；Balavoine *et al.*，2002）。其他发育相关基因在不同物种基因组中的分布也表明，寒武纪前的体式形成系统较为粗糙，其对于发育的控制较为松弛，各类群的体型模式间是互相独立的。Holland（1999）强调，虽然 *Hox* 基因和类 *Hox* 基因可能是真后生动物的共有特征（Finnerty and Martindale，1998），但是有组织的 *Hox* 基因簇才是两侧对称动物的共有特征，动物模式（zootype）概念即与此对应（Slack *et al.*，1993）。珊瑚、水母和海绵等两胚层动物的基因组中虽具与 *Hox* 基因相似的序列，但缺少类似组织形式的 *Hox* 基因簇，有的甚至没有形成基因簇。

15.3　与局部形态相关的基因

以果蝇为材料，已经对大约 3000 个基因在发育调控中的作用进行过研究。这些基因涉及果蝇的原肠形成、成虫盘、背向闭合、腹中线发育、头、触角、复眼、足、翅、脑、神经胶质细胞、中枢神经系统、周围神经系统、交感神经系统、环腺、唾液腺、前肠、中肠前部、中肠、中肠后部、后肠、脂肪体、马氏管、性腺、卵子形成、精子形成、心脏、血液、呼吸系统、肌肉等，身体各个部位、各个发育时期。其中不乏各种各样有趣的结果。例如，早在 20 世纪 80 年代，就有研究显示，果蝇每条染色体上都有决定近缘种间雄性生殖器某一结构形状差异的基因（Coyne，1983）。

在果蝇之外，还有基于其他材料的研究，如蝴蝶翅面眼斑。昆虫的翅由成虫盘中对应于翅的那一部分中的两层细胞发育而来，因而翅腹面和背面的图式不一样。在 17 000 余种蝶类中存在大量翅面图式，在眼斑、横带以及与翅脉平行的辐射状色素沉积等方面存在差异，有研究显示眼斑来自于成虫盘中的特定细胞群，对其进行敲除或移植可以造成眼斑的消失或移位（Nijhout，1991）。进一步的研究显示，这可能与 *Dll* 基因在由某些翅脉（如 Cu1 和 Cu2、M1 和 M2）所界定的翅室中间由翅缘向翅基部进行的表达有关（Carroll *et al.*，1994）。

15.4 无中生有：有希望的怪物

在大尺度的进化中，存在一些性状大幅间断难以解释，如无脊椎与有脊椎，鳍与四肢，昆虫有翅与无翅，昆虫不完全变态与完全变态等。德裔美籍遗传学家戈尔德施密特（Richard Benedict Goldschmidt，1878～1958 年）提出，染色体改变等大突变可能造成新的发育式样和成体构造。成千上万的大突变中，可能会有极少数突变对生物有利。这些带有大突变的极少数生物被称为“有希望的怪物”（hopeful monster）。该理论在当时的最大难点，是证明种群内变异在足够短的时间内可以得到固定。

让我们假设在某个种群的一个共显性（codominant）等位基因位点上，A_1 是老的（野生型的）等位基因，基因频率为 p，A_2 是新的等位基因，基因频率为 q（突变后起始频率 q_0 不高于 50%），令 A_1A_1 的适合度 $w_{11}=1$，s 表示显性隐性模式中不同基因型之间的适合度差异，由于共显性的情况中杂合子的适合度为两种纯合子适合度的平均值，则 w_{12} 和 w_{22} 可分别写为 $1+s$ 和 $1+2s$，则有突变型基因频率变化 Δq 如下式所示：

$$\Delta q=\frac{spq}{1+2spq+2sq^2}$$

$s<0$ 的情况对应于负选择或者叫作净化选择，即不利于突变型等位基因存在；$s\approx 0$ 的情况，对应于中性进化；如果 $s>0$，则 q 随世代变化的曲线为 S 形增长，s 值越高，q 的起始值越高，则 A_2 替代 A_1 所需的世代数越少。$s>0$ 的情况对应于正选择或者叫作适应性进化，即利于突变型等位基因存在（见第 14 章）。

突变型等位基因的命运取决于有效种群大小与相对适合度的乘积 $\mathrm{Ne}\times s$。根据现有模型，当该值小于－3 的时候，突变型致死；当该值位于区间（－3，－1）时，突变型存在不利；当该值位于区间（－1，1）时，为近中性；当该值位于区间（1，3）时，突变型得到偶然的希望；当该值大于 3 的时候，即是所谓“有希望的怪物”。并且 Δq 的数学表达式告诉我们，即使从一个突变形成一个拷贝开始，该拷贝都有可能在种群中被固定下来。或许对于一个物种种群在某一时期的一次突变而言，这种可能不会成为现实，但是对于漫长进化历史中众多物种的众多突变，累积起来的可能性就高得多了。

15.5 有中生有：结构演化与新功能

一个结构在其功能转变的过程中，总要经历一个同时行使两种功能的阶段。例如，哺乳动物的中耳骨来自爬行动物的颚骨（jawbone）；爬行动物中连接头骨和下颌的方骨

(quadrate) 和关节骨 (articular) 在哺乳动物中演化为听小骨中的砧骨 (incus) 和锤骨 (malleus)，爬行动物的舌颌骨/耳柱骨 (hyomandibular) 演化为听小骨中的镫骨 (stapes)；隅骨/角形骨 (angular) 演化为耳膜/鼓膜 (tympanic)，听小骨负责将振动从耳膜传递至内耳。哺乳动物比两栖类和爬行类具有更为发达的听力，这种进化在三叠纪的南非†双节颌兽 *Diarthrognathus* 中就已开始了。

15.6 表观遗传

表观遗传系统 (epigenetic inheritance system, EIS) 可以使基因型相同而表型不同的细胞将其表型传递给子代。一个有趣的例子来自于温度对黑腹果蝇 *Drosophila melanogaster* 翅的间脉 (crossveins) 发育的影响的研究。在特定的地点收集一群具有遗传异质性的黑腹果蝇，经过几代以后，将后代个体在蛹期开始 21～24h 置于 40 ℃左右的热冲击下几个小时。当受此处理的个体孵化以后，按后部间脉的有无将其分开，将后部间脉发育不良的一群个体继续繁育并进行热冲击处理。如此重复若干代以后，不但间脉缺失的个体数比例升高，甚至在去掉热冲击处理后，该品系中仍然会出现间脉缺失的个体 (Waddington and Begg, 1952; Waddington, 1953; Bateman, 1959; Milkman, 1960; Mohler and Swedberg, 1964; Mohler, 1965; Thompson, 1967)。后来的进一步研究显示，这与热冲击因子 Hsp90 有关 (Rutherford and Lindquist, 1998)，可能还与 cdc42 因子＋Jun-N-terminal Kinase 信号通路 (Agnés *et al.*, 1999)、*dpp* 基因＋BMP 样信号系统 (Conley *et al.*, 2000) 以及 *rho* 基因＋Egfr-MapK 信号通路有关 (Sturtevant and Bier, 1995; Yu *et al.*, 1996; de Celis *et al.*, 1997; Huppert *et al.*; 1997 ; Marcus, 2001)。

已知的形成传代效果的表观遗传已有 100 多个案例，涉及动物、植物和原生生物 (Jablonka and Raz, 2009)。表观遗传的机制涉及 DNA 的甲基化 (methylation) 以及组蛋白去乙酰化 (deacetylation) 等过程。脊椎动物基因组的甲基化印迹除与表观遗传有关外，还会影响基因表达和发育。在基因表达方面，甲基化修饰在整体上抑制转位因子对基因组中基因表达的不利影响 (McDonald, 1998)；在发育方面，染色体缺少母本印迹胚胎就会畸形，染色体缺少父本印迹胎盘就不会发育。通常精子和卵子中的甲基化修饰方式不同；哺乳动物中卵子的甲基化程度要低于精子。在下一代的配子发生中，部分的甲基化被消除，会有新的甲基化形式出现。对于组蛋白 N 端 (尾部) 的高度修饰而言，在乙酰化—去乙酰化作用之外，甲基化、泛素化 (ubiquitylation)、磷酸化 (phosphorylation) 和苏素化 (sumoylation) 也参与其中。事实上，动物形态建成过程中的细胞类型分化，可以被认为是细胞传代水平的表观遗传改变。很显然，由受精卵分化而来的不同的细胞携带相同的基因组，只是由于基因表达谱的不同而具有不同的形态与功能。

15.7 个体发育与系统发育

个体发育 (ontogeny) 是指生物有机体在从受精卵发育到成体过程中的特征改变模

式。系统发育是指一组分类单元间的谱系关系，有的学者从与个体发育（development of individual）相对而言的角度上，将其称为物种的发育（development of species）。两者的重要区别在于：①虽然都是客观存在，但前者可由实验研究验证，后者因其历史性而只能通过对生物有机体某些特征的分析去推测；②前者仅为真核多细胞生物（常偏指动物）所具有的现象，后者对于包括病毒在内的一切生命形式均存在；③前者主要依赖于遗传表达的时间和空间程式，但和环境及外遗传因素也有关系，而后者纯粹依赖于遗传的亲缘关系。尽管这两者间的联系不像曾经想象的那样简单地平行（parallel）对应，但这种联系客观存在是公认的。需要指出，上述的“遗传”，强调以核酸为载体的信息传代，非核酸载体的信息传代为表观遗传作用。

15.8 发育或形态特征作为共有衍征

在动物的高级阶元分类中，经常可以见到以发育特征或与其相关的形态特征作为共有衍征，并且经常体现在分类单元的名称中。①两胚层动物，常表现为辐射对称；三胚层动物，一般表现为两侧对称（海星、藤壶等的辐射对称是次生现象）。②三胚层动物分为原口动物和后口动物两大支，在前者中胚孔发育为口，在后者中胚孔发育为肛门。③在后口动物中，会继续将脊索、脊椎、四肢、羊膜卵、雌性动物泌乳等特点用于分类和命名。④原口动物进一步区分为蜕皮动物（Ecdysozoa）和冠轮动物（Lophotrochozoa）两大支，前者的共有衍征为缺少一层多毛且可动的上皮，具有可蜕的表皮及简化的体腔（Nielsen，1995），此外还有硬化表皮为鞣化蛋白所致、周期性蜕皮由激素控制和具斜纹肌纤维等特点；后者中的大多数成员均具螺旋式卵裂（spiral cleavage）发育，需经过担轮幼虫期。⑤上述分类系统打乱了原先将两侧对称动物首先分为体腔类、无体腔类（Acoelomata）和假体腔类（Pseudocoelomata）的格局；显示体腔不是一个用于分类的好的特征。⑥在蜕皮动物中，节肢动物门→泛甲壳类→六足总纲→昆虫纲→有翅类→完全变态类依次是最大的类群，它们依次在异律分节、复眼结构、胸足数目、腹部体节同源异型改变、原生具翅、完全变态等方面具有共有衍征。

15.9 原位杂交简介

原位杂交（*in situ* hybridization，ISH）是用带标记的探针去通过杂交而显示身体或身体的局部某种 DNA 或 RNA 的位置。RNA 的原位杂交也被称为杂交组织化学（hybridization histochemistry），该方法可以与定位蛋白质在身体中位置的免疫组化（immunohistochemistry）联合使用。探针可以用放射性同位素、荧光或者抗原［如异羟基洋地黄毒苷元（digoxigenin），音译“地高辛”］进行标记；一次可以同时使用 2 个或 3 个探针。杂交的过程大体包括：①用蛋白酶 K 处理细胞膜，使探针有足够的透过机会；②地高辛探针与 mRNA 杂交；③未杂交的探针的降解和洗脱；④带碱性磷酸酶的抗体与探针上的地高辛抗原结合；⑤利用碱性磷酸酶的活性进行染色。这一过程已经实现自动化，可以大规模进行。

要点与问题

1. 性状全新进化的可能性。
2. 个体发育与系统发育之间的关系。

进一步阅读的建议

Klowden M J. 2007. Physiological Systems in Insects, 2nd ed. San Diego: Academic Press, Elsevier Inc.

Müller W A. 1998. 发育生物学，黄秀英，劳为德，郑瑞珍，等译，北京：高等教育出版社 & 施普林格出版社.

参 考 文 献

Averof M. 2002. Arthropod Hox genes: insights on the evolutionary forces that shape gene functions. Curr Opin Genet Dev 12: 386-392.

Agnés F, Suzanne M, Noselli S. 1999. The *Drosophila* jnk pathway controls the morphogenesis of imaginal discs during metamorphosis. Development, 126: 5453-5462.

Akam M. 1998. The Yin and Yang of Evo-Devo. Cell, 92: 153-155.

Balavoine G, de Rosa R, Adoutte A. 2002. *Hox* clusters and bilaterian phylogeny. Mol Phylogenet Evol, 24: 366-373.

Bateman K G. 1959. The genetic assimilation of four venation phenocopies. J. Genetics, 56: 443-474.

Carroll S B, Gates J, Keys D N, *et al*. 1994. Pattern formation and eyespot determination in butterfly wings. Science, 265: 109-114.

Conley C A, Silburn R, Singer M A, *et al*. 2000. Crossveinless 2 contains cysteine-rich domains and is required for high levels of BMP-like activity during the formation of the cross veins in *Drosophila*. Development, 127: 3947-3959.

Cook C E, Louise Smith M, Telford M J, *et al*. 2001. Hox genes and the phylogeny of the arthropods. Curr Biol, 11: 759-763.

Coyne J A. 1983. Genetic basis of differences in genital morphology among the three sibling species of *Drosophila*. Evolution, 37: 1101-1118.

de Beer G R. 1971. Homology, and Unresolved Problem. Oxford: Oxford University Press.

de Celis J F, Bray S, Garcia-Bellido A. 1997. Notch signalling regulates veinlet expression and establishes boundaries between veins and interveins in the *Drosophila* wing. Development, 124: 1919-1928.

de Rosa R, Grenier J K, Andreeva T, *et al*. 1999. Hox genes in brachiopods and priapulids and protostome evolution. Nature, 399: 772-776.

Finnerty J R, Martindale M Q. 1998. The evolution of the *Hox* cluster: Insights from outgroups. Curr Opin Gen Dev, 8: 681-687.

Garcia-Fernàndez J, Holland P W H. 1994. Archetypal organization of the amphioxus Hox gene cluster.

Nature，370：563-566.

Gellon G，McGinnis M. 1998. Shaping animal body plans in development and evolution by modulation of Hox expression patterns. BioEssays，20：116-125.

Goldschmidt R. 1940. The Material Basis of Evolution. New Haven. CT：Yale University Press：205-206.

Greer J M，Puetz J，Thomas K R，*et al*. 2000. Maintenance of functional equivalence during paralogous Hox gene evolution. Nature，403：661-665.

Haeckel E. 1874. The gastraea-theory，the phylogenetic classification of the animal kingdom and the homology of the germ-lamellae. Q J Micr Sci，14：142-165，223-247.

Hall B K. 2000. Evo-devo or Devo-evo，does it matter? Evol Dev，2：177-178.

Holland P W H. 1999. The future of evolutionary developmental biology. Nature，402：c41-c44.

Huppert S S，Jacobsen T L，Muskavitch M A. 1997. Feedback regulation is central to Delta-Notch signalling required for *Drosophila* wing vein morphogenesis. Development，124：3283-3291.

Janies D，DeSalle R. 1999. Development，evolution，and corroboration. Anatom Rec，257：6-14.

Jablonka E，Raz G. 2009. Transgenerational Epigenetic Inheritance：Prevalence，Mechanisms，and Implications for the Study of Heredity and Evolution. Q Rev Biol，84：131-176.

Kimble J. 1994. An ancient molecular mechanism for establishing embryonic polarity? Science，266：577-578.

Kondrashov F A，Rogozin I B，Wolf Y I，*et al*. 2002. Selection in the evolution of gene duplications. Genome Biol，3：research0008. 1-0008. 9.

Li X L，McGinnis W. 1999. Activity regulation of Hox proteins，a mechanism for altering functional specificity in development and evolution. Proc Natl Acad Sci USA，96：6802-6807.

Marcus J M. 2001. The development and evolution of crossveins in insect wings. J Anat，199：211-216.

McDonald J F. 1998. Transposable elements，gene silencing and macroevolution. Trends Ecol Evol，13：94-95.

Milkman R D. 1960. The genetic basis of natural variation. I. Crossveins in *Drosophila melanogaster*. Genetics，45：35-48.

Minelli A. 2001. A three-phase model of arthropod segmentation. Dev Genes Evol，211：509-521.

Mohler J D，Swedberg G S. 1964. Wing vein development in crossveinless-like strains of *Drosophila melanogaster*. Genetics，50：1403-1419.

Mohler J D. 1965. The influence of some crossveinless-like genes on the crossveinless phenocopy sensitivity in *Drosophila melanogaster*. Genetics，51：329-340.

Nielson C. 1995. Animal Evolution. Interrelationships of the living phyla. Oxford：Oxford University Press：467.

Nijhout H F. 1991. The Development and Evolution of Butterfly Wing Patterns. Washington，DC：Smithsonian Institution Press.

Nüsslein-Volhard C. 1994. Of flies and fishes. Science，266：572-574.

Patel N H. 1994. Developmental evolution：Insights from studies of insect segmentation. Science，266：581-590.

Prince V E. 2002. The Hox paradox：More complex (es) than imagined. Dev Biol，249：1-15.

Richardson M K，Hanken J，Selwood L，*et al*. 1998. Haeckel，embryos，and evolution. Science，280：983，985-986.

Rutherford S L, Lindquist S. 1998. Hsp90 as a capacitor for morphological evolution. Nature, 396: 336-342.

Schierwater B, Kuhn K. 1998. Homology of *Hox* genes and the zootype concept in early metazoan evolution. Mol Phylogenet Evol, 9: 375-381.

Slack J M W, Holland P W H, Graham C F. 1993. The zootype and the phylotypic stage. Nature, 361: 490-492.

Stellwag E J. 1999. Hox gene duplication in fish. Semin Cell Dev Biol, 10: 531-540.

Sturtevant M A, Bier E. 1995. Analysis of the genetic hierarchy guiding wing vein development in *Drosophila*. Development, 121: 785-801.

Thompson S R. 1967. The effect of temperature on crossvein formation in crossveinless-like strains of *Drosophila melanogaster*. Genetics, 56: 13-22.

Valentine J W, Jablonski D, Erwin D H. 2000. Fossils, molecules and embryos: new perspectives on the Cambrian explosion. Development, 126: 851-859.

Waddington C H, Begg M. 1952. Selection of the genetic basis for an acquired character. Nature, 169: 278, 625-626.

Waddington C H. 1953. Genetic assimilation of an acquired character. Evolution, 7: 118-126.

Wolpert L. 1994. Do we understand development? Science, 266: 571-572.

Wray G A. 1995. Punctuated evolution of embryos. Science, 267: 1115-1116.

Yu K, Sturtevant M A, Biehs B, *et al*. 1996. The *Drosophila* decapentaplegic and short gastrulation genes function antagonistically during adult wing vein development. Development, 122: 4033-4044.